Android脚本应用开发技术

邢益良　雷华军　裴　云 ⊙ 著

清华大学出版社
北　京

内容简介

本书以SL4A技术为核心内容，以JavaScript为主要开发语言，系统地阐述了Android脚本开发技术。本书共13章，第1章对Android发展前景、历史发展、SL4A工作原理和脚本开发环境等内容进行了详细介绍。第2章对JavaScript脚本的变量、数据结构、控制语句、函数、数组、对象和Rhino引擎等内容进行了详细介绍。第3～6章详细介绍了用户屏幕界面技术，包括对话框、屏幕布局、屏幕控件和事件。第7章介绍了数据持久化技术，包括首选项、数据库、文件和网络。第8章对Android的4大组件进行了详细介绍，包括意图、活动、广播、内容和服务。第9章对扫描码、浏览任务、应用管理、唤醒锁、屏幕设置和飞行模式等技术内容进行了详细介绍。第10章对电话、短信、蓝牙和WiFi通信以及指南针、GPS、方向、加速度和磁力等传感器技术进行了介绍。第11章对视频拍摄、媒体录制、媒体播放、语音合成和语音识别进行了详细介绍。第12章介绍了混合开发模式，并介绍HTML5在混合开发模式中的应用。第13章对Android脚本应用运行方式和开发常见问题进行了介绍。

本书涵盖Android众多常用开发技术，对开发技术给出了应用背景、工作原理、开发方法和应用范例，每个应用范例都有翔实可运行的代码，实例代码附有详细注释、分析说明及运行效果图。

本书适用于高等院校计算机、软件工程和软件技术专业大专生、本科生和研究生，同时可供对JavaScript等脚本比较熟悉的开发人员和研究人员等参考和研究。

图书在版编目(CIP)数据

Android脚本应用开发技术/邢益良，雷华军，裴云著. —北京：清华大学出版社，2017.2
ISBN 978-7-302-45232-4

Ⅰ. ①A… Ⅱ. ①邢… ②雷… ③裴… Ⅲ. ①移动终端－应用程序－程序设计 Ⅳ. ①TN929.53

中国版本图书馆CIP数据核字(2016)第264026号

责任编辑：张　玥　薛　阳
封面设计：傅瑞学
责任校对：焦丽丽
责任印制：李红英

出版发行：清华大学出版社
网　址：http://www.tup.com.cn，http://www.wqbook.com
地　址：北京清华大学学研大厦A座　　**邮　编**：100084
社 总 机：010-62770175　　**邮　购**：010-62786544
投稿与读者服务：010-62776969，c-service@tup.tsinghua.edu.cn
质量反馈：010-62772015，zhiliang@tup.tsinghua.edu.cn
课件下载：http://www.tup.com.cn，010-62795954
印 装 者：清华大学印刷厂
经　销：全国新华书店
开　本：185mm×260mm　　**印　张**：17.5　　**字　数**：403千字
版　次：2017年2月第1版　　**印　次**：2017年2月第1次印刷
印　数：1～2000
定　价：39.50元

产品编号：067457-01

前言

PREFACE

Java 语言是当今 Android 移动互联网应用软件主流开发语言，由于其严格遵守规范等特性，即使简单的应用也需要复杂的设计等约束，因此严重制约了移动互联网应用软件开发的发展。SL4A(Scripting Layer for Android)是 Android 系统中的一个应用性组件，SL4A 能跨数十种脚本语言提供 Android 原生态服务，SL4A 移动互联网应用软件是指基于 SL4A 使用脚本语言开发的移动互联网应用软件。当前脚本语言数量庞大，包括常见的 JavaScript、VBScript、PHP、Perl 和 Ruby 等，这些脚本语言具有开发快速和学习成本低等特点。JavaScript 是一种被广泛使用的脚本语言，其作为客户端开发语言在 Web 应用中得到普遍使用。基于 JavaScript 研究 SL4A 移动互联网应用软件开发技术其意义是重大的，它可以打破 Java 是 Android 移动互联网应用软件唯一主流语言的局面，让移动互联网软件开发走向开发语言多元化道路，能让更多的 Web 开发人员快速、轻松地掌握 Android 应用开发技术，能让从事 Web 产品开发的企业快速转型进入 Android 产品开发领域，能为我国移动互联网产业快速发展提供助力。为了落实这个有意义的想法，我们对 Android 脚本开发技术进行了研究和探讨。

本书面向 Android 开发入门者，通过通俗易懂的语言和丰富多彩的实例，比较系统地阐述了使用 JavaScript 开发 Android 移动互联网应用软件需要掌握的 SL4A 技术。本书以先易后难原则，先讲述 JavaScript 基础，再按用户界面、数据持久化、四大组件、通信、传感器、多媒体和软件发布为主线阐述 SL4A 技术。内容突出“新颖、系统和实践”的特点，具体特色如下：

(1) 内容新颖和系统。基于 JavaScript 对 SL4A 技术进行了探讨和研究，系统阐述了 SL4A 工作原理、开发环境、用户界面、数据持久化、四大组件、通用任务、传感器、多媒体、脚本应用发布和常见开发问题等开发内容。

(2) 实用性和实践性强。通过实例分析和实现，读者能深刻理解 SL4A 开发技术，能使用 JavaScript 脚本开发 Android 应用，能使用本书中的实例快速地完成项目实践。

(3) 附有代码。每个实例都附有源代码，可直接运行帮助读者学习。

本书能让读者以较短学习周期和较低学习成本轻松领会 SL4A 开发技术的精髓，快速掌握使用 JavaScript 开发 Android 移动互联网应用软件的开发技能，能举一反三把 SL4A 技术应用到其他脚本语言。

本书第 1、7～10 章由邢益良编写，第 3～6 章由雷华军编写，第 2、11～13 章由裴云编写。本书在编写过程中，作者参考了大量书籍文献和专业网站文章，同时，也融入了作者在软件开发教学和科研中的经验。在此对所有编著者和教师表示衷心的感谢。鉴于作者的学识水平，书中谬误之处在所难免，敬请读者不吝指正。

本书得到博士、博士后和硕士生导师桂占吉教授，博士和硕士生导师魏应彬教授的大力支持，在此表示感谢！本书由海南省自然科学基金项目资助(项目编号：20156237)。

著　者

2016年10月

目　录

CONTENTS

Android 开发概述

1.1 Android 及其前景

Android 一词最先出现在法国作家利尔·亚当 1886 年发表的科幻小说《未来夏娃》中，他将外表像人类的机器起名为 Android。Android 中文名叫“安卓”或“安致”。Android 系统最先由一家叫做 Android 的公司研发，该公司的创办者是美国人 Andy Rubin。谷歌公司在 2005 年收购了这家高科技企业，Android 系统也开始由谷歌接手研发。Android 系统负责人以及 Android 公司的 Andy Rubin 成为谷歌公司的工程部副总裁，继续负责 Android 项目的研发工作。Android 是 Google 公司于 2007 年 11 月宣布的基于 Linux 平台的开源移动操作系统的名称。Android 号称是首个为移动终端打造的真正开放和完整的移动软件，其由包括中国移动、摩托罗拉、三星、华为、英特尔和德州仪器等多家手机制造商、软件开发商、电信运营商以及芯片制造商组成的全球性联盟组织进行开发改良。

根据百度发布的《移动互联网发展趋势报告 2015 贺岁版》报告，Android 已经成长为全球市场占有率最高的移动互联网系统，市场占有率高达 79%。国家工业和信息化部一类科研事业单位中国电子信息产业发展研究院于 2015 年 4 月 21 日发布《移动互联网发展白皮书(2015 版)》，白皮书指出：移动互联网流量成倍增长，2011 年，全球每月移动互联网流量约为 600PB，2014 年这一数字上升至 3200PB；截至 2015 年 1 月，全球接入互联网的移动设备总数超过 70 亿台，几乎平均全球人手一台；2014 年，我国移动互联网市场继续蓬勃发展，总市场规模突破千亿元大关；Android 和 iOS 在电商导购、生活助手、视频播放、音乐音频、拍摄美化、通信社交、休闲娱乐、系统工具、图书阅读和手机游戏等移动应用活跃度较高；可穿戴设备应用、智能家居产品体系实用环境化和智能汽车领域可能成为移动互联的重要支撑点；2015 年全球移动互联网收入达到 4000 亿美元(约 2.5 万亿元)，比 2014 年增长约 1000 亿美元；2015 年，中国移动互联网市场的增速仍将保持近 77%的高速增长，总市场规模达 3776 亿元，较 2014 年上升 1600 亿元；移动互联网引领电子、汽车、化工、金融、房地产和医疗卫生 6 大产业融合，加速转型产业结构，另外，云计算助移动终端发力及移动互联网向物联网过渡，智能硬件市场将爆发。

1.2 Android 的优势及历史发展

1.2.1 Android 的优势

和封闭式的 iOS 相比，Android 具有市场占有率最高、应用发展迅速、众多智能厂商大力支持、价格低廉、性能优越、机型众多、硬件配置优、系统开源利于创新、开发者众多、技术百花齐放等优势。同时，Android 平台支持 Java 和众多脚本语言作为应用软件开发语言，这意味着 PC 端开发人员可以不用重新学习新的开发语言，以低成本低风险迅速转型为 Android 开发人员，为移动互联网产业提供丰富的人力资源支持。尽管 Android 也面临着更新速度快和开发混乱等挑战，但相信问题会得到重视并得到有效解决。

1.2.2 Android 发行版本

Android 1.0 beta 是 Android 最早的版本，其开始于 2007 年 11 月，迄今已经历多个新版本的变更。新版本都会在前一版本的基础上修复 bug 并新添前一版本没有的新功能。谷歌公司通常以甜点名称为不同的 Android 版本起代号，代号以首字母排序，表 1-1 列出了 Android 不同版本、代号和 API 等级。

表 1-1　Android 版本、代号和 API 等级

Android 版本	代　号	API 等级
Android 1.0		1
Android	Android 1.1 Petit Four	2
Android 1.5	Cupcake	3
Android 1.6	Donut	4
Android 2.0	Éclair	5
Android 2.0.1	Éclair	6
Android 2.1	Éclair	7
Android 2.2～2.2.3	Froyo	8
Android 2.3～2.3.2	Gingerbread	9
Android 2.3.3～2.3.7	Gingerbread	10
Android 3.0	Honeycomb	11
Android 3.1	Honeycomb	12
Android 3.2	Honeycomb	13
Android 4.0～4.0.2	Ice Cream Sandwich	14
Android 4.0.3～4.0.4	Ice Cream Sandwich	15
Android 4.1	Jelly Bean	16
Android 4.2	Jelly Bean	17
Android 4.3	Jelly Bean	18
Android 4.4	KitKat	19
Android 4.4W		20
Android 5.0	Lollipop	21
Android 5.1	Lollipop	22
Android 6.0	Marshmallow	23

1.3 Android 系统架构

Android 采用分层的架构，其架构如图 1-1 所示，由应用层、应用框架层、系统运行库层和 Linux 核心层构成。Android 应用层由运行在 Android 设备上的所有应用共同构成，它不仅包括通话、短信、联系人等系统应用(随 Android 系统一起预装在移动设备上)，还包括其他后续安装到设备中的第三方应用。应用程序框架是 Android 应用开发的基础，开发人员可以直接使用该层提供的组件快速构建自己的应用程序，但是必须要遵守其框架的开发原则。系统运行库层是由 Linux 提供的库，这些库通常由 C 或 C++ 实现，具有较高的性能，这些库通常面向某个应用领域，SQLite(关系数据库)、WebKit(Web 浏览器引擎)和 OpenGL-ES(图形库)等是常用的库，应用程序或框架可以基于这些库进行开发，这样做可复用库提高开发进度和具有较高的稳定性等。Android 的核心系统服务由 Linux 内核提供，包括安全性、内存管理、进程管理、网络协议栈和驱动模型等都依赖于 Linux 内核。

图 1-1 Android 体系结构

1.4 SL4A 及脚本引擎

1.4.1 SL4A 是什么

SL4A 是 Android 应用组件，最初的名字是 ASE(Android Scripting Environment)，它的目的就是支持使用简单的脚本语言来开发 Android 应用程序，使 Android 开发简单和快速。SL4A 最初由谷歌公司员工 Damon Kohler 开发维护，现已列入谷歌公司的开源项目。SL4A 支持的脚本语言包括 Python、Perl、JRuby、Lua、BeanShell、JavaScript、Tcl 和 shell 等。

1.4.2 SL4A 工作原理

SL4A 系统由 SL4A RPC Server 组件和脚本引擎组成，脚本引擎负责脚本应用的解释运行，SL4A RPC Server 组件的作用是向脚本提供 Android 原生态服务。SL4A 系统工作原理基于 JSON-RPC 远程调用，脚本应用通过本地的脚本引擎和远端的 SL4A RPC Server 组件进行信息交互，以远程代理方式间接访问 Android 原生态服务，先由脚本引擎把本地脚本调用的方法通过 JSON 数据格式进行封装远程传递给 SL4A RPC Server 组件，然后再由 SL4A RPC Server 组件解析出 JSON 数据感知调用的方法，依次调用实际的 Android 系统原生态方法，再然后将操作的执行结果以 JSON 数据格式返回给本地脚本引擎，最后脚本引擎把结果转发给脚本应用进行处理和显示结果。任何本地脚本语言引擎，只要实现了这套兼容的 JSON-RPC 通信接口，就可以远程呼叫 SL4A RPC Server 组件共享 Android 服务。远程呼叫 SL4A RPC Server 并不是说 SL4A RPC Server 和脚本引擎分别运行在不同的 Android 设备端，实际上，它们运行在同一个 Android 设备端，只不过它们是通过网络协议实现通信的。SL4A 体系结构如图 1-2 所示。以 Python 脚本程序访问 Android 服务为例，脚本程序 myscript. py 由 Python 脚本引擎解释运行，脚本程序要访问 Android 系统服务，需经脚本引擎的 Android RPC Module 模块向 SL4A RPC Server 发出 Android 服务请求，请求数据格式使用 JSON 数据格式，再由 SL4A RPC Server 调用 Android 原生态 API 获取 Android 服务，之后再按原路以 JSON 数据格式把 Android 服务结果返回给脚本程序。

Android 脚本调用 SL4A 服务的整个执行过程如下所示。

(1) 启动脚本引擎；

(2) 脚本引擎解析运行脚本应用；

(3) 脚本应用调用一个名为“脚本 Android RPC 模块”的本地代理；

(4) “脚本 Android RPC 模块”以 JSON 方式执行远程过程调用(Remote Procedure Calls)向 SL4ARPC Server 请求服务；

(5) SL4A RPC Server 的远程代理接受请求；

(6) SL4A RPC Server 调用 Java Android API 向 Android 系统请求服务；

(7) Android 系统提供最终服务以 JSON 格式打包执行结果并按原执行路径返回给

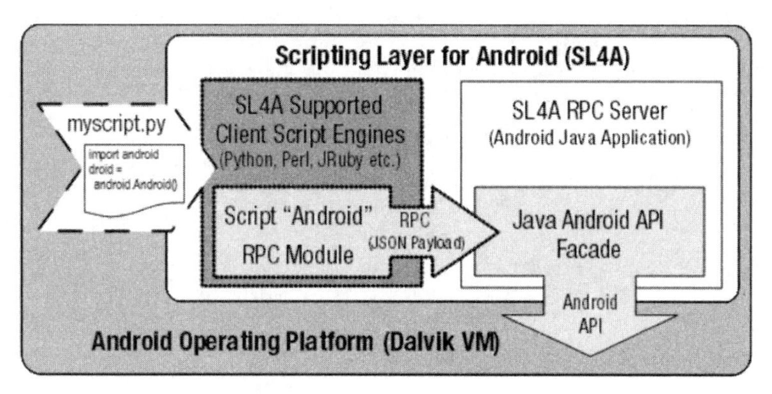

图 1-2 SL4A 体系结构

脚本应用。

每种脚本在本地都封装一个 Android 类，由这个 Android 类充当“脚本 Android RPC 模块”角色，脚本应用通过这个 Android 类的实例实现 RPC 调用与 SL4A Server 端通信。下面是由 JavaScript 和 PHP 脚本编写的 Android 类及其工作过程的描述，这两个类文件在脚本引擎安装成功后就已经存储在系统中了，不需要开发人员手工编写。

JavaScript 编写的 Android 类

```
var AP_PORT=java.lang.System.getenv("AP_PORT");
var AP_HOST=java.lang.System.getenv("AP_HOST");
var AP_HANDSHAKE=java.lang.System.getenv("AP_HANDSHAKE");
load('/sdcard/com.googlecode.rhinoforandroid/extras/rhino/json2.js');
function Android() {
  this.connection=new java.net.Socket(String(AP_HOST), AP_PORT),
  this.input=new java.io.BufferedReader(
      new java.io.InputStreamReader(this.connection.getInputStream(), "8859_1"),
                                  1<<13),
  this.output=new java.io.PrintWriter(new java.io.OutputStreamWriter(
      new java.io.BufferedOutputStream(this.connection.getOutputStream(),
                                    1<<13),
      "8859_1"), true),
  this.id=0,
  this.rpc=function(method, args) {
    this.id+=1;
    var request=JSON.stringify({'id': this.id, 'method': method,'params': args});
    this.output.write(request+'\n');
    this.output.flush();
    var response=this.input.readLine();
    return JSON.parse(response);
  },
  this.__noSuchMethod__=function(id, args) {
```

```
    var response=this.rpc(id, args);
    if (response.error !=null) {
      throw response.error;
    }
    return response.result;
  }
  this._authenticate(String(AP_HANDSHAKE));
}
```

PHP 编写的 Android 类：

```
<? php
class Android
{
   private $_socket;
   private $_id;
   public function __construct($addr=null)
   {
      if (is_null($addr)) {
         $addr=getenv('AP_HOST');
      }
      $this->_socket=socket_create(AF_INET, SOCK_STREAM, 6);
      socket_connect($this->_socket, gethostbyname($addr), getenv('AP_PORT'));
      $this->_id=0;
      $this->_authenticate(getenv('AP_HANDSHAKE'));
   }
   public function rpc($method, $args)
   {
      $data=array(
         'id'=>$this->_id,
         'method'=>$method,
         'params'=>$args
      );
      $request=json_encode($data);
      $sent=socket_write($this->_socket, $request, strlen($request));
      $response= socket_read($this->_socket, 1024, PHP_NORMAL_READ) or die
      ("Could not read input\n");
      $this->_id++;
      $result=json_decode($response);

      $ret=  array ('id'=>$result->id,
         'result'=>$result->result,
         'error'=>$result->error
```

```
        );
        return $ret;
    }
    public function __call($name, $args)
    {
        return $this->rpc($name, $args);
    }
}
```

当 JavaScript 脚本首次与 SL4A Server 通信时，它会调用远程方法_authenticate 完成 SL4A Server 对脚本的认证鉴定。当 JavaScript 脚本应用通过 Android 类的实例试图调用一个不存在的本地方法时，就会触发该实例的__noSuchMethod__方法。当__noSuchMethod__方法被调用时，JavaScript 引擎会传入两个参数，一个是被调用方法的名称，另一个是参数数组，这个参数数组涵盖传递给被调用方法的所有参数，如果被调用函数未传递参数，那么参数数组就是空数组。获取被调用方法名称和参数后，在本地方法 rpc 中把方法和参数封装成 JSON 数据远程调用 SL4A Server 的方法，SL4A Server 响应并返回结果，Android 类实例会把结果解析成 JSON 数据返回给脚本应用处理。PHP 的 Android 类工作过程与 JavaScript 的 Android 类工作过程相同。

1.4.3 脚本和脚本引擎

脚本英文名为 script，它是批处理文件的延伸。脚本文件是按规定的语法规则编写的可执行文本文件。从语法上看，脚本比较接近自然语言，比 C、C++ 和 Java 等编程语言更简单，更容易掌握；在执行方式上，脚本多为文本解释式执行方式，其执行的内容不仅可以被计算机理解，还可以被人类所理解，而 C、C++ 和 Java 等编程语言是二进制编译式执行方式，其执行内容可被计算机理解但不可被人类理解；在执行效率方面，由于脚本应用需要脚本引擎解释才可在系统上执行，在执行时多了一道“翻译”工序，而二进制程序直接被系统执行，因此脚本的执行效率较低。

脚本语言刚诞生的时候，其常见任务就是把各种不同的已有组件连接起来以完成相关任务，仅仅被当作批处理和 Shell 脚本使用，纯粹是辅助工具。由于处于非主流地位，脚本语言的发展是相当缓慢的。直到 20 世纪 90 年代初，随着 Python 和 Ruby 等脚本的陆续出现，脚本语言才得到了快速发展。脚本语言通常都有简单、易学和易用的特性，目的就是希望能让程序员快速完成程序的编写工作。虽然现在的许多脚本语言都超越了计算机简单任务自动化的领域，成熟到可以编写精巧的程序，但仍然还是被称为脚本。几乎所有计算机系统的各个层次都支持脚本语言，包括操作系统、计算机游戏、文字处理和网络软件等。

所谓脚本引擎，就是一个计算机脚本语言的解释器，它的功能是解释执行用户编写的脚本程序，它将脚本程序译成计算机能执行的机器代码，完成用户指定的功能。一种脚本语言可以拥有多不同的脚本引擎，各个脚本引擎在语言特性、执行性能和功能扩展等方面会有不同的表现。以搜索引擎为例，用户要了解“电视机”相关的信息，可输入搜索关键字

“电视机”并通过百度、有道和谷歌等众多搜索引擎来搜索相关信息，这里的“电视机”就好比脚本内容，搜索引擎就好比脚本引擎。

1.4.4 Android 支持的脚本引擎

开发人员不仅可以使用 Java 语言开发 Android 应用，也可以通过 NDK 使用 C/C++ 语言开发 Android 应用程序，但 Android 应用的开发语言并没有局限在 Java、C 和 C++ 编程语言。开发人员基于 SL4A 服务和脚本引擎便可使用脚本语言开发 Android 应用，和 SL4A 兼容的脚本引擎数量众多，其支持的脚本语言包括 Python、Perl、JRuby、Lua、BeanShell、JavaScript、Tcl、shell 和 PHP 等。开发人员可根据自身状态从中选择适合的脚本语言作为 Android 应用的开发语言。

站点 PHP for Android project(PFA)声称项目 PHP for Android project(PFA)不仅可以让 PHP 开发在 Android 平台成为可能，而且还提供相应的工具和文档支持 PHP 开发。该项目的主要赞助商是开源公司 IronTec，该项目提供一个 Android 应用文件 PhpForAndroid. apk，通过该 APK，PHP 脚本可以被 Android 平台解析和运行，并且可以借助 SL4A 访问 Android 服务。关于 Android PHP 引擎，可访问站点 http://www.phpforandroid. net/doku. php 了解其更详细的信息。

Python for Android 项目提供了在 Android 平台上对 Python 语言的支持。Python 是一个功能强大的脚本语言，可以编写简单的脚本应用和复杂的多线程应用。在 Android 上使用 Python 最大的优势是有机会使用成千上万行已编写好的代码，而且这些代码均是免费的。有关 Python for Android，可参看站点 http://python-for-android. readthedocs. org/en/latest/。

QPython 是一个运行在 Android 平台上的脚本引擎，它支持 Python 脚本开发，嵌入了 Python 解释器、控制台、编辑器和 SL4A 库等。它可以使 Android 设备运行 Python 脚本或项目，是完全免费的。QPython 内还嵌有 AndroidHelper、Kivy 图形库和 Bottle 等重要框架。AndroidHelper 是一个可以访问 SL4A 服务的框架，Kivy 是一个面向 Python 语言的图形库，它拥有跨平台、开源免费、GPU 加速和多点触控等众多特点；Bottle 是一个 Python Web 框架，虽然整个框架较小，但却自带了路径映射、模板和简单数据库访问等 Web 框架组件。QPython 的官网为 http://qpython. com/。

JavaScript 是一种常用的 Web 前端应用开发语言，Rhino 是一个开源的、完全用 Java 编写的 JavaScript 引擎，通于 Rhino 引擎可以在 Android 平台上开发 JavaScript 应用。Rhino 中文名为“犀牛”，它的名字来源于出版公司 O’Reilly 关于 JavaScript 著作的封面。Rhino 的历史可追溯到 1997 年，Javagator 是 Rhino 的前身，虽然 Javagator 未能开花结果，但是 Rhino 却经住考验存活了下来。Rhino 的特点：支持 JavaScript 脚本；允许使用脚本直接操作 Java 类库；提供 JavaScript Shell 执行 JavaScript 脚本；提供 JavaScript 编译器将 JavaScript 源程序转换成 Java 类文件。

1.5 Android脚本开发环境

要在PC端Android模拟器上使用脚本语言开发Android应用程序需要安装Java JDK、Android SDK、SL4A和脚本引擎4类软件，JDK和Android SDK需要安装在计算机上，而SL4A和脚本引擎需要安装在Android模拟器或真实手机上。软件的安装过程：先安装JDK到计算机上；然后安装Android SDK；接着在计算机上创建和管理Android模拟器；最后在模拟器上安装SL4A和脚本引擎软件，启动脚本引擎程序自动完成文件下载任务。

1.5.1 Java JDK

由于Android开发工具和模拟器等运行在Java环境，因此首先需要安装Java的JDK。Java最先由Sun公司开发，但之后被Oracle公司收购，并在Oracle网站发布。可以从Oracle网站http://www.oracle.com/technetwork/java/javase/downloads/index.html下载并安装JDK SE 6.0或更高版本。安装JDK之后，在控制台输入命令"java-version"，如果显示"1.6.x"或大于1.6，则说明安装成功，其过程如图1-3所示。

```
C:\Users\Administrator>java -version
java version "1.6.0_10-rc"
Java(TM) SE Runtime Environment (build 1.6.0_10-rc-b28)
Java HotSpot(TM) Client VM (build 11.0-b15, mixed mode, sharing)
```

图1-3 检测Java环境

1.5.2 Android SDK安装

Android SDK(Android Software Development Kit)中文名称为Android软件开发工具包。它是一些被软件工程师用于为特定的软件包、软件框架、硬件平台和操作系统等建立应用软件的开发工具的集合。在Android中，它为开发者提供了库文件以及其他开发所用到的工具。可以简单理解它是开发工具包集合，是开发过程中所用到的工具包。Android SDK安装过程如下。

(1) 安装Android SDK主安装包。主安装包的主要作用是统一规划和管理版本繁多的Android平台、平台工具和硬件系统映像文件等。可以先从谷歌的官方网站http://dl.google.com/android/android-sdk_r22.2.1-windows.zip下载Android SDK主安装包。下载后直接解压缩到指定的文件夹即可，本文解压缩到c:\android-sdk-windows文件夹，解压后文件夹结构如图1-4所示。

add-ons	2013/9/17 19:12	文件夹
platforms	2013/9/17 19:12	文件夹
tools	2013/9/17 19:12	文件夹
AVD Manager	2013/9/17 19:12	应用程序
SDK Manager	2013/9/17 19:12	应用程序
SDK Readme	2013/9/17 19:12	文本文档

图1-4 Android SDK目录结构

(2) 安装 Android 平台。platforms 文件夹存放有每个平台真正的 SDK 文件，它根据 API Level 划分 SDK 版本，每个版本的平台都包括模拟器皮肤、系统资源、工程创建默认模板和模拟器映像文件等。从 https://dl-ssl.google.com/android/repository/android-14_r01.zip 下载文件，下载后解压缩文件 android-14_r01.zip，把解压缩后的 android-4.0.1 文件夹复制到文件夹 c:\android-sdk-windows\platforms 中。

(3) 安装平台通用工具。platform-tools 文件夹下存有 adb、aidl 和 dx 等通用工具。可从官网下载 https://dl-ssl.google.com/android/repository/platform-tools_r14-windows.zip，下载后解压缩文件 platform-tools_r14-windows.zip，把解压缩后的 platform-tools 文件夹复制到 c:\android-sdk-windows 文件夹中。

(4) 安装应用发布工具。build-tools 文件夹下存放了发布 Android 应用程序相关的类库和工具。解压后的 Android SDK 无此文件夹，先手动在 c:\android-sdk-windows 文件夹中建立 build-tools 子文件夹，然后从官方网站下载 https://dl-ssl.google.com/android/repository/build-tools_r17-windows.zip，下载后解压缩文件 build-tools_r17-windows.zip，最后把解压缩后的 android-4.2.2 子文件夹复制到 c:\android-sdk-windows\build-tools 文件夹中。

(5) 安装硬件系统映像文件。system-images 文件夹中存放了不同硬件系统结构的映像文件，在 android-sdk-windows 文件夹里面先新建一个 system-images\android-14 子文件夹，再解压缩下载的文件 sysimg_armv7a-14_r01.zip，最后把解压缩后的文件夹 armeabi-v7a 复制到 system-images\android-14 文件夹内即可。

(6) 设置环境变量。解压缩上述文件后，还需要修改环境变量 Path，把 Android SDK 目录加进来。在环境变量 Path 内容的末尾加进如下内容：

```
c:\android-sdk-windows\tools;c:\android-sdk-windows\platform-tools
```

同时，还需要新建环境变量 ANDROID_SDK_HOME，其值为：

```
c:\android-sdk-windows
```

1.5.3 模拟器的创建和管理

Android 模拟器是一个可以运行在 PC 上的虚拟设备，虚拟设备模拟了很多物理设备的功能，有了虚拟设备即使没有物理设备也可以运行、开发和测试 Android 应用程序。Android 模拟器模拟的功能包括电话功能、短消息功能、GPS 功能、鼠标或键盘生成事件功能、调用其他程序功能、访问网络功能、播放音频和视频功能、保存和传输数据功能、通知用户功能和渲染图像功能等。但模拟器并不支持 USB 连接、相机/视频捕捉、音频输入(捕捉)、扩展耳机、SD 卡的插入/弹出和蓝牙等功能。

AVD Manager.exe 是创建和管理 Android 模拟器的程序，它存储在 c:\android-sdk-window\ 文件夹下。创建模拟器时需要填写 AVD Name、Target、SD Card、Device 和

Memory Options 等参数。参数 AVD Name 表示模拟器名称，可自行定义，参数 Target 表示模拟机模拟的 Android 版本，参数 SD Card 表示模拟器 SD 卡的容量大小，参数 Device 表示模拟器的屏幕设备，参数 Memory Options 表示模拟器的内存容量。这里 AVD Name、Target、SD Card、Device 和 Memory Options 等参数值分别是 MyG1、Android 4.0 - API Level 14、256M、3.2" QVGA(ADP2)(320 * 480：mdpi)和 512M。创建完 Android 模拟器后，通过程序 AVD Manager.exe 启动模拟器就可以运行、测试和调试应用程序了。

1.5.4 SL4A 与脚本引擎的安装

脚本的运行依赖 SL4A 和脚本引擎。SL4A 和脚本引擎程序的安装比较简单，先按正常方式安装完后，再启动脚本引擎程序自动下载脚本引擎文件即可。但下载脚本引擎文件依赖谷歌网站，由于谷歌网站在国内存在访问速度慢等问题，因此下载容易失败。以离线重定向方式下载脚本引擎文件可以解决这个问题。离线安装脚本引擎过程为：安装 Web 服务器；部署脚本引擎下载文件到 Web 服务器；修改模拟器端的 hosts 文件重定位域名；安装脚本引擎安装程序；启动脚本引擎程序继续从 Web 服务器完成安装。表 1-2 和 1-3 列出了在 Android 模拟器中搭建 PHP 和 JavaScript 环境所需的文件列表。

表 1-2 PHP 文件列表

文件名称	说明
php_extras_r3.zip	PHP 引擎下载文件
php_r3.zip	
php_scripts_r3.zip	
sl4a_r6.apk	SL4A 组件
phpforandroid_r1.apk	PHP 引擎程序
PHPnow-1.5.6.zip	PHPNow 套件

表 1-3 JavaScript 文件列表

文件名称	说明
rhino_extras_r3.zip	JavaScript 引擎下载文件
rhino_scripts_r2.zip	
sl4a_r6.apk	SL4A 组件
rhino_for_android_r1.apk	JavaScript 引擎程序
PHPnow-1.5.6.zip	PHPNow 套件

SL4A 和脚本引擎等相关文件可从站点 http://pan.baidu.com/s/1mgknrja 下载。使用 PHPNow 搭建好 Web 服务器后，把脚本引擎下载文件存储在文件夹 C:\PHPnow-1.5.6\htdocs\files 中。安装 SL4A 和脚本引擎程序。修改模拟器端的 hosts 文件，为 hosts 添加两行数据，分别是“10.0.2.2 android-scripting.googlecode.com”和“10.0.2.2 php-for-android.googlecode.com”。启动脚本引擎程序自动完成下载。打开 SL4A 程序，如果显示脚本应用实例，则表明脚本运行环境已搭建成功。

1.5.5 运行第一个 Android 脚本程序

表 1-4 给出了不同脚本的“HelloPracticalAndroidProjects!”范例，它们的使用过程相同，都是先引入 Android 包，然后创建 Android 类对象，最后通过该对象中的成员方法 makeToast 调用 Android 服务显示字符串“HelloPracticalAndroidProjects!”。

表 1-4 SL4A 脚本"HelloPracticalAndroidProjects!"范例

脚本名称	"HelloPracticalAndroidProjects!"示例

BeanShell	source("/sdcard/com. googlecode. bshforandroid/extras/bsh/android. bsh");
	droid=Android();
	droid. call("makeToast"," HelloPracticalAndroidProjects!");

JavaScript	load("/sdcard/com. googlecode. rhinoforandroid/extras/rhino/android. js");
	vardroid=newAndroid();
	droid. makeToast("HelloPracticalAndroidProjects!");

Tcl	packagerequireandroid setandroid[androidnew] $ androidmakeToast" HelloPracticalAndroidProjects!"

PHP	require_once("Android. php");
	$ droid=new Android();
	$ droid->makeToast("HelloPracticalAndroidProjects!");

Python	Importandroid andy=android. Android() andy. makeToast("HelloPracticalAndroidProjects!")
Ruby	droid=Android. new droid. makeToast"HelloPracticalAndroidProjects!"

Perl	useAndroid;
	my $ a=Android->();
	$ a->makeToast("Hello PracticalAndroidProjects!");

下面是带有 UI 界面的 PHP、Python 和 JavaScript 完整范例，范例的功能相同，都是先要求用户输入姓名，然后再显示用户姓名。

【例 1-1】 （范例 1-1 代码位置：\1\uisayHELLO. php）

```
<?php
require_once("Android.php");
$droid=new Android();
$name=$droid->dialogGetInput ("Hello!", "What is your name?");
$droid->makeToast('Hello, ' . $name['result']);
php?>
```

【例 1-2】 （范例 1-2 代码位置：\1\uisayHELLO. py）

```
import android
droid=android.Android()
name=droid. dialogGetInput ("Hello!", "What is your name?")
print name
droid.makeToast("Hello, % s" %  name.result)
```

【例 1-3】（范例 1-3 代码位置：\1\uisayHELLO.js）

```
load("/sdcard/com.googlecode.rhinoforandroid/extras/rhino/android.js");
var droid=new Android();
var name=droid.dialogGetInput("Hello!", "What is your name?");
droid.makeToast('Hello, '+name);
```

先在控制台下输入命令"adb push 脚本文件 /sdcard/sl4a/scripts/"把脚本文件下载到 Android 模拟器中，然后从模拟器中运行 SL4A 程序，从 SL4A 显示的脚本列表中选择、单击脚本文件图标运行该脚本程序，运行结果如图 1-5 所示。

图 1-5 脚本运行结果

1.5.6 脚本编辑器

SL4A 编辑器不仅可以启动脚本程序，还可以编写脚本程序，它的一个重要特点是可以在模拟器上编写代码。在室外从事网络应用测试等工作时，携带 PC 工作并不是很方便，而使用 SL4A 编辑器编写代码调试程序是比较好的选择。SL4A 编辑器除了提供基本的编辑功能外，还提供了 API 浏览功能，这为开发或调试脚本应用工作提供了便利。

在 PC 上编写脚本代码的选择性较广，本书选用 phpDesigner 开发工具。phpDesigner 是一个功能强大、性能超快的 PHP 集成开发工具，它除支持 PHP 开发之外，还支持 HTML、CSS、XML、SQL、JavaScript、VBScript、Perl、Python 和 Ruby 等语言。phpDesigner 内建 SVN 版本管理、项目管理、FTP 传输文件、文件比较和中英文界面切换等功能，这些功能表明 phpDesigner 不仅适合小型应用开发，还适合具有一定规模的团队协作开发。phpDesigner 最新版本是 8.1.2，有关 phpDesigner，可到官方站点 http://www.mpsoftware.dk/phpdesigner.php 查看。

1.6 SL4A API 数据标准

JSON 的全称是 JavaScript Object Notation，意思是 JavaScript 对象表示法，它是一种基于文本、独立于语言的轻量级数据交换格式。和另一个跨平台的数据交换标准 XML 相比，JSON 具有数据量小、理解性好和解析简单等优点。在应用程序交换数据过程中更倾向于选择 JSON 来交换数据。脚本与 SL4A 基于 JSON 数据标准进行通信，即脚本向 SL4A 请求服务以及 SL4A 回应服务的数据格式都是 JSON 格式。脚本向 SL4A 请求服务 JSON 格式定义如下：

```
{"id":id值,"method":方法名称,"params":参数值}
```

id 值用于标识通信会话，同一个会话的 id 值相同，method 是远程调用的方法，

params 是远程调用方法的参数，参数用 JSON 表示，这表明参数可以是简单数据、数组或对象等。例如，{"id":1,"method":"makeToast","params":"Hello World"}表示调用 SL4A 服务中的方法 makeToast，传递给方法的参数值是“Hello World”，该方法的作用是显示字符串“Hello World”。

SL4A 响应脚本请求的 JSON 格式定义如下：

```
{"id":id值,"result":调用结果,"error":错误描述}
```

id 值用于标识通信会话，result 描述 SL4A 服务返回的数据，如果没有返回值，则返回值为 null，error 描述错误信息；如果远程方法调用正常没有错误，则 error 值为 null。比如，{"id":1,"result":null,"error":null}表示远程方法正常执行且没有返回结果。

1.7 Android 辅助开发工具

1.7.1 DDMS

DDMS 的全称是 Dalvik Debug Monitor Service，中文名为 Dalvik 虚拟机调试和监视服务，该应用以图形界面操作方式提供截取设备屏幕、查看虚拟机调试信息、查看 LogCat 事件日记信息、广播状态信息、模拟电话呼叫、接收 SMS 和虚拟地理坐标等功能。可以在 Android SDK 安装目录下的 tools 子目录下找到 ddms.bat 批处理文件，双击运行该批处理文件即运行 DDMS 程序。

在 Android 系统中，每一个 Android 应用都运行在一个 Dalvik 虚拟机实例里，而每一个虚拟机实例都是一个独立的进程空间，每个进程都有一个不同的端口用来监听这个 Dalvik 虚拟机的 debugger。DDMS 工作过程为：①当 DDMS 启动时，会连接到 adb 应用，并开启一个 device 监视服务，当有 device 连接到 adb 或者与 adb 断开时，DDMS 都会得到通知；②一旦一个设备连接到 adb，DDMS 就会为它创建一个 Dalvik 虚拟机监视服务，当移动设备上有 Dalvik 虚拟机启动或终止时（也可以简单地理解为有 Android 应用启动或终止），DDMS 就会得到通知；③一旦一个 Dalvik 虚拟机开始运行，DDMS 就会通过 adb 获取 Dalvik 虚拟机的 PID，然后为这个 Dalvik 虚拟机设置一个端口，监听来自这个 Dalvik 虚拟机的 debugger，为第一个 Dalvik 虚拟机设置的监听端口是 8600，第二个监听端口是 8601，顺序依次增加端口号；④Dalvik 虚拟机的 debugger 抓取到 Dalvik 虚拟机的堆栈和线程等运行时信息，通过连接到 DDMS 为这个 Dalvik 虚拟机设置的监听端口，把运行时信息发送到 DDMS 上了。

版本号为 20 的 DDMS 主界面由设备视图（左上角窗口）、设备状态视图（右上角窗口）、LogCat 视图（右下角窗口）、Filter 视图（左下角窗口）和菜单组成。设备视图列出了同 DDMS 连接上的所有模拟器及其所有应用程序，开发人员可以选择不同的模拟器和应用进行监视。

设备状态视图列出了某个应用的信息（Info）、线程（Threads）、虚拟机堆栈（VM Heap）、系统信息（Sysinfo）、网络（Network）、模拟器控制（Emulator Control）等卡片。Threads 显示了开发人员在 Devices 视图中选中的进程中正在运行的线程信息，进程通常包含主线程和垃圾收集线程等线程。VM Heap 可以检测是否存在内存泄漏。内存泄漏是指程序动态分配了内存,即使这部分内存使用完后没有存在的意义,程序也不会释放这部分内存,导致系统运行变慢或应用程序崩溃。内存泄漏检测过程:启动某应用不断操作该应用,观察 Heap 视图的 Total Size 属性值,其值是当前应用所占用的内存总量,如果此值在多次 GC(垃圾回收)后没有明显回落,那么可以认为存在内存泄漏。Sysinfo 可以监视 CPU 负荷和内存使用等信息。Emulator Control 可以模拟电话、短消息和 GPS 功能。

LogCat 视图可以输出系统和应用程序的日志信息。每条日志由日记级别(Level)、时间(Time)、进程 ID(PID)、线程 ID(TID)、应用程序包名(Application)、标签(Tag)和日志正文(Text)组成。日志可划分为 V(VERBOSE)、D(DEBUG)、I(INFO)、W(WARN)、E(ERROR)等级别。LogCat 能根据级别选择性输出日记信息。等级 V 是指不过滤日记信息,输出 V、D、I、W 和 E 等级别的信息。等级 D 是指只输出 D、I、W 和 E 调试信息。等级 I 是指只输出 I、W 和 E 调试信息。等级 W 是指只输出 W 和 E 调试信息。等级 E 是指只输出 E 调试信息。

Filter 视图提供了日记信息过滤器定义功能,过滤器可以过滤掉开发人员不关心的日记信息或者说只输出开发人员关心的日记信息,过滤器可以根据标签、PID、应用程序包名和日记级别过滤日记信息。

菜单项提供了设置 Dalvik 虚拟机监听端口、触发垃圾回收、文件传输、截取模拟器屏幕、输出模拟器的进程状态和输出模拟器的设备状态等功能。

1.7.2 adb 调试桥

adb(Android Debug Bridge)中文名称作安卓调试桥程序,调试应用程序是它的一个主要功能,除此之外,借助 adb 工具还可以拥有管理手机状态、安装软件、系统升级、运行 shell 命令、上传下载文件和管理端口映射等功能。总之,adb 应用是 Android 模拟器与 PC 端的中介,它可以让用户在 PC 上以命令的方式对模拟器进行全面操作。图 1-6 是 adb 应用的体系结构图,它是一种基于 C/S 结构的体系,它由 Client、Server 和 adbd 守护进程三部分组成。Client 是执行 adb 命令的终端,它运行在 PC 端,可以从控制台上运行 adb 命令启动 Client 程序。adbd 守护进程以后台方式运行在模拟器端,它通过 Server 端为 Client 端提供服务,adb 命令最终由它来执行。Server 端运行在 PC 上,它介于 Client 和设备端 adbd 守护进程之间,管理 Client 程序和模拟器端 adbd 守护进程的通信,Server 端与 adbd 守护进程通过 USB 或 TCP 通信,Server 与 Client 通过 TCP 通信。

启动 Client 端后,Client 端首先检查 Server 端是否在运行,如果没有则先启动一个 Server 端。Server 端启动后会绑定到本地的 TCP 端口 5037 上,并开始监听 Client 端的命令,所有的 Client 端都通过端口 5037 向 Server 端发送命令。同时,Server 端还会尝试与所有正在运行的移动设备建立连接。Server 端会扫描 5555~5585 范围内的端口以此确定模拟器是否存在,一旦发现有模拟器的存在,就会建立 Server 端到模拟器端的连接。值得注意的是,每个 Server 端到模拟器端的连接,模拟器端 adbd 进程都将分配两个连续的端口,一个偶数端口(如 5554),另一个是奇数端口(如 5555)。偶数端口用于模拟器端控制台的连接,通过设备端控制台可模拟传感器、GPS、短消息、电话来电和端口映射等功能，用户应用 telnet 命令通过偶数端口可以直接进入设备控制台。奇数端口用于模拟器操作，操作包括执行 Android 系统的 shell 等命令。当 Server 端与所有的模拟器建立连接之后，就可以使用 adb 命令来控制或者访问设备了。因为 Server 端管理着模拟器连接并且可以接收到从多个 Client 的 adb 命令，所以可以从任何一个 Client 端控制模拟器。在此以 PC 端执行 Android 模拟器 shell 命令说明 adb 工作过程，用户先在 PC 端启动 adb Client 程序，在 adb Client 程序中输入 adb 命令；之后 adb Client 会扫描 PC 端口 5037，如果不存在则启动 adb Server 进程；如果存在则说明 adb Server 已启动，就把 shell 命令转发送给 adb Server 进程；adb Server 把此命令转发给端口为奇数（如 5555）的 Android 模拟器，模拟器中的 adbd 负责接收命令和执行命令，并把命令结果按原路返回给 adb Client 程序。

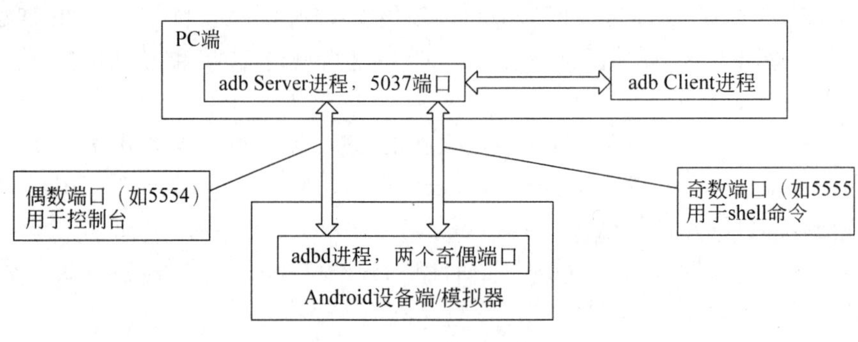

图 1-6　adb 体系结构

Android JavaScript 脚本基础

2.1 JavaScript 脚本编程基础

2.1.1 变量

变量从字面上看，就是可变的量；从编程角度讲，变量是用于存储某种/某些数值的内存空间。所储存的值，可以是数字、字符或字符串。如果把酒店大厦看作是计算机内存，变量则是其中的一个房间，变量的值就是入住酒店的客人，不同时间有不同的人入住酒店。

变量在使用前需要声明，没有声明的变量不能使用，否则会出错。其作用是向系统申请一块内存空间用来存放数据。JavaScript 使用统一的关键字 var 来声明变量。例 2-1 是变量声明实例。

【例 2-1】 （代码位置：\2\2.1\statement.html）

```
<script type="text/JavaScript">
    var txt;                    //声明一个存储字符的变量,变量名为 txt
    var studentNumber;          //声明一个存储数字的变量,变量名为 studentNumber
</script>
```

例中声明了两个变量，变量名分别为 txt 和 studentNumber。变量名是唯一标识变量的名称。变量命名规则：由字母、数字或下画线组成，且以字母开头，关键字不能为变量名。变量名是严格区分大小写的，如 Apple 和 apple 是两个不同的变量。变量声明后，需要为它指定数据，这一过程叫变量赋值，赋值语法如下所示。

```
变量=表达式;
```

其中，“＝”为赋值号，它的作用是把右边的值赋给左边的变量。例 2-2 是变量赋值范例，在声明变量的同时为变量赋值。

【例 2-2】 （代码位置：\2\2.1\assignment.html）

```
<script type="text/JavaScript">
    var txt="Hello world";          //为变量 txt 赋一字符串 Hello world
    var studentNumber=34;           //为变量 studentNumber 赋一整数 34
</Script>
```

使用浏览器方法 alert 可以查看到变量中的值，例 2-3 是输出变量值的实例。

【例 2-3】（代码位置：\2\2.1\output_variable.html）

```
<script type="text/JavaScript">
    var txt="Hello world";
    alert(txt);                         //警告框方式显示字符串"Hello world"
</script>
```

2.1.2 数据类型

JavaScript 数据类型就是变量值的种类。JavaScript 变量包括基本数据类型——数字型、浮点型、布尔型和字符串型，复合数据类型——对象和数组，特殊数据类型——空类型，分别对应不同大小的内存空间，数据类型如表 2-1 所示。

表 2-1 数据类型

基本类型	复合类型	特殊类型
数字型(Number) 布尔型(Boolean) 字符串型(String)	数组(Array) 对象(Function)	空类型(Null) 未定义类型(Undefined)

1. 数字类型

JavaScript 数字类型可分为整数型和浮点型。整数型可表示－2 147 483 648～＋2 147 483 647 之间的整数，可以使用十进制、八进制和十六进制表示。以 0 开头的数字且每个位数的值为 0～7 的整数是八进制；以 0x 开头，位数值为 0～9 和 A～F 的数字是十六进制。例 2-4 是整数型范例。

【例 2-4】（代码位置：\2\2.1\numerical_data.html）

```
<script type="text/JavaScript">
    var NumberInt=1000;                     //十进制数正数
    var NumberInt_f=-200;                   //十进制负数
    var NumberOctal=0123;                   //八进制数，等于十进制数 83
    var NumberHex=0X1A;                     //十六进制数，等于十进制数 26
    alert("十进制整型数值 1000 输出结果："+NumberInt );
    alert ("十进制负数值-200 输出结果："+NumberInt_f );
    alert ("八进制负数值 0123 输出结果："+NumberOctal );
    alert ("十六进制负数值 0x1A 输出结果："+NumberHex );
</script>
```

此例会输出十进制数 1000、－200、83 和 26，因为对于八进制和十六进制的数值数据，在网页上都是以十进制数据的形式输出。

浮点型是指包含小数点的实数，可用科学记数法来表示，其最大数的绝对值为 1.797 693 134 862 315 7E308，其最小数的绝对值是 5E-324，使用 e 或 E 符号代表以

10 为底的指数。下面是浮点类型的范例,范例会输出 1.234、1200 和 7e-10。

【例 2-5】（代码位置:\2\2.1\floating_point.html）

```
<script type="text/JavaScript">
    var NumberFloat_a=1.234;                        //浮点数
    var NumberFloat_b=1.2e3;
    var NumberFloat_c=7E-10;                        //科学表示法
    alert ("1.234 输出结果: "+NumberFloat_a );
    alert ("1.2e3 输出结果: "+NumberFloat_b );
    alert ("科学表示 7E-10 输出结果: "+NumberFloat_c);
</script>
```

2. 字符串类型

字符串可以包含 0 个或多个 Unicode 字符,其中包含文字、数字和标点符号。字符串数据类型是用来保存文字内容的变量,JavaScript 程序代码的字符串需要使用单引号或双引号括起来。下面是描述字符串型的范例。

【例 2-6】（代码位置:\2\2.1\character_string.html）

```
<script type="text/JavaScript">
    var StringTom="Tom";
    var StringC="我爱中国";
    alert("输出字符串 StringTom 的值: "+StringTom );
    alert("输出字符串 StringC 的值: "+StringC);
</script>
```

范例运行的结果如下所示。

```
输出字符串 StringTom 的值: Tom
输出字符串 StringC 的值: 我爱中国
```

由于一些字符在屏幕上不能显示,或者在 JavaScript 语法上已经有了特殊用途,所以在字符串中用这些字符时,就要使用"转义字符"来表示此类字符。转义字符以斜杠"\"起头,如\'表示单引号、\"表示双引号、\n 表示换行符、\r 表示回车。

3. 布尔类型

布尔数据类型只有两个值 true 和 false,主要用在条件和循环控制的判断,以便决定继续运行对应段的程序代码,或判断循环是否结束。下面是描述布尔型的范例,此例会输出布尔变量 BooleanA 和 BooleanB 的值,分别为 true 和 false。

【例 2-7】（代码位置:\2\2.1\boolean_type.html）

```
<script type="text/JavaScript">
    var BooleanA=true;              //定义布尔类型的变量 BooleanA,赋值为 true
var BooleanB=false;                 //定义布尔类型的变量 BooleanB,赋值为 false
    alert("输出 BooleanA 结果: "+BooleanA);
```

```
alert ("输出 BooleanB 结果: "+BooleanB);
</script>
```

4. 空类型

空数据类型只有一个 null 值，null 是一个关键字，并不是 0。如果变量值为 null，表示变量没有值或不是一个对象。

5. 未定义类型

未定义数据类型指的是一个变量有声明，但是不曾指定变量值。下例 StudentNumber 变量的值为 undefined。

```
<script type="text/JavaScript">
    var StudentNumber;
alert (StudentNumber);           //输出 undefined
</script>
```

2.1.3 运算符和表达式

表达式是指具用运算符把常数和变量连接起来的代数式，代数式最终会生成新值。运算符可划分为赋值、关系、位、逻辑和数学等运算符。当表达式中有多个运算符时，运算符之间有优先级之分，表 2-2 按从高到低优先级次序列出了运算符。

表 2-2　运算符优先级别

优先级	运　算　符		说　　明
1	括号	(x) [x]	中括号只用于指明数组的下标
2		-x	返回 x 的相反数
	求反	!x	返回与 x(布尔值)相反的布尔值
	自加	x++	x 值加 1，但仍返回原来的 x 值
	自减	x--	x 值减 1，但仍返回原来的 x 值
		++x	x 值加 1，返回后来的 x 值
		--x	x 值减 1，返回后来的 x 值
3	乘、除	x*y	返回 x 乘以 y 的值
		x/y	返回 x 除以 y 的值
		x%y	返回 x 与 y 的模(x 除以 y 的余数)
4	加、减	x+y	返回 x 加 y 的值
		x-y	返回 x 减 y 的值

优先级	运算符		说明
5	按位移	x<<y	
		x>y	
		x>>y	
6	关系运算	x<y,x<=y x>=y,x>y	当符合条件时返回 true 值,否则返回 false 值
7	等于、不等于	x==y	当 x 等于 y 时返回 true 值,否则返回 false 值
		x!=y	当 x 不等于 y 时返回 true 值,否则返回 false 值
8	位与	x&y	当两个数位同时为 1 时,返回的数据的当前数位为 1,其他情况都为 0
9	位异或	x^y	两个数位中有且只有一个为 0 时,返回 0,否则返回 1
10	位或	x|y	两个数位中只要有一个为 1,则返回 1;当两个数位都为 0 时才返回 0

1. 赋值运算符

JavaScript 脚本语言的赋值运算符包含"=""+=""-=""*=""/="、"%=""&=""^="等,汇总如表 2-3 所示。

表 2-3 赋值运算符

运算符	例子	等价于	说明
=	x=y		将运算符右边变量的值赋给左边变量
+=	x+=y	x=x+y	将运算符两侧变量的值相加并将结果赋给左边变量
-=	x-=y	x=x-y	将运算符两侧变量的值相减并将结果赋给左边变量
*=	x*=y	x=x*y	将运算符两侧变量的值相乘并将结果赋给左边变量
/=	x/=y	x=x/y	将运算符两侧变量的值相除并将整除的结果赋给左边变量
%=	x%=y	x=x%y	将运算符两侧变量的值相除并将余数赋给左边变量

下面是描述赋值运算符的范例,实例最终会输出-2。

【例 2-8】 (代码位置:\2\2.1\assignment_operators.html)

```
<script language="JavaScript" type="text/javascript">
var msg=10;          //赋初值
msg+=8;              //msg=msg+8=18
msg -=100;           //msg=msg-100=18-100=-82
msg *=2;             //msg=msg*2=-82*2=-164
msg /=4;             //msg=msg/3=-164/4=-41
msg% =3;             //msg=msg%3=-41% 3=-2
alert(msg);
```

```
</script>
```

2. 算术运算符

JavaScript 脚本语言中基本的数学运算包括加、减、乘、除以及取余等，其对应的数学运算符分别为"＋""－""＊""/"和"％"等，如表 2-4 所示。

表 2-4　算术运算符

运算符	描　述	例　子	说　明
＋	加	x＝y＋2	将两个数据相加，并将结果返回操作符左侧的变量
－	减	x＝y－2	将两个数据相减，并将结果返回操作符左侧的变量
＊	乘	x＝y＊2	将两个数据相乘，并将结果返回操作符左侧的变量
/	除	x＝y/2	将两个数据相除，并将结果返回操作符左侧的变量
％	求余数（保留整数）	x＝y％2	求两个数据相除的余数，并将结果返回操作符左侧的变量

下面是描述算术运算符的范例，范例最终会输出 10、－2.5、3 和 7。需要注意，字符串和数值之间的"＋"符号是字符串连接符，而不是数学运算符。

【例 2-9】（代码位置：\2\2.1\arithmetic_operator.html）

```
<script type="text/JavaScript">
    alert("5*2="+5*2);    //此处"+"是字符串连接运算符,把其左右两边的串连成一个串
    alert ("-5/2.0="+-5/2.0);
    alert("5-2="+(5-2) );
    //首个"+"是字符,第二个"+"是字符串连接运算符,第三个"+"是数学运算符
    alert("5+2="+(5+2) );
</script>
```

3. 比较运算符

用于比较两个数据的运算符称为比较运算符，比较运算符最终会生成布尔值，比较运算符包括"＝＝""!＝""＞""＜""＜＝""＞＝"等，其具体作用见表 2-5。

表 2-5　比较运算符

运算符	描　述	例　子	说　明
＞	大于	x＞y	若左边数据大于右边数据，则返回布尔值 true，否则返回 false
＜	小于	x＜y	若左边数据小于右边数据，则返回布尔值 true，否则返回 false
＞＝	大于等于	x＞＝y	若左边数据大于或等于右边数据，则返回布尔值 true，否则返回 false
＜＝	小于等于	x＜＝y	若左边数据小于或等于右边数据，则返回布尔值 true，否则返回 false
＝＝	等于	x＝＝y	若两数据相等，则返回布尔值 true，否则返回 false
!＝	不等于	x!＝y	若两数据不相等，则返回布尔值 true，否则返回 false

例 2-10 是描述比较运算符的范例。

【例 2-10】（代码位置：\2\2.1\comparison_operator.html）

```
<script language="JavaScript" type="text/javascript">
    var myAge=prompt("请输入您的年龄(数值)：",25);
    var msg="\n 年龄测试 ：\n\n";
    msg+="年龄 ："+myAge+" 岁\n";
    if(myAge<18)
        msg+="结果 ：您处于青少年时期！\n";
    if (myAge>=18&&myAge<30)
        msg+="结果 ：您处于青年时期！\n";
    if(myAge>=30&&myAge<55)
        msg+="结果 ：您处于中年时期！\n";
    if(myAge>=55)
        msg+="结果 ：您处于老年时期！\n";
    alert(msg);
</script>
```

范例会显示输入框请求用户输入年龄，根据用户输入的年龄给出相应的提示。如果输入 0～17 则显示“结果：您处于青少年时期!”；如果输入 18～29，则显示“结果：您处于青年时期!”；如果输入 30～54 则显示“结果：您处于中年时期!”；如果输入大于等于 55 的数值，则显示“结果：您处于老年时期！”。

4. 逻辑运算符

逻辑运算符包括“&&”“||”和“!”等，用于两个逻辑型数据之间的操作，返回值的数据类型为布尔型。逻辑运算符的功能如表 2-6 所示。

表 2-6 逻辑运算符

运算符	描 述	例 子	说 明
&&	逻辑与	x<3&&y>4	如果符号两边的操作数为真，则返回 true，否则返回 false
||	逻辑或	x<8||y>4	如果符号两边的操作数为假，则返回 false，否则返回 true
!	逻辑非	!x<5	逻辑非，如果符号右边的操作数为真，则返回 false，否则返回 true

5. 条件运算符

条件运算符“?:”用于创建条件分支，其语法结构如下：

```
(condition)? statementA:statementB;
```

其执行时首先判断条件 condition，若结果为真则执行语句 statementA，否则执行语句 statementB。statementA 和 statementB 语句均必须为单条语句，若使用多条语句会报错。下面是描述比较运算符的范例，范例会要求用户输入成绩，如果小于 60 则提示“系统提示：对不起，不及格！”；如果大于等于 60 则提示“系统提示：及格！”。

【例 2-11】（代码位置：\2\2.1\conditional_operator.html）

```
<script type="text/JavaScript">
    var score=prompt("请输入您的成绩：",43);
    var contentA="系统提示：对不起,不及格!";
    var contentB="系统提示：及格!"
    var msg=(score<60)?contentA:contentB;
    alert(msg);
</script>
```

6. 位逻辑运算符

基本位运算符包括“&”“|”“^”和“～”等，执行位运算时先将操作数转换为二进制数，再按位进行与、或、非和取反等操作，操作完成后将返回值转换为十进制。位运算符的作用如表 2-7 所示。

表 2-7　位运算符

运算符	描　述	例 子	说　　明
&	按位与	9&6	若两数据对应位都是 1，则该位为 1，否则为 0
^	按位异或	9^6	若两数据对应位相反，则该位为 1，否则为 0
|	按位或	9|6	若两数据对应位都是 0，则该位为 0，否则为 1
～	按位非	～4	若数据对应位为 0，则该位为 1，否则为 0

下面是描述位运算符的范例，范例按位对 39 和 199 进行与和或操作并输出 7 和 231。

【例 2-12】（代码位置：\2\2.1\bitwise_operators.html）

```
<script language="JavaScript" type="text/javascript">
    var a=39;
    var b=199;
    var c=a&b;          //39&199=(100111&11000111)2=(111)2=7
    alert(c);
    c=a|b;              //39|199=(100111|  11000111)2=(11100111)2=231
    alert(c);
</script>
```

7. 位移运算符

位移运算符用于将目标数据往指定方向移动指定的位数。JavaScript 脚本语言支持“＜＜”“＞＞”和“＞＞＞”等位移运算符，其具体作用见表 2-8。

表 2-8　位移运算符

运算符	描　述	例　子	说　　明
>>	算术右移	6>>3	将左侧数据的二进制值向左移动由右侧数值表示的位数，右边空位补 0
<<	前加	6<<3	将左侧数据的二进制值向右移动由右侧数值表示的位数，忽略被移出的位
>>>	后减	7>>>2−	将左边数据表示的二进制值向右移动由右边数值表示的位数，忽略被移出的位，左侧空位补 0

下面是描述位运算符的范例，范例对 39 右移两位，对 199 左移两位，并输出 9 和 796。

【例 2-13】（代码位置：\2\2.1\shift_operator.html）

```
<script language="JavaScript" type="text/javascript">
    var a=39;
    var b=199;
    var c=a>>2;             //39>>2=(100111)>>2=(1001)=9
    alert(c);
    c=b<<2;                 //199<<2=(11000111)<<2=(110011100)=796
    alert(c);
</script>
```

8. 自加和自减运算符

自加运算符为“++”和自减运算符为“−−”分别将操作数加 1 或减 1。值得注意的是，自加和自减运算符放置在操作数的前面和后面含义不同。运算符写在变量名前面，则返回值为自加或自减前的值；而写在后面，则返回值为自加或自减后的值。自加自减运算符的功能如表 2-9 所示。

表 2-9　自加自减运算符

运算符	描述	例　　子	说　　明
i++	后加	x=i++，给出结果	i 自加了 1 后再取 i 的值
++i	前加	y=++i	先取 i 的值后，i 再自加 1
i−−	后减	x=i−−	i 自减了 1 后再取 i 的值
−−i	前减	y=−−i	先取 i 的值后，i 再自减 1

下面是描述自加自减运算符的范例。

【例 2-14】（代码位置：\2\2.1\plus_operator.html）

```
<script language="JavaScript" type="text/javascript">
    var a=39;
    var c=++a;                     //先 a=a+1,再 c=a
```

```
    alert("c: "+c+" a:"+a);     //输出"c:40 a:40"
    var c=a++;                  //先 c=a, 再 a=a+1
    alert("c: "+c+" a:"+a);     //输出"c:40 a:41"
    var c=--a;                  //先 a=a-1,再 c=a
    alert("c: "+c+" a:"+a);     //输出"c:40 a:40"
    var c=a--;                  //先 c=a,再 a=a-1
    alert("c: "+c+" a:"+a);     //输出"c:40 a:39"
</script>
```

2.2 JavaScript 控制语句

语句是程序最小的执行单位,“;”是单条语句的结束符号。用大括号把多条语句括起来,大括号作为语句块的起始符,这些语句称为复合语句,或称为语句块。复合语句块的语法如下所示。

```
{
    语句 1;
    …
    语句 n;
}
```

复合语句经常出现在选择和循环控制语句中,用于完成复杂的编程需求。按照语句的执行顺序,可将 JavaScript 程序划分为三种控制结构:顺序结构、选择结构和循环结构。顺序结构是指程序从第一行语句开始,按照顺序逐行向下执行,直至最后一句,是 JavaScript 程序中最基本的结构,其语句执行过程如图 2-1 所示。

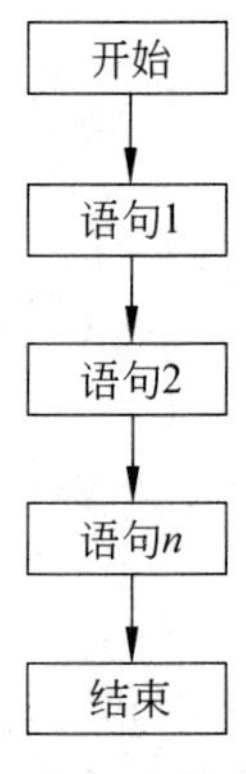

图 2-1 顺序结构

在选择结构中,程序根据判断条件是否成立,选择执行不同的语句。循环结构中,程序根据判断条件和指定次数,使语句执行多次。

JavaScript 提供控制语句选择和循环执行语句或语句块,控制语句如表 2-10 所示。

表 2-10 控制语句

选择语句	循环语句	辅助控制语句
if/if…else switch	for while do…while	break continue

2.2.1 条件语句

选择语句会按照给定的条件选择性地执行一条分支语句或语句块,根据能选择的分支语句数量可以分为单向选择、双向选择和多向选择语句。但无论是单向还是多向选择,程序在执行过程中都只能执行其中一条分支。if 是单向选择语句,if…else 是双向选择语句,if…elseif 和 switch 是多向选择语句。

1. if 语句

if 语法结构如下所示。

```
if (表达式)
{
    语句块
}
```

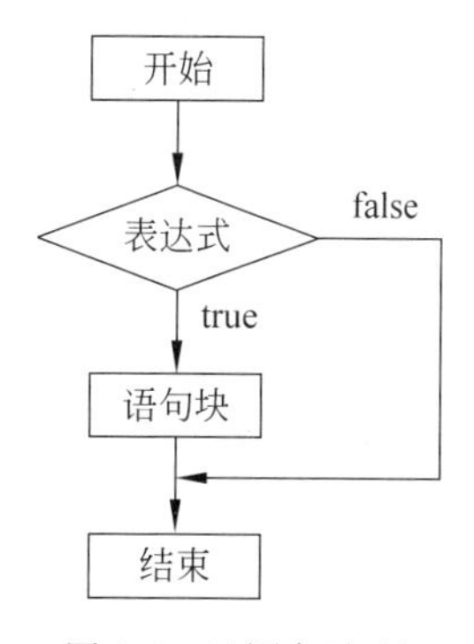

图 2-2 if 语句流程

小括号中的“表达式”通常由比较运算符或逻辑运算符组成，最终运算结果是布尔值，是执行语句块的条件，如果表达式为 true 值则选择执行花括号内的语句块，为 false 值则跳出语句块往下执行，执行过程如图 2-2 所示。

下面是 if 语句范例，例中要求用户输入考试成绩，如果成绩小于 60 分则提示“成绩不合格，需要补考。”。

【例 2-15】 (代码位置：\2\2.2\if_statement.html)

```
<script language="JavaScript" type="text/javascript">
    var score=prompt("请输入您的成绩：",45);
    if(score<60)
    {
        alert("成绩不合格，需要补考。");
    }
</script>
```

2. if…else 语句

If…else 语法如下所示。

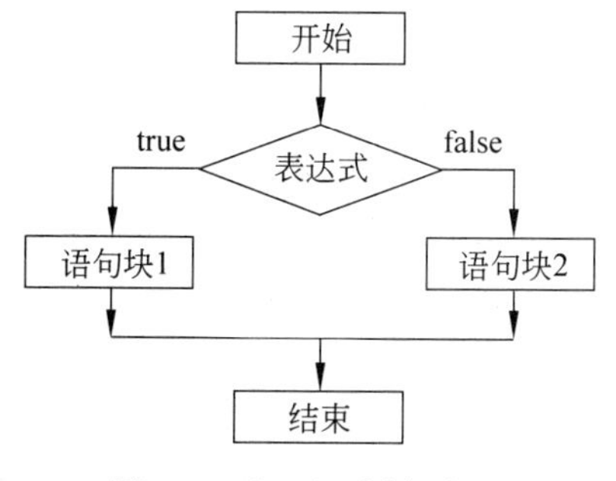

图 2-3 if…else 语句流程

```
if (表达式)
{
    语句块 1;
}
else
{
    语句块 2;
}
```

如果表达式值为 true 就选择执行语句块 1，否则选择执行语句块 2，执行过程如图 2-3 所示。

下面是 if…else 语句范例，例中要求用户输入成绩，当成绩小于 60 分时提示“成绩不合格，需要补考。”，否则显示“恭喜你，及格了。”。

【例 2-16】 (代码位置：\2\2.2\if_else_statement.html)

```
<script language="JavaScript" type="text/javascript">
```

```
    var score=prompt("请输入您的成绩：",85);          //定义学生课程成绩为 85 分
    if(score<60)
    {
        alert("成绩不合格,需要补考。");
    }
    else
    {
        alert("恭喜你,及格了。");
    }
</script>
```

3. switch 语句

switch 语句语法如下所示。

```
switch(表达式)
{
    case 入口值 1:
语句块 1;
break
    case 入口值 2:
语句块 2;
        break;
    …
    case 入口值 n:
语句块 n;
break
    default:
默认语句块;
}
```

表达式值通常为整数和字符串，而不是布尔值。每个 case 和 break 之间的语句称为分支语句，可以存在多个分支语句，每个分支有一个入口值，入口值和表达式值的数据类型要相同，入口值用于标识不同的分支。工作原理：先计算出表达式值；然后表达式值会与 case 处的入口值相比较，如果与某个 case 相匹配，就执行相对应的分支语句块，直到遇到 break 语句才跳出 switch 语句；如果所有 case 的入口值与表达式值不匹配，则执行 default 处的默认语句块。执行过程如图 2-4 所示。

下面是 switch 范例，例中先要求用户输入成绩，再判断学生成绩等级，例中函数 Math. floor 为向下取整函数，如 85/10，取整结果为 8。

【例 2-17】 (代码位置：\2\2. 2\BranchStatementSwitch. html)

```
<script language="JavaScript" type="text/javascript">
    var score=prompt("请输入您的成绩：",85);
    var grade=Math.floor( score/10 );
```

```
    switch(grade)
    {
        case 9:
            alert("优秀!");
            break;
        case 8:
            alert("良好");
            break;
        case 7 :
            alert("中等");
            break;
        case 6:
            alert("及格");
            break;
        default:
            alert("不及格,需要补考!");
    }
</script>
```

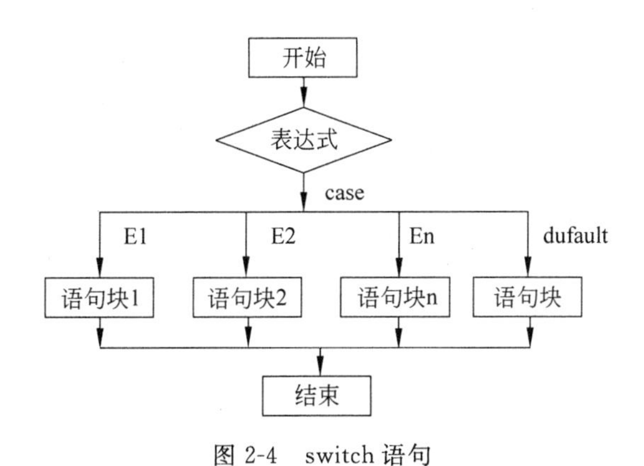

图 2-4　switch 语句

2.2.2　循环语句

在编写代码时,常常希望反复执行同一段代码。可以使用循环语句来完成这个功能,这样就用不着重复地写若干行相同的代码。JavaScript 有三种不同种类的循环：for 循环,while 循环,do…while 循环。

1. for 循环语句

在脚本的运行次数已确定的情况下使用 for 循环。for 循环语句是循环结构语句,按照指定的循环次数,循环执行循环体内语句(或语句块),其基本结构如下所示。

```
for (表达式 1;表达式 2;表达式 3)
{
```

```
    需执行的循环语句
}
```

表达式 1 是首条执行的语句，用来给循环变量赋初始值；表达式 2 是控制循环结束与否的条件表达式，程序每执行完一次循环体内语句（或语句块），需要重新计算包含循环变量的表达式值，若为 true 则继续运行下一次循环体内语句（或语句块），若为 false 则跳出循环体；表达式 3 指循环变量更新的方式，程序每执行完一次循环体内语句（或语句块），均需要更新循环变量。for 语句执行过程如图 2-5 所示。

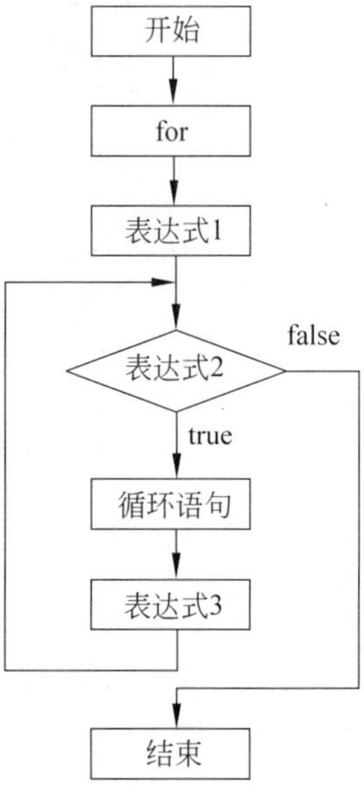

下面范例实现计算 1～10 的平方，循环变量 i 的起始值为 1，每执行一次循环，i 的值就会累加一次 1，循环会一直运行下去，直到 i 等于 10 为止。例中使用浏览器内置对象 document 中的 write 方法输出中间结果。

图 2-5　for 语句

【例 2-18】（代码位置：\2\2.2\square.htm）

```
<script type="text/javascript">
var i=1;
    for(i=1;i<=10;i++)
    {
        document.write("<br>"+i+"*"+i+"="+i*i);
    }
</script>
```

范例运行结果如下所示。

```
1*1=1
2*2=4
3*3=9
4*4=16
5*5=25
6*6=36
7*7=49
8*8=64
9*9=81
10*10=100
```

2. while 循环语句

while 循环语句用于在指定条件为 true 时循环执行代码，其语法结构如下所示。

```
while (表达式)
{
    语句块;
}
```

表达式值为布尔类型，用于控制循环结束与否，当其值为 true 时则执行循环体语句块，当其值为 false 时则执行结束。执行过程如图 2-6 所示。

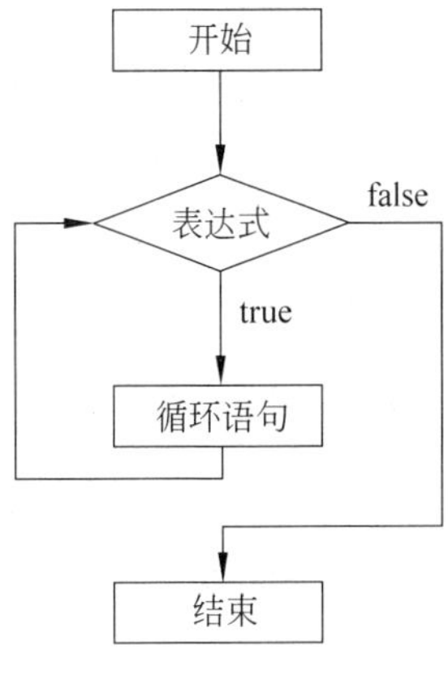

图 2-6 while 语句

下面的范例用于计算 1＋2＋…＋100 的和，最终会输出“1＋2＋…＋100 的和为：5050”。

【例 2-19】 (代码位置：\2\2.2\Sum.html)

```
<script type="text/javascript">
    var sum=0,i=1;
    while(i<=100)
    {   sum=sum+i;
        i++;
    }
    document.write("1+2+…+100的和为:"+sum);
</script>
```

3. do…while 循环语句

do…while 循环是 while 循环的变种，两者相比较，do…while 语句执行至少一次循环体语句，而 while 语句根据循环表达式可以执行 0 次循环体语句。do…while 语法结构如下所示。

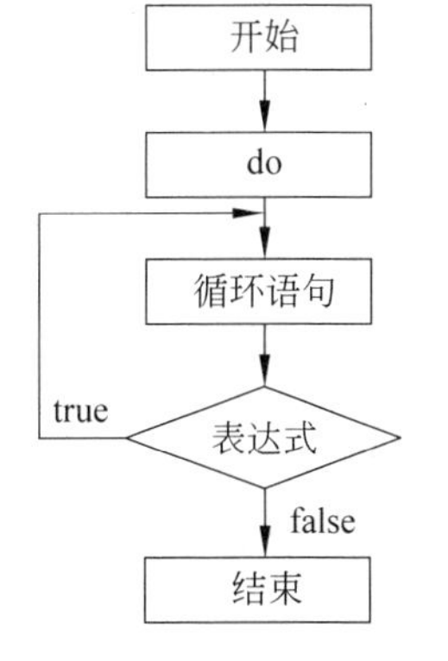

图 2-7 do…while 语句

```
do
{
    语句块;
}
while (表达式)
```

循环语句先执行语句块，再计算表达式值，当表达式为 true 值则继续执行循环体语句体，否则结束 do…while 语句。执行过程如图 2-7 所示。

下面的范例用来计算 9 的阶乘，范例会输出“9 的阶乘为：362880”。

【例 2-20】 (代码位置：\2\2.2\Factorial.html)

```
<script language="javascript">
     var sum=1,i=1;
    do
     {
         sum*=i;
         i++;
     }while ( i<=9 )
     document.write("9的阶乘为: "+sum);
</script>
```

4. break 和 continue 语句

break 可用在 for、while 和 do…while 循环语句内部，它可以终止循环语句的执行，然后继续执行循环之后的代码。除此之外，break 语句还可用在 switch 语句中，用来终止 switch 语句的执行。continue 语句也可用在循环语句内部，其作用是终止当前循环，然后从下一循环继续运行。例 2-21 是 break 和 continue 语句范例，范例会输出“该数字是：77”。

【例 2-21】 （代码位置：\2\2.2\TestBreak.html）

```
<script type="text/javascript">
    var sum=0;                              //和
        var i;
        for (i=0; i<100; i++) {
            if (i %3==0) {                  //能被 3 整除，结束本次循环，开始下一次循环
                continue;
            }
            sum=sum+i;                      //对不能被 3 整除的数求和
            if (sum>=2000) {                //和超过 2000 终止循环
                break;
            }
        }
        document.write("该数字是: "+i);
</script>
```

5. for…in 语句

for…in 循环语句用于遍历数组元素或者对象属性。for…in 每次循环都从数组中取出下一个元素或者从对象中读出下一次属性，其语法如下所示。

```
for ( var 变量 in 对象或数组)
{
    语句块;
}
```

每次循环，“变量”指向下一个数组元素下标或下一个对象属性名。下面的范例使用 for…in 循环遍历数组，会输出“张三李四老五孙明”。

【例 2-22】 （代码位置：\2\2.2\MyCar.html）

```
<script type="text/javascript">
    var x;
    var mycars=new Array();
    mycars[0]="张三";
    mycars[1]="李四";
    mycars[2]="老五";
```

```
    mycars[3]="孙明";
    for (x in mycars)
    {
        document.write(mycars[x]+" ");
    }
</script>
```

2.3 JavaScript 数组、函数和对象

2.3.1 数组

JavaScript 数组跟变量一样，都是用来存放数据的，但普通变量只可以存储单个数据，而数组可以存储多个数据。数组中存储的数据称为元素，元素由数组下标标识，下标可以是数值，也可以是字符串。数组使用前需要通过关键字“new Array”创建。下面是创建数组的范例，例中创建了两个数组 arrayObj 和 arrayObj1，arrayObj 没有指定数组大小，而 arrayObj1 指定数组大小为 10，表示数组占用 10 个元素空间。

```
arrayObj  =new Array();
arrayObj1 =new Array(10);
```

创建数组后，能够用 [ ] 符号访问数组单个元素，数组的属性 length 表示数组长度。下面的范例描述的是如何创建以及使用数组。

【例 2-23】 (代码位置：\2\2.3\array_example.html)

```
<script type="text/JavaScript">
    var my_array=new Array();              //创建数组
    for (i=0; i<10; i++)
    {
        my_array[i]=i;                     //往数组中添加元素
    }
    x=my_array[4];                         //读出下标为 4 的数组元素
    alert(x);                              //输出 4
    alert(my_array.length);                //输出数组长度 10
</script>
```

2.3.2 函数

1. 自定义函数

函数为程序设计人员提供了一个非常方便的能力。通常在进行一个复杂的程序设计时，总是根据所要完成的功能，将程序划分为一些相对独立的部分，每部分编写一个函数。从而使各部分充分独立，任务单一，程序清晰，易懂、易读、易维护。JavaScript 函数的自定义格式如下所示。

```
function 自定义函数名(形参 1,形参 2,…)
{
    函数体
}
```

function 是定义函数的关键字。函数名用于定义自己函数的名字。定义函数时指定的参数称为形式参数,简称形参,形参数量可以为 0 个或多个。通过形参函数体可以处理外部传递过来的数据。函数体是实现一定功能的代码。调用函数时实际传递的值称为实际参数,简称实参,实参数量应该要和形参数量一致。当使用多个参数时,函数调用所给出的各个实参按照其排列的先后顺序依次传递给函数定义中的形参。函数调用形式如下所示。

```
函数名(实参 1,实参 2,…)
```

下面是描述函数的范例,范例定义了一个含有参数的函数,函数名为 Show、name 和 text 是函数的形参,字符串"Show"和"function is called"是函数的实参,函数的作用是把参数 text 中的字符串显示在页面上。范例运行后会显示"Show function is called"。

【例 2-24】 (代码位置:\2\2.3\function_example.html)

```
<script language=javascript>
    function Show(name,text)
    {
        document.write(name+" "+text);
    }
    Show("Show","function is called");
</script>
```

如果自定义函数有返回值,可以在函数体中使用 return 把值返回给调用者。return 格式如下所示。

```
return 表达式;
```

这条语句的作用是结束函数,并把其后的表达式的值作为函数的返回值。例 2-25 是 return 范例,编写一个求两个数中的最大值的函数 Max(x,y)。

【例 2-25】 (代码位置:\2\2.3\Max_function_example.html)

```
<script language=javascript>
    function Max(x,y)
    {
        if (x>y)
            return x;
        else
            return y;
    }
    var z;
    z1=Math.random();              //调用预定义函数 Math.random 随机生成 0~1 之间的数
```

```
    z2=Math.random();             //随机生成 0~1 之间的数
    z=Max(z1,z2);                 //求 z1,z2 中的最大数
    document.write("Max("+z1+","+z2+")="+z);
</script>
```

在 JavaScript 中，每个函数都会返回值。如果一个函数没有执行 return 语句，那么也会返回 undefined。

2. 预定义函数

使用 JavaScript 的预定义函数可提高编程效率，预定义函数是指 JavaScript 已定义好具有一定功能的函数，可分为数学、数字、字符串、日期、正则式和数组等类别预定义函数。

1）数学函数

JavaScript 提供 Math 对象用于执行数学任务，使用 Math 对象中的方法可以不需要创建 Math 对象，直接调用 Math 对象中的方法。下面是使用数学函数求圆面积的范例，圆半径为 10，范例会输出圆的面积 314.159 265 358 979 3。

【例 2-26】（代码位置：\2\2.3\mathematical_functions.html）

```
<script language=javascript>
    var mypi=Math.PI;                  //获取 PI,3.141592653589793
    var r=10;
    var area=Math.pow(r,2) * mypi;     //pow 为计算 r 的平方值
    alert(area);                       //输出 314.1592653589793
</script>
```

2）日期函数

JavaScript 提供了 Date 对象进行时间和日期的计算。无论是获取日期时间、设置日期时间和判断日期时间等操作都可以借助 Date 对象中的方法来实现，使用日期函数之前需要创建 Date 对象。例 2-27 是日期函数范例，输出当前的年月日。

【例 2-27】（代码位置：\2\2.3\date_function.html）

```
<script language=javascript>
    var mydate=new Date();
    var str=mydate.getFullYear()+"年"+mydate.getMonth()+"月"+mydate.getDay()+
   "日";
    alert(str);
</script>
```

3）数组函数

通过数组提供的方法可以实现元素添加、删除、排序、字符串化、数组复制、获取数组长度、数组分割、数组合并等操作。下面是数组操作范例，其中创建了两个数组 array12 和 array10，并对数组进行元素添加和删除操作。

【例 2-28】（代码位置：\2\2.3\array_function.html）

```
<script type="text/JavaScript">
    var array12=[1,2,3,4];
    array12[5]=5;                          //添加元素
    array12.push(6)                        //添加元素
    array12.shift();                       //移除最前一个元素
    for(var a in array12)
        document.write(array12[a]+"</br>");          //输出 2,3,4,5,6
    var array10=[1,2,3,4];
    array10.pop(); //移除最后一个元素并返回该元素值
    document.write(array10.toString()); //输出"1,2,3"
</script>
```

4）字符串函数

通过字符串对象提供的方法可以实现字符串连接、分割、取子串、查找子串、字符大小写变换等操作。下面是字符串范例，其中对字符串进行了连接、分割和取长度等操作。

【例 2-29】（代码位置：\2\2.3\string_function.html）

```
<script type="text/JavaScript">
    var a="hello";
    var b=",world";
    var c=a.concat(b);                               //连接字符串 a 和 b
    document.write(c+"</br>");                       //输出 hello,world
    var arr1=a.split("");                            //分割字符串 a
    for(var key in arr1)
        document.write(arr1[key]+"   ");        //输出 h e l l o
    document.write("</br>");
    var len=a.length;                                //取字符串 a 的长度
    document.write(len);                             //输出 5
</script>
```

5）其他函数

JavaScript 函数库远不止前述内容，还提供了字符串转数字，URL 或 URI 编码和反编码等函数。以函数 parseInt 为例，它可将字符串解尽可能地转换为整数，如 parseInt("123")、parseInt("123.45")、parseInt("123.45abc")都返回整数 123，而 parseInt("abc123")和 parseInt(true)返回 NaN。

2.3.3 对象

相对于数字、字符和布尔型原始数据类型而言，对象是一种复合的、复杂的数据类型。什么是对象？教室中的一个课桌是一个对象，一盏电灯是一个对象，一部手机是一个对象，一台计算机也是一个对象，可以说，能看得见、摸得着的万事万物都是对象。如何描述一个对象？以一部手机对象为例，一部手机是“黑色的、正方体的、小米生产的、5 克重的，可以打电话的”东西。描述手机所提及的颜色、形状、品牌、重量都是手机对象的属性，打电话是手机对象的方法。可以这样认为，对象是属性和方法的集合。JavaScript 中的所有事物都是对象，这些事物包括字符串、数值、数组和函数等，因为它们都拥有自己的属性和方法，例如，可以通过字符串对象的 length 属性获取字符串长度，通过字符串对象的方法 concat 连接新字符串。

JavaScript 语言是基于对象的语言，基于对象而不是面向对象的主要是因为它没有提供像抽象、继承、重载等有关面向对象语言的许多功能。而是把其他语言所创建的复杂对象统一起来，从而形成一个非常强大的对象系统。虽然 JavaScript 语言是一门基于对象的语言，但它还是具有一些面向对象的基本特征。它可以根据需要创建自己的对象，从而进一步扩大 JavaScript 的应用范围，增强编写功能强大的 Web 文档。

1. 创建对象

JavaScript 的对象可以通过关键字 new 来创建。下面是创建对象的范例，创建了三个对象，输出“实例初始化”“Stringmyfunction”和“为对象新添的属性 msg”。

【例 2-30】 (代码位置：\2\2.3\create_object.html)

```
<script type="text/JavaScript">
    var str=new String("实例初始化 String");            //创建字符串对象
    document.write(str+"</br>");
    var func=new Function("x",' document.write(x  +"</br>" ) ');
                                                        //创建 Function 对象
    func("myfunction");                                 //输出 myfunction
    var o=new Object();                                 //创建 Object 对象
    o.msg="为对象新添的属性 msg";
    document.write(o.msg);
</script>
```

2. 对象属性和方法的引用

对象属性的引用可由点(.)运算符、数字下标和字符串下标三种方式实现。对象方法可通过点(.)运算符引用。下面是对象属性和方法引用的范例。

【例 2-31】 (代码位置：\2\2.3\reference_object_method.html)

```
<script type="text/JavaScript">
    alert( Math.PI );                          //.运算符引用对象属性
    alert( Math["PI"] );                       //字符串下标引用对象属性
    var str="HELLO";
    alert(str[0]);                             //数字下标引用对象属性

    var mydate=new Date();
    alert ( mydate.getFullYear() ) ;           //.运算符引用对象方法
</script>
```

3. 自定义对象

JavaScript 对象可分为自定义和预定义对象。要使用预定义对象，可先通过关键字

new 创建对象再访问对象，或者直接访问预定义对象即可。但如果预定义对象不能满足应用的需求，则需要自定义创建对象。有很多方法可以自定义对象，下面展示了使用 Object 构造函数、自定义构造函数、原型结合构造函数三类方法定义对象的方法。

下面的范例使用 Object 创建了一个 person 对象，为对象动态添加了 name 和 age 两个属性，并用两种方式读取对象属性，输出“张三”和“30”。

【例 2-32】 （代码位置：\2\2.3\custom_objects.html）

```
<script type="text/JavaScript">
    var person=new Object();
        person.name="张三";
        person.age=30;
        alert(person.name);
        alert(person["age"]);
</script>
```

下面的范例使用自定义函数创建了一个 Person 对象，有 name、age 和 sex 属性，以及 sayName 方法，方法的作用是输出属性值。为了让 Person 有别于自定义函数，Person 函数的首字母要大写，以此表示这是一个对象。范例会输出“张三”“30”和“男”。这种方法可以实现对象的数据彼此独立，但不足的是每个对象的方法都是指向不同的函数实例。

【例 2-33】 （代码位置：\2\2.3\object_method.html）

```
<script type="text/JavaScript">
    function Person(name,age,sex)
    {
        this.name=name;
        this.age=age;
        this.sex=sex;
        this.sayName=function()
        {
            alert(this.name+"\n"+this.age+"\n"+this.sex);
        };
    }
    var person=new Person("张三",30,"男");
    person.sayName();
</script>
```

范例中使用到了 this 关键字，this 关键字表示对当前对象的引用。由于对象的引用是多层次、多方位的，往往一个对象的引用又需要对另一个对象的引用，而另一个对象有可能又要引用另一个对象，这样有可能造成混乱，最终弄不清引用的是哪一个对象，为此 JavaScript 提供了一个用于将对象指定为当前对象的关键字 this。

下面是使用原型组合函数创建对象的范例，这个范例创建了 person1 和 person2 两个对象，这两个对象共享一个方法 sayFriends 实例，但不共享对象数据，数据彼此独立。每创建一个 Person 对象，这个对象就拥有一个 prototype 属性，这个属性指向同一个函数对象。这种方法是使用最广泛、认同度最高的创建对象的方法。

【例 2-34】 (代码位置:\2\2.3\object_sharing_method.html)

```
<script type="text/JavaScript">
    function Person(name,age,sex)
    {
        this.name=name;
        this.age=age;
        this.sex=sex;
        this.friends=["张三","李四"];
    }
    Person.prototype.sayFriends=function()
    {
        alert(this.friends);
    };
    var person1=new Person("李明明",31,"男");
    var person2=new Person("王某某",30,"男");
    person1.friends.push("老五");
    person1.sayFriends();              //输出张三,李四和老五
    person2.sayFriends();              //输出张三,李四
</script>
```

2.4 XML 和 JSON

2.4.1 什么是 XML

XML(Extensible Markup Language)中文名为可扩展标记语言,是标准通用标记语言的子集。XML 是一种用于标记电子文件使其具有结构性的标记语言。1998 年,W3C 发布了 XML1.0 规范,使用它来简化 Internet 的文档信息传输。现在 XML 已成为各种应用程序之间进行数据传输的最常用工具。XML 之所以成为应用程序间数据传输的常用工具,是因为它能简单化数据的存储和共享,具体作用如下。

1. XML 把数据从 HTML 中分离

如果需要在 HTML 文档中显示动态数据,那么每当数据改变时将花费大量的时间来编辑 HTML。通过 XML,数据能够存储在独立的 XML 文件中,这样就可以专注于使用 HTML 进行布局和显示,并确保修改底层数据不再需要对 HTML 进行任何的改变。通过使用几行 JavaScript 代码,就可以读取一个外部 XML 文件,然后更新 HTML 中的数据内容。

2. XML 简化数据共享

在真实的世界中,计算机系统和数据使用不兼容的格式来存储数据。XML 数据以

纯文本格式进行存储,因此提供了一种独立于软件和硬件的数据存储方法。这让创建不同应用程序可以共享的数据变得更加容易。

3. XML 简化数据传输

通过 XML,可以在不兼容的系统之间轻松地交换数据。对开发人员来说,其中一项最费时的挑战一直是在因特网上的不兼容系统之间交换数据。由于可以通过各种不兼容的应用程序来读取数据,以 XML 交换数据降低了这种复杂性。

4. XML 简化平台的变更

升级到新的系统(硬件或软件平台)总是非常费时的,必须转换大量的数据,不兼容的数据经常会丢失。XML 数据以文本格式存储。这使得 XML 在不损失数据的情况下,更容易扩展或升级到新的操作系统、新应用程序或新的浏览器。

5. XML 使数据更有用

由于 XML 独立于硬件、软件以及应用程序,XML 使数据更可用,也更有用。不同的应用程序都能够访问数据,不仅在 HTML 页中,也可以从 XML 数据源中进行访问。通过 XML,数据可供各种阅读设备使用(手持的计算机、语音设备、新闻阅读器等),还可以供盲人或其他残障人士使用。

6. XML 用于创建新的 Internet 语言

很多新的 Internet 语言是通过 XML 创建的,其中的例子包括 XHTML、WSDL、WML、RSS 和 SMIL 等。

除此之外,XML 还能适用于移动互联网应用开发,例如,XML 是 Android 原生态界面的主要开发语言。

2.4.2 XML 基础

XML 被设计用来结构化、传输和存储数据。从结构上看,它由 XML 声明和元素组成。XML 声明指定了 XML 文档所用的 XML 版本和编码。元素用于描述数据的结构和含义。元素由开始标签、结束标签和元素内容组成。XML 标签没有被预定义,使用时需要自行定义标签。开始标签和结束标签必须要配对,而且标签名大小敏感。整个 XML 只有一个根元素,根元素可以嵌套子元素,子元素也是可以嵌套的,元素彼此间构成树状结构。元素内容除了可以嵌套子元素,还可以是文本内容。除了可以用元素描述数据外,还可以在嵌有子元素的开始标签中使用属性描述数据,属性值必须用单引号或双引号括起来。下面的范例用于传送一条留言信息。

【例 2-35】 (代码位置:\2\2.4\xml_example.xml)

```
<?xml version="1.0" encoding="ISO-8859-1"?>//XML 声明
<note>
    <to>tom</to>
```

```
    <from>perry</from>
    <heading>Reminder</heading>
    <body>Don't forget the meeting!</body>
</note>
```

上述范例描述了发送者、接收者、留言标题和留言信息，这些留言信息要传送和储存，需要包装在 XML 文档中。文档首行是 XML 声明，它由 version 和 encoding 属性指定 XML 版本和文档编码。<to>、<from>、<heading>、<body>和<note>等是起始标签，</to>、</from>、</heading>、</body>和</note>等是结束标签。note 是根元素，它含有 4 个元素，分别是 to、from、heading 和 body 子元素，这 4 个子元素的内容为文本内容。

2.4.3 什么是 JSON

JSON(JavaScript Object Notation)是一种轻量级的数据交换格式。JSON 采用完全独立于开发语言的文本格式描述数据，它是最常用的数据交换语言。JSON 的特点是易于人阅读和编写，同时也易于程序解析和网络传输速度，这也使得它成为理想的数据交换语言。JSON 使用 JavaScript 语法来描述数据对象，但是 JSON 仍然独立于语言和平台。JSON 解析器和 JSON 库支持许多不同的编程语言。

2.4.4 JSON 基础

JSON 可以描述开发语言中的对象和数组两种复合数据结构。在 JSON 中，对象由一系列键名/键值对组成。一个对象以左花括号“{”开始，以右花括号“}”结束。对象中所有的键名/键值对都落在这两个符号内。“键名”和“键值”以“:”分隔，不同键名键值对以逗号分隔。JSON 对象具体定义如下所示。

```
{"键名 1": 键值,"键名 2": 键值,…,"键名 n": 键值,}
```

JSON 数组以左中括号“[”开始，以右中括号“]”结束。所有的数组元素必须写在这两个符号之间。元素值之间使用逗号“,”分隔。JSON 数组具体定义格式如下所示。

```
[ 元素值 1,元素值 2,元素值 3,…,元素值 n ]
```

无论键值还是元素值，其值可以是字符串、布尔值、整数和浮点数等。下面是一个 JSON 范例，例中把 JSON 转换成 JavaScript 对象和数组，通过对象和数组的方式可以访问数据。

【例 2-36】 (代码位置：\2\2.4\json_example.xml)

```
<script type="text/JavaScript">
    function show() {
    var user=
    {
        "username":"张三",
        "age":30,
```

```
        "info": { "tel1": "11111111", "tel2": "22222222"},
        "address":
        [
            {"city":"上海","postcode":"222222"},
            {"city":"广州","postcode":"333333"}
        ]
    }
    alert("username:"+user.username);
    alert("age:"+user.age);
    alert("tel1:"+user.info.tel1);
    alert("tel2:"+user.info.tel2);
    alert("city: "+user.address[0].city);
    alert("postcode:"+user.address[0].postcode);
    alert("city: "+user.address[1].city);
    alert("postcode:"+user.address[1].postcode);
    }
    show();
</script>
```

程序间通常是传递 JSON 字符串来交换数据的，能不能把 JSON 字符串转换成 JavaScript 对象和数组呢？回答是肯定的，利用 eval 函数是一种简单而直接的转换方法。在转化的时候需要将 JSON 字符串的外面包装一层圆括号。eval 函数具体格式如下所示。

```
var jsonObject=eval("("+jsonFormat+")");
```

jsonFormat 是 JSON 字符串，jsonObject 是 JSON 字符串转换成数组或对象后的变量。eval 中为什么要加括号？加上圆括号的目的是迫使 eval 函数在评估 JavaScript 代码的时候强制将括号内的表达式(expression)转化为对象或数组，而不是作为语句(statement)来执行。

下面是 JavaScript 把 JSON 字符串转换成对象和数组的范例，转换后可以用对象和数组的方式访问数据。

【例 2-37】 (代码位置：\2\2.4\json_string_converted.html)

```
<script type="text/JavaScript">
    var strJSON="{name:'张三', age:30, sex:true,salary:3000.55}";     //JSON 字符串
    var obj=eval( "("+strJSON+")" );              //转换后的 JSON 对象
    alert(obj.name);                              //对象属性方式访问数据
    alert(obj.age);
    alert(obj.sex);
    alert(obj.salary);

    strJSON="['张三',30,true,3000.55]";           //JSON 字符串
    arr=eval( "("+strJSON+")" );                  //转换后的 JSON 数组
```

```
    alert(arr [0]);                              //数组元素访问数据
    alert(arr [1]);
    alert(arr [2]);
    alert(arr [3]);
</script>
```

2.5 Rhino 引擎与 Java 语言

JavaScript 一直是脚本语言的领头羊，是一门具有非常丰富特性的语言，使用灵活方便，尤其是内置的轻量级数据类型 JSON 使得 JavaScript 更加强大。Java 是一种面向对象的编译型语言，是 Android 应用的主流开发语言。对于 Java 程序，Java 首先将源代码编译成二进制字节码(bytecode)，然后依赖各种不同平台上的虚拟机来解释执行字节码，从而实现了"一次编译，到处执行"的跨平台特性。对于 Android，二进制字节码文件(文件扩展名为. class)还需要转换成 dalvik 字节码文件才可以在 Android 平台运行。

Rhino 是开源的 JavaScript 引擎，是完全基于 Java 实现，几乎可以使用 JavaScript 完成 Java 所有的工作。它可以提供强大的计算能力，没有 I/O 的限制，可以将 JavaScript 编译成 Java 字节码，具有良好的速度和性能。在 Rhino 环境中既可以使用 JavaScript 脚本语言，同时也可以非常简单地使用 Java 语言的某些工具。

2.5.1 搭建 Rhino 开发环境

要在 PC 端搭建 Rhino 环境，需要先安装好 Java 环境再安装 Rhino 开发环境。有关 Java 环境可参考其他资料。开发者可以从官网 http://www. mozilla. org/rhino/下载 Rhino，本文下载引擎文件是 rhino1. 7R3. zip。解压引擎文件可得到 js. jar，此文件为 Rhino 对应的 jar 包。在使用 Rhino 之前，需要配置环境，具体做法是将 js. jar 文件加入系统的环境变量 CLASSPATH 中。

要调用 JS 解释器需要进入 Rhino 的交互模式，进入交互模式有两种方式。第一种是打开控制台，并切换 ja. jar 文件所在的目录，输入"java -jar js. jar"命令，便会出现解释器的版本信息，并进入带提示符 js>的命令模式。第二种方式是在控制台中输入"java org. mozilla. javascript. tools. shell. Main"，同样可以进入带提示符 js>的命令模式。

现假设有一 JS 文件 tools. js 存储在 C 盘根目录下，其代码如下所示。

```
var tools={};
tools.testPlus=function(num1, num2){
      return num1+num2;
}
```

要用 Rhino 执行此文件，可先在交互模式下输入"load("C:/tools. js")"完成 tools. js 文件的加载。注意在此处"/"和"\"是有区别的，不能换用。再输入"tools. testPlus(1, 2)"，其显示执行结果为 3，这表明 JavaScript 代码运行成功。要退出交互模式可以按 Ctrl+Z 键(Windows 系统)或 Ctrl+D 键(Linux 或 UNIX 系统)的方式退出，也可以调用

quit()方法退出。

2.5.2 Rhino 和 Java 类库、数组、对象和接口

Java 语法规定，任何代码都必须以 class 文件的形式存在，而每个 class 文件必须属于一个 package，默认为 default。而 JavaScript 并没有类似 package 的层级结构概念，那么如何使用 Rhino 访问 Java 类文件呢？Rhino 定义了一个 top-level 变量 Packages。变量 Packages 对应的所有属性均对应 Java 包名。比如，某个 Java 的包 com.example 可以写成“Packages.com.example”。为简单起见，可以去掉变量 Packages，直接输入 Java 包名。因此，Packages.com.example 和 com.example 等价。假如要访问标准的 Java 文件类，例如要访问类 java.io.File，为避免输入全名，可先导入包，再输入 Class 类。使用 importPackage 指令可导入包，例如 importPackage(java.io)。用户自定义的包也可以被引用进来，不过这时候 Packages 引用不能被省略。Rhino 通过 importClass 可直接导入类，例如，“importClass (java.io.File)”表示导入类 java.io.File。因为 Rhino 定义的对象 Boolean、Math、Number、Object 和 String 等与 Java 语法完全不同，因此两者无法等价。

Rhino 使用 Java 的发射机制生成数组，例如，代码“array＝java.lang.reflect.Array.newInstance(java.lang.String，2)”会创建一个数组，数组包括两个元素，元素是 String 数据类型。Rhino 可以使用 new 关键字创建 Java 对象，例如，“new java.util.Date()”会创建一个日期对象。

下面是实现 Java 接口的范例，例中通过 JavaScript 语法{propertyName：value}声明一个 JavaScript 方法 run，用包含 run 方法的对象作为接口 Runnable 的参数，并将该 Runnable 对象作为参数，构造了一个新的线程，并启动该线程。

```
var obj={ run: function () { print("\nrunning"); } }
var r=new java.lang.Runnable(obj);
var t=new java.lang.Thread(r);
t.start();
```

SL4A UI API与界面开发

UI是User Interface的简写，其中文名为用户界面。它是系统和用户之间进行交互和信息交换的媒介，它实现信息的内部形式与人类可以接受形式之间的转换。用户界面是介于用户与硬件之间，为彼此之间交互沟通而设计的相关软件，使得用户能够方便有效地去操作硬件以达成双向交互，完成所希望的工作。

用户界面定义广泛，包含人机交互与图形用户界面，凡参与人类与机械的信息交流的领域都存在着用户界面。

计算机图形用户界面一般指介于用户与计算机之间沟通与交互的硬件以及软件，目的在于使得计算机系统用户能够方便有效地去操作计算机以达成双向交互，完成所希望借助计算机完成之工作，其涵盖范围包括：早期由纸带输入设备到键盘、鼠标、数字版等数据输入的设备，显示屏幕、声音等输出设备，参考文件、联机说明、教学课程等辅助使用材料，人机交互的模式达到了只认识1与0的计算机与人类之间的用户接口。

在图形用户界面中，计算机画面上显示窗口、图标、按钮等图形表示不同目的的动作，用户通过鼠标等指针设备进行选择。

手机用户界面是用户与手机系统、应用交互的窗口，手机界面的设计必须基于手机设备的物理特性和系统应用的特性进行合理的设计。

尽管SL4A只提供了Android原生态服务用户界面接口API的子集，但是功能非常强大，通过这些接口，它可以实现电话、短信、界面、联系人、电池、蓝牙、WiFi、多媒体、摄像、事件、多媒体播放器、传感器和程序首选项等功能和应用。通过设备或模拟器上的PHP脚本编辑器实现了“帮助”菜单查看所有的API文档。对于PHP脚本，Android接口API被调用后，其运行结果都会返回一个对象，该对象包含三个属性：id、result、error。id用于标识对象，是一个和API调用相关的递增的数字。result是API调用的返回结果，如果没有返回其值为null。error表示API调用错误描述，当没有错误时其值为null。

下面通过一个PHP脚本来认识Android接口API调用执行过程。此范例中的PHP脚本调用了接口方法makeToast在屏幕中显示了字符串“Hello World”。

```
<?php
    require_once("Android.php");  //包含开发 Android 应用必须的文件 Android.php
    $droid=new Android();         //创建 Android 对象
```

```
    $obj=$droid->makeToast("Hello World");
                                        //调用 Android 对象中的方法 makeToast
?>
```

此范例首先调用函数 require_once 包含头文件 Android.php，头文件含有一个类 Android，然后创建一个 Android 类对象，再调用该对象中的方法函数 makeToast 在屏幕上显示字符串"Hello World"，该方法 makeToast 执行完毕会返回一个对象，对象包含 id、result 和 error 三个属性，由于 makeToast 没有返回值，所以属性 result 的值是空。

下面是 JavaScript 脚本调用 Android 接口 API 的实例，此范例中的 JavaScript 脚本调用了接口方法 makeToast 在屏幕中显示了字符串"Hello World"。

```
load("/sdcard/com.googlecode.rhinoforandroid/extras/rhino/android.js");
var droid=new Android();
var obj=droid.makeToast("Hello World");
```

此例先通过 load 加载"/sdcard/com.googlecode.rhinoforandroid/extras/rhino/android.js"头文件，此头文件包含 Android 类，然后创建了一个 Android 类对象，最后调用该对象中的方法 makeToast 在屏幕上显示字符串"Hello World"。该方法 makeToast 执行完毕会返回执行结果赋于变量 obj，由于该方法没有返回值，所以变量 obj 为空值。这里需要注意的是，JavaScript 的返回结果并没有包含 id、result 和 error 属性，而是直接包含返回结果值。

在 Android 平台上执行编写好的脚本程序：首先把上面编写好的代码保存为脚本文件(test.js 或 test.php)；然后通过执行命令"adb push 脚本文件 /sdcard/sl4a/scripts/"把文件上传到 Android 模拟器/物理机中，或利用豌豆荚等软件以图形界面方式把文件传输到 Android 模拟器/物理机，这样开发更方便、更高效；最后在 Android 模拟器/物理机中，打开 SL4A 管理器单击脚本程序的图标运行该脚本程序。

SL4A 支持三种方式实现界面：UiFacade、WebView、FullScreeenUI。UiFacade 界面通过 Android 界面 API 实现对话框和进度条等操作，它提供了直接操作对话框和菜单的方法，这种方式不能实现全屏界面，只适合简单的应用，如警告对话框、列表对话框等。本章将介绍 UiFacade 实现界面。

对话框是用来提示用户去做出选择或输入相应信息的小窗口，它不填充屏幕，通常被用于在执行前需要用户做出决定的模态事件，也就是说，当一个对话框弹出后，用户只能与该对话框进行交互，当用户对该对话框做出选择操作后，才能操作其他程序。例如，手机没有 SIM 卡或 SIM 卡没有插好时，用户单击通话设置时，会弹出一个对话框，提醒用户 SIM 卡出错，这时用户只能与该对话框交互，用户单击"确定"按钮后，才能操作其他程序。

Android API 支持：警告对话框、列表对话框、单选框和复选框、时间设置对话框、日期设置对话框、水平进度条等对话框。

3.1 警告对话框和对话框按钮

用户经常会与警告对话框交互会话，警告对话框常用于警告、提醒用户是否继续进行一些危险的、不可逆转的操作。例如，用户在手机删除资料的时候，会弹出一个相应的警告对话框，提醒用户是否确定删除选择的资料。

一个警告对话框有三个区域：标题区、内容区、操作按钮。标题区用于显示该对话框的标题，内容区用于显示一条相关信息，用户通过单击操作按钮触发相应事件实现用户某种操作。操作按钮可分为三种类型，具体如下所示。

(1) 肯定按钮：用户使用这种按钮来接收和继续执行相应的操作。

(2) 否定按钮：用户使用这种按钮来取消或终止相应的操作。

(3) 中立按钮：用户既不想继续执行这个操作又不想取消、终止该操作时，使用这种按钮。

在警告对话框里最多只能设置三个操作按钮，对于每种类型的按钮，只能添加一个到警告对话框中，按钮上所显示的文字是可以根据需要设置的。如在关机对话框中，标题区显示的标题是“关机”，内容区显示的信息是“您的手机会关机”，该对话框包含一个否定按钮，按钮上显示的文字为“取消”，用户单击该按钮执行取消关机操作，还包含一个肯定按钮，按钮上显示的文字为“确定”，用户单击该按钮执行关机操作。

下面介绍创建警告对话框和对话框按钮相关的函数：

```
dialogCreateAlert( String title[optional],  String message[optional])
```

该函数用于创建一个警告对话框，其中，参数 title 表示被创建对话框的标题，参数 message 表示被创建对话框的内容，这两个参数都是可选的。

```
dialogSetPositiveButtonText(String text)
```

该函数用于设置对话框肯定按钮文字，参数 text 表示按钮显示的文字。

```
dialogSetNegativeButtonText (String text)
```

该函数用于设置对话框否定按钮文字，参数 text 表示按钮显示的文字。

```
dialogSetNeutralButtonText(String text)
```

该函数用于设置对话框中立按钮文字，参数 text 表示按钮显示的文字。

```
dialogGetResponse()
```

该函数用于等待用户在对话框中输入信息，并且得到对话框响应。

```
dialogShow()
```

该函数用于显示对话框。

警告对话框应用需要首先创建警告对话框对象，然后设置警告对话框按钮，再显示警告对话框，最后等待用户单击警告对话框按钮执行相应操作。下面是警告对话框的范例。

【例 3-1】 （代码位置：\3\testDlg. js）

```
load("/sdcard/com.googlecode.rhinoforandroid/extras/rhino/android.js");
var droid=new Android();
droid.dialogCreateAlert("是否提交","请选择单击下面按钮");  //设置对话框标题内容
droid.dialogSetPositiveButtonText("确定");              //设置肯定按钮文本
droid.dialogSetNeutralButtonText("取消");               //设置取消按钮文本
droid.dialogSetNegativeButtonText("退出");              //设置退出按钮文本
droid.dialogShow();
var obj=droid.dialogGetResponse();
switch( obj.which )
{
    case "negative":
        print("单击了退出按钮");
        break;
    case "neutral":
        print("单击了取消按钮");
        break;
    case "positive":
        print("单击了确定按钮");
        break;
    default:
        break;
}
```

本例中首先创建一个 Android 对象，接着通过函数 dialogCreateAlert 创建了一个警告对话框，并且通过函数 dialogSetPositiveButtonText 设置了一个肯定按钮文字，通过函数 dialogSetNeutralButtonText 设置了一个中立按钮文字，通过函数 dialogSetNegativeButtonText 设置了一个否定按钮文字，然后通过函数 dialogShow 显示该对话框，最后通过函数 dialogGetResponse 等待用户单击按钮，其返回值是一个对象，对象包括一个 which 属性，which 值指明了用户单击对话框按钮选项。程序运行后，用户可以在手机屏幕上看到一个警示对话框，标题为“是否提交”，内容显示为“请选择单击下面按钮”，包含“确定”“取消”和“退出”三个按钮，用户可以单击按钮继续完成程序的执行。

3.2 请求用户输入信息和密码对话框

用户经常会接触到登录界面，用以控制用户权限、记录用户行为、保护操作安全。登录界面一般包含两个部分：一部分是请求用户输入信息的对话框，如请求用户输入账号；另一部分是请求用户输入密码的对话框。

SL4A 中提供了相应的函数创建请求用户输入信息对话框和密码对话框：

```
dialogGetInput( String title, String message, String defaultText)
```

该函数表示创建一个对话框，用于请求用户输入信息，参数 title 表示对话框的标题，默认值为“Value”，参数 message 表示对话框上的提示信息，也就是请求用户输入信息，默认值为“Please enter value”，参数 defaultText 表示用户在输入框内要输入的内容，这三个参数都是可选的。

```
dialogGetPassword( String title, String message)
```

该函数表示创建一个对话框，用于请求用户输入密码，参数 title 表示密码框的标题，默认值为“Password”，参数 message 是显示在密码框上方的提示信息，默认值为“Please enter password”，这两个参数都是可选的。

下面是登录的范例，例中先请求输入用户名，然后请求输入密码。

【例 3-2】 (代码位置：\3\testInputPwdDlg. js)。

```
load("/sdcard/com.googlecode.rhinoforandroid/extras/rhino/android.js");
var droid=new Android();
droid.dialogGetInput("登录","请输入用户名:"," ");      //创建请求用户名输入对话框
var obj1=droid.dialogGetResponse();
droid.dialogGetPassword("登录","请输入密码:");        //创建输入密码对话框
var obj2=droid.dialogGetResponse();
print(obj1.which);                              //用户名对话框按钮：确定或取消
print(obj1.value);                              //用户名对话框的输入内容
print(obj2.which);                              //密码对话框按钮：确定或取消
print(obj2.value);                              //密码值
```

本例要设置一个登录界面，首先创建一个 Android 对象，接着通过函数 dialogGetInput 创建一个输入用户名对话框，用于请求输入用户名，然后通过函数 dialogGetPassword 创建一个输入密码对话框，用于请求输入密码。函数 dialogGetResponse 的作用是等待用户输入，其返回值是一个对象，对象包含 which 和 value 两个属性，which 值指明了用户是单击了“确定”还是“取消”按钮，value 值指明了用户名和密码值。程序运行后，手机屏幕上首先弹出一个请求输入用户名对话框，要求输入用户名。对话框有两个按钮，一个显示文本为“确定”，另一个显示文本为“取消”。假设输入的用户名为 test，用户可以单击“确定”或“取消”按钮做出选择，然后手机屏幕接着弹出一个请求输入密码对话框，要求输入密码。

3.3 列　表

列表是按照一定的线性顺序排列的数据选项的集合，用户可以从列表中选择需要的选项，例如，用户长按手机关机按钮时，屏幕上会弹出一个列表对话框，标题是手机选项，选项内容为静音模式、飞行模式、关机，用户可以从列表中选择静音模式、飞行模式或关

机。列表也呈现在警告对话框的内容区里,所以创建列表需先创建一个警告对话框。Android API 提供了传统列表、单选按钮列表和多选按钮列表(复选框)三种列表,下面介绍传统列表。

```
dialogSetItems(JSONArray items)
```

该函数用于设置对话框列表选项,通过传递一个数组参数 items,指明列表的选项,参数 items 的值表示选项的文本内容,数组中的每个元素表示一个选项。

下面是列表的范例。

【例 3-3】 (代码位置:\3\testItemsDlg.js)

```
load("/sdcard/com.googlecode.rhinoforandroid/extras/rhino/android.js");
var droid=new Android();

droid.dialogCreateAlert("列表");
var items=new Array();
items[0]='选项 1';
items[1]='选项 2';
items[2]='选项 3';
items[3]='选项 4';
droid.dialogSetItems(items);                //设置一个包含 4 个选项的列表
droid.dialogShow();
var response=droid.dialogGetResponse();
droid.dialogSetItems(null);
var item=response.item+1;
droid.dialogCreateAlert("你选择的列表项是: ","选项"+item);
droid.dialogSetPositiveButtonText("确定");
droid.dialogSetNegativeButtonText("退出");
droid.dialogShow();
droid.dialogGetResponse();
```

本例首先通过函数 dialogCreateAlert 创建了一个对话框,标题为“列表”,再在该对话框上通过函数 dialogSetItems 设置了一个列表,它包含 4 个列表选项,用数组 items 表示。选项的值用 droid.dialogGetResponse 返回得到,第一个列表选项对应的值是 0,其他列表选项的值依次递增。然后创建了另一个对话框,标题为“你选择的列表项是:”,用来显示用户选择的选项。程序运行后,手机屏幕会弹出一个列表对话框,标题为“列表”,它显示有 4 个菜单选项,如图 3-1 所示,用户可以选择相应的选项,假如用户选择选项 3,会弹出另一个对话框标题为“你选择的列表项是:”,显示用户的选项是“选项 3”。

(a) 列表

(b) 显示用户所选列表项

图 3-1 列表操作

3.4 单选和多选按钮

在单选按钮列表中各选项是互斥的，用户只能从多个选项中选择一个。多选按钮列表(复选框)表示用户是否需要某个选项，用户可以同时选择多个选项中的一个或多个，即各选项间是不互斥的。

SL4A 中提供了相应的函数创建单选按钮列表和多选按钮列表：

```
dialogSetSingleChoiceItems(JSONArray items, Integer selected)
```

该函数表示设置一个单选按钮列表并且选中指定项，数组参数 items 为列表的选项，它的每个元素表示一个选项，参数 selected 为指定的选项，默认值为 0，它是可选项。

```
dialogSetMultiChoiceItems(JSONArray items, JSONArray selected)
```

该函数表示设置一个多选按钮列表并且选中指定项，数组参数 items 为列表的选项，参数 selected 为指定的选项，它是一个数组，表示可以选择多个选项，它是可选项，如不设置该参数表示不设置指定选项。

```
dialogGetSelectedItems()
```

该函数用于得到用户的选项。

下面通过实例分析单选按钮和多选按钮列表。

【例 3-4】 (代码位置：\3\testSingleChoiceDlg.js)。

```
load("/sdcard/com.googlecode.rhinoforandroid/extras/rhino/android.js");
var droid=new Android();

droid.dialogCreateAlert("单选对话框");              //设置对话框标题
var items=new Array();
items[0]='选项 1';
```

```
items[1]='选项 2';
items[2]='选项 3';
droid.dialogSetSingleChoiceItems(items);        //设置一个包含三个选项的单选按钮
droid.dialogSetPositiveButtonText("确定");
droid.dialogSetNegativeButtonText("退出");
droid.dialogShow();                             //显示对话框
var ret=droid.dialogGetResponse();              //等待准备响应用户单击选项等事件
ret=droid.dialogGetSelectedItems();             //获取用户的选项
var choice="";
switch ( ret[0] )
{
  case 0: choice="选项 1";
        break;
  case 1:choice="选项 2";
        break;
  case 2:choice="选项 3";
        break;
  default:
        break;
}
droid.dialogCreateAlert("用户选项","你的选择项是: "+choice);
droid.dialogSetPositiveButtonText("确定");
droid.dialogSetNegativeButtonText("退出");
droid.dialogShow();
```

本例中首先创建一个标题为“单选对话框”的对话框，再通过函数dialogSetSingleChoiceItems在对话框中添加三个单选按钮，默认指定第一个选项为选中项，当用户要改变选中项时，通过函数dialogGetResponse响应用户要选中的选项，并且通过函数dialogGetSelectedItems得到列表选项，在单击“确定”按钮后，程序创建另一个标题为“用户选项”的对话框，显示用户选择的选项。程序运行后，屏幕首先会弹出一个列表对话框，标题为“单选对话框”，包含三个选项：选项1、选项2、选项3，用户可以单击选择其中一项，如图3-2所示，假如选择“选项3”，单击“确定”按钮后，屏幕上弹出另一个对话框，标题为“用户选项”，显示用户选择的选项为“选项3”。

【例 3-5】 （代码位置：\3\testMultiChoiceDlg. js）。

```
load("/sdcard/com.googlecode.rhinoforandroid/extras/rhino/android.js");
var droid=new Android();

droid.dialogCreateAlert("MultiChoiceItems");
var items=new Array();
items[0]='选项 1';
items[1]='选项 2';
```

(a) 选择“选项3”

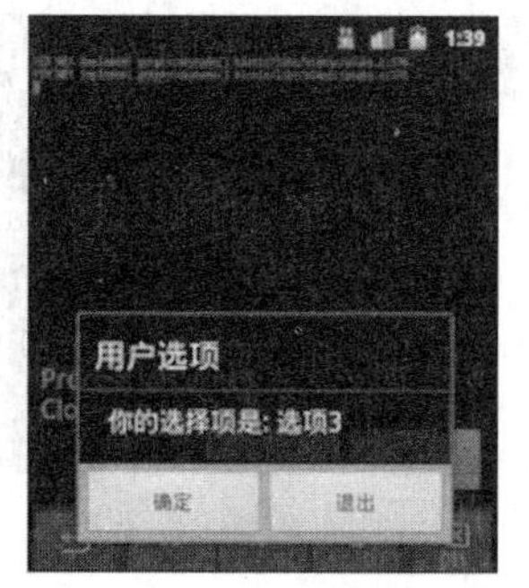

(b) 显示用户选择的单选项

图 3-2　单选按钮

```
items[2]='选项 3';
droid.dialogSetMultiChoiceItems(items);
droid.dialogSetPositiveButtonText("OK");
droid.dialogSetNegativeButtonText("Quit");
droid.dialogShow();
var ret=droid.dialogGetResponse();
ret=droid.dialogGetSelectedItems();

for( var key in ret)
{
      var i=ret[key]+1;
      choice=choice+"ChoiceItem"+i+"  ";
}
droid.dialogCreateAlert("UserChoiceItems","Your Choice: "+choice);
droid.dialogSetPositiveButtonText("OK");
droid.dialogSetNegativeButtonText("Quit");
droid.dialogShow();
```

本例中首先创建一个标题为 MultiChoiceItems 的对话框，再通过函数 dialogSetMultiChoiceItems 在对话框中添加了包含三个选项的多选按钮，当用户要改变选中项时，通过函数 dialogGetResponse 响应用户要选中的选项，并且通过函数 dialogGetSelectedItems 得到列表选项，在单击 OK 按钮后，程序创建了另一个标题为 UserChoiceItems 的对话框，显示用户选择的选项。程序运行后，屏幕首先会弹出一个列表对话框，标题为 MultiChoiceItems，包含三个选项：ChoiceItem1、ChoiceItem2、ChoiceItem3，用户可以单击选择其中一项或多项，假如选择 ChoiceItem1 和 ChoiceItem3，单击 OK 按钮后，屏幕弹出另一个对话框，标题为 UserChoiceItems，显示用户选择的选项为 ChoiceItem1 和 ChoiceItem3。运行结果如图 3-3 所示。

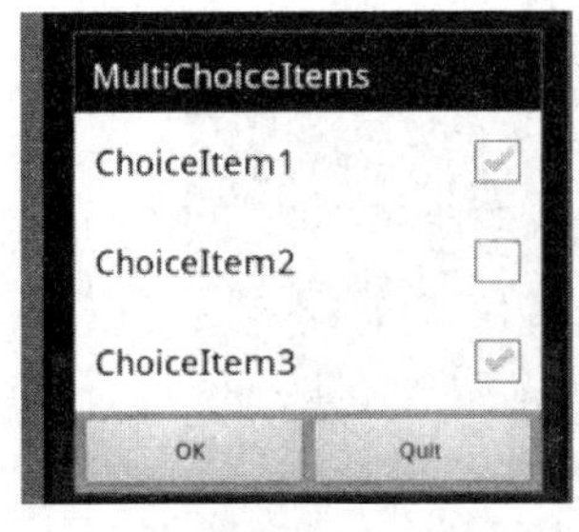

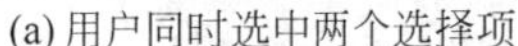
(a) 用户同时选中两个选择项

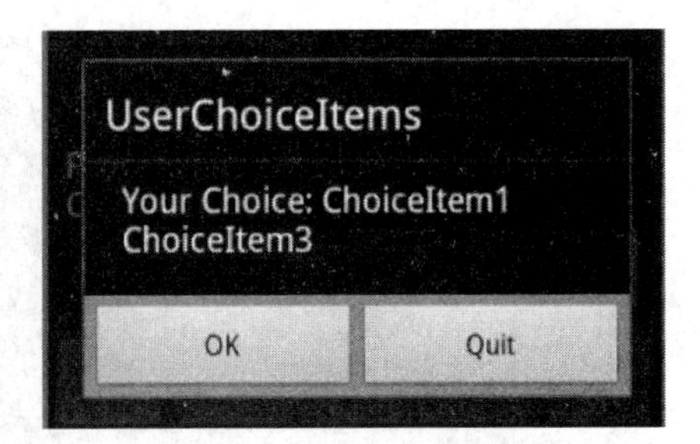

(b) 显示用户的多选项

图 3-3　多选列表

3.5　时间设置对话框

用户设置、修改手机时间时，单击设置时间，屏幕会弹出一个时间设置对话框，用户可以调整时钟、分钟，并单击“设置”按钮，完成时间设置。时间对话框是支持用户选择时间的视图，可以为 24 小时制，也可以为 AM/PM 制。

SL4A 中提供了相应的函数创建时间设置对话框：

```
dialogCreateTimePicker(Integer hour, Integer minute, Boolean is24hour)
```

该函数用于创建时间设置对话框，参数 hour 用于设置时钟，默认值为 0，参数 minute 用于设置分钟，默认值为 0，布尔参数 is24hour 表示时间是否使用 24 小时制，值为 true 表示使用 24 小时制，否则使用 12 小时制，默认值为 false，这三个参数都是可选的。

```
dialogDismiss()
```

该函数用于关闭对话框。

下面是时间设置对话框的范例。

【例 3-6】 （代码位置：\3\testTimePicker.js）

```
load("/sdcard/com.googlecode.rhinoforandroid/extras/rhino/android.js");
var droid=new Android();

droid.dialogCreateTimePicker(22,30);
droid.dialogShow();
var ret=droid.dialogGetResponse();
droid.dialogDismiss();
var hour=ret.hour;
var minute=ret.minute;
droid.dialogCreateAlert("时间(时钟和分钟)"," "+hour+":"+minute);
droid.dialogSetPositiveButtonText("确定");
droid.dialogSetNegativeButtonText("退出");
droid.dialogShow();
```

```
droid.dialogGetResponse();
droid.dialogDismiss();
```

本例中首先通过函数 dialogCreateTimePicker(22,30)创建了一个时间设置对话框，默认值时钟为22，分钟为30，通过函数 dialogGetResponse 等待用户设置时间，并通过 ret.hour 返回用户设置的时钟，ret.minute 返回用户设置的分钟，接着创建另一个对话框，用来显示设置后的时间。程序运行后屏幕会弹出一个时间设置对话框，显示时钟为22，分钟为30，如图3-4所示，用户可以通过单击时钟和分钟上的"＋"和"－"按钮设置时间，设置后单击 Set 按钮，屏幕将弹出另一个对话框显示用户设置后的时间。

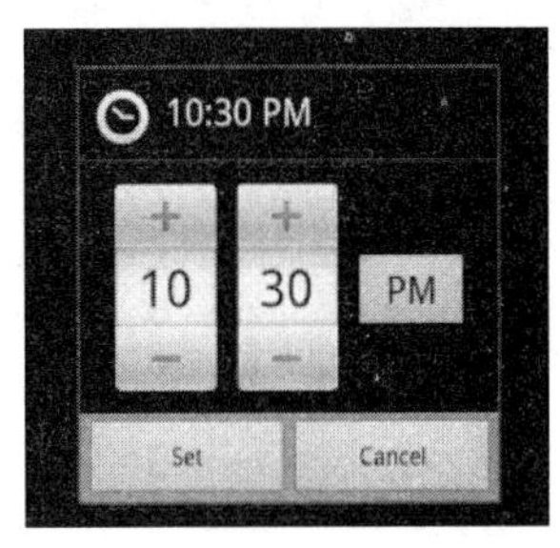

图3-4　时间选择

3.6　日期设置对话框

用户设置、修改手机日期时，单击设置日期，屏幕会弹出一个日期设置对话框。用户可以调整年、月、日，并单击"设置"按钮，完成日期设置。日期设置对话框是向用户提供包含年、月、日的日期数据，并允许用户对其进行选择。

SL4A 中提供了相应的函数创建日期设置对话框。

```
dialogCreateDatePicker(Integer year, Integer month, Integer day)
```

该函数用于创建日期设置对话框，函数含有三个参数，参数 year 用于设置年，默认值为1970；参数 month 用于设置月，默认值为1；参数 day 用于设置日，默认值为1，这三个参数都是可选的。

下面是日期设置对话框的范例。

【例3-7】（代码位置：\3\testDatePicker.js）

```
load("/sdcard/com.googlecode.rhinoforandroid/extras/rhino/android.js");
var droid=new Android();

droid.dialogCreateDatePicker(2010,10,10);
droid.dialogShow();
var ret=droid.dialogGetResponse();
droid.dialogDismiss();
var year=ret.year;
var month=ret.month;
var day=ret.day;
droid.dialogCreateAlert("Date",year+"-"+month+"-"+day);
droid.dialogSetPositiveButtonText("OK");
droid.dialogSetNegativeButtonText("Quit");
```

```
droid.dialogShow();
droid.dialogGetResponse();
droid.dialogDismiss();
```

图 3-5 设置日期

本例中首先通过函数 dialogCreateDatePicker(2010,10,10)创建了一个日期设置对话框，初始日期为 2010 年 10 月 10 日，然后通过函数 droid->dialogGetResponse 等待用户设置日期，并通过 ret. year 返回用户设置的年，ret. month 返回用户设置的月，ret. day 返回用户设置的日，接着创建了另一个对话框，用来显示年、月、日。程序运行后屏幕会弹出一个日期设置对话框，如图 3-5 所示，用户可以通过日期上下的“＋”和“－”按钮设置调整年、月、日，设置后，单击 Set 按钮，屏幕将弹出另一个对话框显示用户设置后的日期。

3.7 水平进度条

用户在下载文件时，会弹出一个水平进度条对话框，显示文件下载的进度。通常，用户在上传、下载大文件或大量文件时，需要一定时间才能完成任务，这时用户希望知道任务完成的进度情况，在 SL4A 中可以通过带有进度指示器的水平进度条用来显示任务的进度位置、任务的完成情况。

下面介绍创建水平进度条对话框和设置水平进度条指示器位置的相关函数。

```
dialogCreateHorizontalProgress(String title, String message, Integer maximum)
```

该函数用于创建水平进度条对话框，参数 title 表示对话框标题，参数 message 表示对话框中显示的内容，参数 maximum 表示进度条的最大值，默认值是 100，这三个参数都是可选的。

```
dialogSetCurrentProgress(Integer current)
```

该函数用于设置水平进条度的当前进度值，参数 current 表示当前值，其值范围在零和 maximum 之间。

```
dialogDismiss()
```

该函数用于关闭对话框。

下面是水平进度条的范例。

【例 3-8】 (代码位置：\3\testHProgressDlg. js)

```
load("/sdcard/com.googlecode.rhinoforandroid/extras/rhino/android.js");
var droid=new Android();
```

```
droid.dialogCreateHorizontalProgress("ProgressBarTitle","Please Wait...");
droid.dialogShow();
for(var items=0; items<=100; items++)
  droid.dialogSetCurrentProgress(items);
droid.dialogDismiss();
```

本例中首先通过函数 dialogCreateHorizontalProgress 创建了一个水平进度条对话框，标题为 ProgressBarTitle，然后通过函数 dialogSetCurrentProgress 设置进度条当前值，当前值会逐渐变大，从0直至100，进度值达到最大100后，通过函数 dialogDismiss 关闭对话框。程序运行后，屏幕将会弹出一个水平进度条对话框，对话框中的进度条从左向右会不断前进，当进度值到达最右边时，进度条对话框将消失，说明任务已经完成。

3.8 搜索进度条

用户在播放音乐的时候，会弹出一个搜索进度条，该进度条不仅显示了音乐播放的进度，用户还可以拖动指示器改变播放的进度、内容。通常用户在播放音乐、电影、视频时，除了想要知道当前播放的进度，还需要多久能播完，并且用户经常想要拖动指示器改变播放任务的进度。水平进度条实现了显示任务的进度，但是用户不可以手工拖动进度指示器改变任务的进度，在 SL4A 中可以通过创建一个搜索进度条实现这样的功能。搜索进度条和水平进度条外观上相同，但是搜索进度条可以让用户拖动进度指示器改变任务的进度。

```
dialogCreateSeekBar(Integer starting, Integer maximum, String title,String message)
```

该函数用来创建一个搜索进度条，参数 starting 表示进度条当前值，默认值为50，参数 maximum 表示进度条最大值，默认值为100，参数 title 表示搜索进度条对话框标题，参数 message 表示对话框显示信息。

下面是搜索进度条的范例。

【例 3-9】 (代码位置：\3\testSeekBar.js)。

```
load("/sdcard/com.googlecode.rhinoforandroid/extras/rhino/android.js");
var droid=new Android();

droid.dialogCreateSeekBar(20,100,"搜索进度条对话框","搜索条对话框显示信息");
droid.dialogSetPositiveButtonText("是");
droid.dialogSetNegativeButtonText("否");
droid.dialogShow();
var ret=droid.dialogGetResponse();
droid.dialogDismiss();
var msg=ret.progress;
```

```
droid.dialogCreateAlert("搜索条值为: "," "+msg);
droid.dialogSetPositiveButtonText("是");
droid.dialogSetNegativeButtonText("否");
droid.dialogShow();
droid.dialogGetResponse();
```

本例中通过函数 dialogCreateSeekBar 创建了一个搜索进度条对话框，标题为“搜索进度条对话框”，当前值为 20，通过函数 dialogGetResponse 等待用户拖动进度条，然后创建另一个对话框，显示用户拖动后的搜索值。程序运行后，屏幕弹出一个搜索进度条对话框，进度条中有一个水平滑动条，用户可以单击滑动条自行设置滑动条的滑动位置，如图 3-6 所示，其中，图 3-6(a)是用户设置的进度值，图 3-6(b)用来显示设置的进度值，显示设置的值为 80。

(a) 设置搜索进度条值

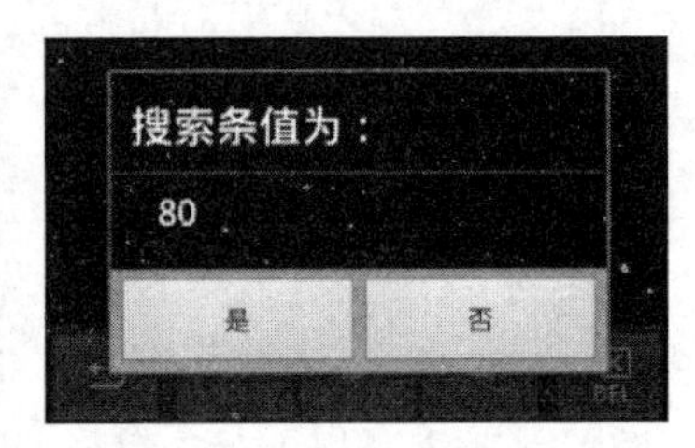

(b) 显示搜索进度条进度值

图 3-6　搜索进度条

3.9　等待完成进度条

用户在使用双卡手机，切换网络时，屏幕会弹出一个带旋转圆圈的等待完成进度条对话框，提示正在连接网络，请用户等待。类似这种应用，应用程序连接网络、装载资源时，需要时间完成任务，用户需要等待，但等待时间是不确定的，在 SL4A 中提供了一个带有旋转圆圈的等待完成进度条，用来提示用户系统正在加载数据，避免用户感觉应用已经“死机”，旋转的圆圈表示有任务在进行中，但完成的时间不确定。

```
dialogCreateSpinnerProgress(String title, String message, Integer maximum)
```

该函数用来创建等待完成进度条，参数 title 表示对话框标题，参数 message 表示进度条的显示内容，参数 maximum 表示进度值，默认值为 100，这三个参数都是可选的。

下面是等待完成进度条的范例。

【例 3-10】（代码位置：\3\testSpinnerProgress. js）

```
load("/sdcard/com.googlecode.rhinoforandroid/extras/rhino/android.js");
var droid=new Android();

droid.dialogCreateSpinnerProgress("网络连接","正在连接中,请耐心等待...");
```

```
droid.dialogShow();
for(var i=0;i<5; i++)
    sleep(1000);//可以在这写网络连接代码,这里使用睡眠函数 sleep 模拟处理
droid.dialogDismiss();

function sleep(numberMillis) {
    var now=new Date();
    var exitTime=now.getTime()+numberMillis;
    while (true) {
        now=new Date();
        if (now.getTime()>exitTime)
        return;
    }
}
```

本例中首先通过函数 dialogCreateSpinnerProgress 创建了一个等待完成进度条,标题为“网络连接”,然后经过 5s 的等待后,调用函数 dialogDismiss 使对话框消失。程序运行后,屏幕会弹出一个带有旋转圆圈的等待完成进度条对话框,表示系统正在连接网络,用户等待 5s 后该进度条自动消失。

Android UI 布局

4.1 界面布局管理

由于基于对话框的用户界面不能全屏显示用户界面，其代码和用户界面相混淆不具有好的设计特点等不足，因此基于对话框的用户界面只适合简单的应用。SL4A 提供的 FullScreeenUI 可以让应用程序全屏显示用户界面，允许使用 XML 描述用户界面，可以很灵活地在用户界面中添加控件，设置控件外观，控制控件的组织结构；可以让代码和用户界面相分离，降低彼此之间的耦合度。总之，这种方法的优点是可以实现复杂的全屏界面、灵活性强、占用资源小，并且具有较好的扩展性。本章主要介绍 FullScreenUI 设计实现用户界面，要使用 FullScreenUI 实现用户界面，需要先掌握几个比较重要的函数，这些函数的主要作用是解析 XML 文件全屏显示用户界面，动态查询用户界面属性值，修改控件属性动态更新用户界面外观，覆盖和自定义键盘按键功能。

```
fullShow(String layout: String containing View layout, String title[optional]:
Activity Title)
```

该函数的作用是全屏显示用户界面，参数 layout 是用户界面描述串，该描述串用 XML 描述，参数 title 表示活动的标题，该参数可选。

```
fullDismiss()
```

该函数用来隐藏当前用户界面。

```
fullQuery()
```

该函数用来查询用户界面控件属性集。返回值是一个对象（为方便区别，此处称为 A 对象），该对象的每个属性对应一个控件，属性名和控件 id 标识符值相同，属性的数据类型是对象（B 对象），这个对象（B 对象）的属性对应控件的属性。如果没有为控件定义 id，则此方法不会返回该控件的属性集。

```
fullQueryDetail(String id)
```

该函数用来查询指定控件的属性，参数 id 表示控件标识符，函数返回值是对象，对象的属性即为控件属性。

```
fullSetProperty(String id, String property, String value)
```

该函数用来设置控件属性和属性值，参数 id 表示控件标识符，参数 property 表示控件的属性名，参数 value 表示属性值。

```
fullSetList(String id, JSONArray list)
```

该函数用来设置列表等控件的列表项，参数 id 表示列表等控件的标识符，参数 list 表示列表项，可用数组来表示。

```
fullKeyOverride(JSONArray keycodes, Boolean enable)
```

该函数用来覆盖键盘事件，可用来改变系统的默认按键行为，参数 keycodes 表示要被覆盖的按键值集，可用数组来表示，参数 enable 是布尔类型变量，用来表示是否打开或关闭默认按键行为，值 true 表示关闭按键默认行为，值 false 表示打开按键默认行为，该参数可选，默认值是 true，函数将返回原先设置的键值集。

在 Android 界面中会有很多控件，如文本控件、按钮控件、图片控件等，这些控件需要被控制位置、大小和排列顺序，Android 界面可以通过布局方便地实现这些目的。界面布局是指界面内容的组织结构，控件是用户界面的主要内容之一，布局决定了控件之间的结构。设计 Android 界面布局和 HTML 框架界面很相似，主要做两件事情，首先要给 Android 应用界面定框架，也就是安排好被添加控件的组织结构和顺序，然后再在框架里面放控件，设置控件的属性。

Android 提供了两种实现布局的方法，一种是通过代码控制、实现界面布局，也就是所有的组件都通过 new 关键字创建出来，然后将这些组件添加到布局管理器中，从而实现用户界面，这种方法能够动态地改变界面，比较灵活，但是开发过程比较烦琐。另一种是使用 XML 描述布局，使布局界面的代码和控制逻辑的代码分离开来，使程序的结构更加清晰、明了，具有实现方便、快捷，维护简便等优点，但是 XML 描述布局适用于静态界面，它不能动态改变界面。

SL4A 支持 XML 描述布局，下面通过例 4-1 来说明如何使用 XML 描述用户界面，这是一个登录界面，如图 4-1 所示，在这个界面中包含 TextView（文本显示控件）、EditText（文本编辑控件）和 Button（按钮控件）等。

图 4-1 XML 描述的登录界面

怎么安排和组织这些控件在界面中的位置、大小和排列顺序呢？这就需要对界面进行布局管理。在本例中，首先使用了一个垂直线性布局，在该布局中以垂直排列的方向从上到下依次添加了第一个水平线性布局、第二个水平线性布局和一个 Button 控件。在第一个水平线性布局中从左到右依次添加了一个 TextView 和一个 EditText，同样，在第二个水平线性布局中从左到右依次添加了一个 TextView 和一个 EditText。

本例由两个文件组成，一个是 XML 文件 mylayout. xml，用于描述界面布局；另一个是 JavaScript 文件 test. js，用于读取 mylayout. xml 用户界面文件并把用户界面显示出来。

【例 4-1】（代码位置：\4\login）

文件 mylayout. xml：

```
<?xml version="1.0" encoding="utf-8"?>
<LinearLayout
  xmlns:android="http://schemas.android.com/apk/res/android"
  android:orientation="vertical"
  android:layout_width="fill_parent"
  android:layout_height="fill_parent"
  android:background="#000000"
><!--描述一个垂直线性布局,并设置属性-->
<LinearLayout
    android:id="@+id/regist_username"
    android:layout_width="fill_parent"
    android:layout_height="wrap_content"
    android:layout_centerHorizontal="true"
    android:orientation="horizontal"
><!--在该垂直线性布局添加了第一个水平线性布局,并设置属性-->
<TextView
      android:layout_width="80dp"
      android:layout_height="wrap_content"
      android:gravity="center"
      android:text="用户名 :"
     /><!--在第一个水平线性布局中添加一个 TextView 控件,并设置属性-->
<EditText
      android:id="@+id/et_name"
      android:layout_width="fill_parent"
      android:layout_height="wrap_content"
      android:hint="请输入您的用户名"
      android:textSize="14dp"
     /><!--在第一个水平线性布局中添加一个 EditText 控件,并设置属性-->
</LinearLayout>
<LinearLayout
      android:id="@+id/regist_password"
      android:layout_width="fill_parent"
      android:layout_height="wrap_content"
      android:layout_below="@+id/regist_username"
      android:layout_centerHorizontal="true"
      android:orientation="horizontal"
><!--在该垂直线性布局中添加了第二个水平线性布局,并设置属性-->
<TextView
        android:layout_width="80dp"
```

```
        android:layout_height="wrap_content"
        android:gravity="center"
        android:text="密码 :"
      /><!--在第二个水平线性布局中添加一个 TextView 控件,并设置属性-->
<EditText
      android:id="@+id/et_password"
      android:layout_width="match_parent"
      android:layout_height="wrap_content"
      android:hint="请输入您的密码"
      android:inputType="textPassword"
      android:textSize="14dp"
      /><!--在第二个水平线性布局添加一个 EditText 控件,并设置属性-->
</LinearLayout>
<Button
      android:id="@+id/button1"
      android:layout_width="match_parent"
      android:layout_height="wrap_content"
      android:layout_below="@+id/regist_password"
      android:layout_marginLeft="80dp"
      android:layout_gravity="right"
      android:text="登录"
    /><!--在该垂直线性布局中添加一个 Button 控件,并设置属性-->
</LinearLayout>
```

文件 test. js：

```
load("/sdcard/com.googlecode.rhinoforandroid/extras/rhino/android.js");
var droid=new Android();
var layout=file_get_contents("/sdcard/sl4a/scripts/mylayout.xml");
droid.fullShow(layout);
droid.eventWait(10000);
function file_get_contents(fileName) {
    var file=new java.io.File(fileName);
    var reader=new java.io.BufferedReader(new java.io.FileReader(file));
    var tempString=null;
    var fileString="";
    //一次读入一行,直到读入 null 为文件结束
    while ((tempString=reader.readLine()) !=null) {
        fileString=fileString+tempString ;
    }
    reader.close();
    return fileString;
}
```

在文件 mylayout. xml 中，先添加了一个垂直线性布局，通过属性 android:orientation＝"vertical"说明该线性布局中添加的子元素（两个水平线性布局和一个 Button 控件）为垂直方向排列。然后在该垂直线性布局中添加了第一个子元素，该子元素为一个水平线性布局，在该水平线性布局中添加了一个文本显示控件，文本显示内容为“用户名 :”，添加了一个文本编辑控件，用来输入编辑用户名。接着在该垂直线性布局中添加了第二个子元素，该子元素为一个水平线性布局，在该水平线性布局中添加了一个文本显示控件，文本显示内容为“密码 :”，添加了一个文本编辑控件，用来输入编辑密码。最后，在垂直线性布局中添加了一个按钮控件。

程序运行前，可以在 PC 端通过 DDMS 或 360 手机助手等工具把文件 mylayout. xml 和文件 test. js 复制到手机或模拟器的/sdcard/sl4a/scripts 目录，然后在移动设备端单击 SL4A 图标，打开 SL4A 管理器，通过 SL4A 管理器单击文件列表中的 test. js 文件，运行文件 test. js。运行结果如图 4-1 所示。

结合例 4-1，在使用 XML 描述布局时，需要理解以下事项。

（1）XML 描述全屏用户界面的文件其扩展名必须是“. xml”，如例 4-1 中文件名为“mylayout. xml”。

（2）XML 的根节点通常是一个根布局，根布局里可以放置任意控件或子布局节点，如例 4-1 中根节点是垂直线性布局，根节点的子元素有两个水平线性布局（LinearLayout）和一个按钮控件（Button），在每个水平线性布局中分别包含一个文本控件（Text View）和一个文本编辑控件（EditText）。

（3）布局文件的根节点必须包含值为“http://schemas. android. com/apk/res/android”的命名空间，命名空间可以避免不同 XML 文件元素的命名冲突，也有标识控件的作用。

（4）系统通过控件的属性 id 唯一识别该控件，在 XML 代码中创建控件时，可以给控件的属性 id 定义一个值。一个新 id 的定义格式为“@＋id/myId”。如例 4-1 中，添加一个 Button 控件时，通过 android:id＝"@＋id/button1"给该控件定义 id 为“button1”。

（5）一个应用用户界面的实现需要依赖一个 XML 和一个脚本文件，XML 文件用来描述用户界面，脚本用来解析 XML 文件和全屏显示用户界面，以及响应控件事件和处理具体业务。

（6）布局中的子元素和控件包含很多属性，通过这些属性可以设置子元素和控件的颜色、大小外观和显示的文字等。

控件的背景通过属性 background 设置，Android 支持 24 位 RGB 颜色和包含透明度的 24 位 RGB 颜色，背景颜色的属性值可以使用十六进制数来表示。对于包含透明度的 24 位 RGB 颜色，前面两位十六进制数表示透明度，值越小越透明，值越大越不透明。例如，Android: background＝"＃ff0000"表示背景颜色是红色，Android: background＝"＃80ff0000"表示背景是半透明的红色，Android: background＝"＃ffff0000"表示背景是不透明的红色。如例 4-1 中，通过属性 android:background＝"＃000000"设置布局背景颜色为黑色。

控件中要显示的文字通过属性 text 设置，如例 4-1 中，添加按钮控件，通过属性 android:text="登录"定义按钮控件显示的文本内容是“登录”。

控件的大小和位置通常通过属性 layout_width（宽度）和 layout_height（高度）来控制，一般会有三个对应的属性值 wrap_content、fill_parent 和 match_parent。wrap_content 是让控件根据自己的内容来定义大小，即控件内容有多少，控件就有多大；fill_parent 和 match_parent 都是让控件充满父控件，在例 4-1 中，设置按钮控件宽度、高度时，通过 android:layout_width="wrap_content" android:layout_height="wrap_content"设置宽度和高度是根据自己的内容来定义大小。

控件的大小和位置还可以用数值任意指定，设置宽高等距离时必须有单位，如例 4-1 中，通过 android:layout_width="80dp"指定第一个文本控件的宽度，单位说明如表 4-1 所示。

表 4-1 单位符号表

单位符号	单位名称	说　明
mm	毫米	与日常生活中说的毫米一样，物理意义
in	英寸	与日常生活中说的英寸一样，物理意义
pt	点(point)	1pt=1/72 英寸，物理意义
px	像素(pixel)	即屏幕的实际像素
dip	设备独立像素	使显示的大小与屏幕密度无关
sp	比例像素	与 dp 类似，主要用于文字的显示

(7) 布局中常需要控制子元素之间的排列关系和位置关系，子元素与父元素之间的对齐方式和位置关系，各元素和控件包含相应的属性来实现位置关系和对齐方式。例如，控件的排列取向由属性 orientation 来控制，属性值 vertical 表示垂直取向布局，属性值 horizontal 表示水平取向布局，默认值为 vertical。如例 4-1 中，描述一个线性布局时通过属性 android:orientation="vertical"确定在该线性布局中添加的子元素（两个水平线性布局和一个 Button 控件）为垂直方向排列。

在界面布局时，经常用到 android:gravity 和 android:layout_gravity 两个属性，它们都用于对齐，android:gravity 用于设置该控件中的内容相对于该控件的对齐方式，而 android:layout_gravity 用于设置该控件本身相对于父控件的对齐方式。例如，对于一个按钮，属性 android:gravity 表示按钮上的文字在按钮上的位置、对齐方式，而属性 android:layout_gravity 表示该按钮在界面上的位置、对齐方式，这两个属性可取的属性值及含义如表 4-2 所示，默认值为 left，这些属性值可以同时指定，各属性值之间用“|”隔开。

在界面布局时，常会用到属性 android:layout_margin 和 android:padding，它们的含义如表 4-3 和表 4-4 所示。

表 4-2　android:gravity 和 android:layout_gravity 属性值和含义

属性值	含　义
top	将控件放在顶部,不改变其大小
bottom	将控件放在底部,不改变其大小
left	将控件放在左侧,不改变其大小
right	将控件放在右侧,不改变其大小
center_vertical	将控件纵向居中,不改变其大小(垂直方向上居中对齐)
center_ horizontal	将控件水平居中,不改变其大小(水平方向上居中对齐)
center	将控件横纵向居中,不改变其大小
fill_vertical	必要时将控件纵向拉伸,以完全填充(垂直方向填充)
fill_ horizontal	必要时将控件横向拉伸,以完全填充(水平方向填充)
fill	必要时将控件横向纵向拉伸,以完全填充

表 4-3　属性 android:layout_margin 的含义

属　性	含　义
android:layout_margin	该控件距离父控件的边距,例如,android:layout_margin="20dip"表示该控件上下左右距离父控件的距离都是 20dip
android:layout_marginLeft	该控件左侧距离父控件的距离,例如,android:layout_marginLeft="20dip"表示该控件左侧距离父控件的距离是 20dip
android:layout_marginRight	该控件右侧距离父控件的距离,例如,android:layout_marginRight="20dip"表示该控件右侧距离父控件的距离是 20dip
android:layout_marginTop	该控件顶部距离父控件的距离,例如,android:layout_marginTop="20dip"表示该控件顶部距离父控件的距离是 20dip
android:layout_marginBottom	该控件底部距离父控件的距离,例如,android:layout_marginBottom="20dip"表示该控件底部距离父控件的距离是 20dip

表 4-4　属性 android:padding 的含义

属　性	含　义
android:padding	控件中的内容(如文本或图片)距离该控件的边距,例如,android:padding="10dip"表示控件中的内容上下左右距离该控件 10dip
android:paddingLeft	控件中的内容左边距离该控件的边距,例如,android:paddingLeft="10dip"表示控件中的内容左边距离该控件 10dip
android:paddingRight	控件中的内容右边距离该控件的边距,例如,android:paddingRight="10dip"表示控件中的内容右边距离该控件 10dip
android:paddingTop	控件中的内容顶部距离该控件的边距,例如,android:paddingTop="10dip"表示控件中的内容顶部距离该控件 10dip
android:paddingBottom	控件中的内容底部距离该控件的边距,例如,android:paddingBottom="10dip"表示控件中的内容底部距离该控件 10dip

Android 系统提供了 LinearLayout（线性布局）、FrameLayout（帧布局）、AbsoluteLayout（绝对布局）、RelativeLayout（相对布局）和 TableLayout（表格布局），下面将逐一介绍。

4.2 LinearLayout 布局

LinearLayout 也称线性布局，线性布局由标签 LinearLayout 定义，根据属性 android:orientation 所取的值，线性布局分为垂直线性布局和水平线性布局。当 android:orientation="vertical"时，描述的是垂直线性布局，它是单列多行结构，每行只能放置一个控件，控件依照从顶行到底行顺序放置；当 android:orientation="horizontal"时，描述的是水平线性布局，它是单行多列结构，每列只能放置一个控件，控件依照从左列到右列顺序放置。如图 4-2 所示，图 4-2(a)是一个垂直线性布局，有三个控件，分别是 Button1、Button2、Button3，依次从顶行到底行顺序放置；图 4-2(b)是一个水平线性布局，有三个控件，分别是 Button1、Button2、Button3，依次从左到右顺序放置。

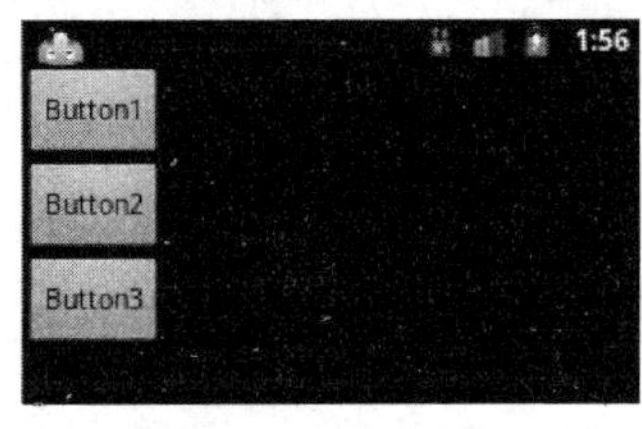

(a) 垂直线性布局

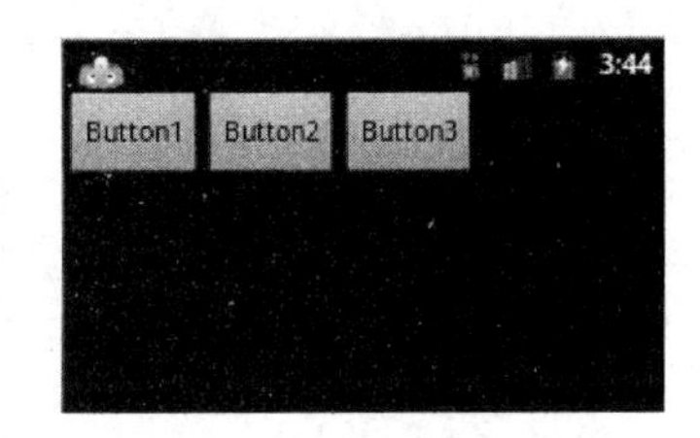

(b) 水平线性布局

图 4-2 线性布局

布局是可以嵌套的，也就是布局里可以含有布局，例如，要搭建两行两列的布局，首先描述垂直线性布局，垂直排列两个元素，然后，每一个元素里再包含一个水平线性布局，进行水平排列。

LinearLayout 中的子元素还有一个重要的属性 android:layout_weight，该属性会给子元素分配一个权重值，用于描述该子元素在剩余空间中占有的大小比例，属性值越小其重要度越高，显示所占的剩余空间越大。例如，如果一行只有一个文本框，那么它的属性值默认为 0；如果一行中有两个文本框，它们的 android:layout_weight 值都是 1，说明这两个文本框长度相等；如果一行中有两个文本框，它们的 android:layout_weight 值分别为 1 和 2，说明第一个文本框将占据剩余空间的三分之二，第二个文本框将占据剩余空间中的三分之一。

下面通过例 4-2 来说明线性布局。本例要描述一个嵌套线性布局，首先使用了一个垂直线性布局，然后在布局中包含一个文本控件和嵌套了一个水平线性布局，在水平线性布局中又包含两个控件。本例由两个文件组成，一个是 XML 布局文件 mylayout.xml，用于描述界面布局；另一个是 JavaScript 文件 test.js，用于读取 XML 布局文件并把界面显示出来。

【例 4-2】（代码位置：\4\linearlayout）。

文件 mylayout. xml：

```
<?xml version="1.0" encoding="utf-8"?>
<LinearLayout
    xmlns:android="http://schemas.android.com/apk/res/android"
    android:orientation="vertical"
    android:background="#000000"
    android:layout_width="fill_parent"
    android:layout_height="fill_parent"
><!--设置布局朝向为垂直方向 -->
    <!--描述一个垂直线性布局,并设置属性-->
<TextView
        android:layout_width="fill_parent"
        android:layout_height="wrap_content"
        android:background="#000000"
        android:text="线性布局测试"
/><!--在垂直线性布局中添加一个文本控件,并设置属性-->
<LinearLayout
        android:orientation="horizontal"
        android:layout_width="fill_parent"
        android:layout_height="fill_parent"
><!--在垂直线性布局中嵌套一个水平线性布局,并设置属性-->
<TextView
            android:layout_width="fill_parent"
            android:layout_height="wrap_content"
            android:background="#80ff0000"
            android:layout_weight="2"
            android:text="文本控件 1"
            android:gravity="center"
/><!--控件占据水平线性布局三分之一空间-->
<!--在水平线性布局中添加第一个文本控件,并设置属性-->
<TextView
            android:layout_width="fill_parent"
            android:layout_height="wrap_content"
            android:background="#009966"
            android:layout_weight="1"
            android:text="文本控件 2"
            android:gravity="center"
/><!--控件占据水平线性布局三分之二空间-->
<!--在水平线性布局中添加第二个文本控件,并设置属性-->
</LinearLayout>
</LinearLayout>
```

文件 test.js：

```
load("/sdcard/com.googlecode.rhinoforandroid/extras/rhino/android.js");
var droid=new Android();
var layout=file_get_contents("/sdcard/sl4a/scripts/mylayout.xml");
droid.fullShow(layout);
droid.eventWait(10000);
function file_get_contents(fileName) {
    var file=new java.io.File(fileName);
    var reader=new java.io.BufferedReader(new java.io.FileReader(file));
    var tempString=null;
    var fileString="";
     // 一次读入一行,直到读入 null 为文件结束
    while ((tempString=reader.readLine()) !=null) {
        fileString=fileString+tempString ;
    }
    reader.close();
    return fileString;
}
```

在文件 mylayout.xml 中，先描述垂直线性布局，然后在垂直线性布局中添加一个文本控件(TextView)，文本内容为"线性布局测试"，再在垂直线性布局中嵌套了一个水平线性布局，水平线性布局又包含两个控件，第一个文本内容为"文本控件 1"，通过属性 android:layout_weight="2"，表示它占据水平线性布局三分之一空间，第二个文本内容为"文本控件 2"，通过属性 android:layout_weight="1"，表示它占据水平线性布局三分之二空间。

文件 test.js 中的函数 file_get_contents 用于读取文件并返回文件内容，参数 fileName 为文件名。脚本运行时首先创建 Android 对象，然后调用函数 file_get_contents 读取用户界面文件/sdcard/sl4a/scripts/mylayout.xml，最后调用函数 fullShow($layout)显示用户界面。

程序运行之前，先把文件 mylayout.xml 和文件 test.js 复制到手机或模拟器中的/sdcard/sl4a/scripts/目录，然后再通过 SL4A 管理器单击文件列表中的 test.js 文件，运行文件 test.js，屏幕会出现一个界面，其显示效果是：界面垂直排列有两行，第一行显示文本内容为"线性布局测试"，第二行水平排列两个控件，第一个控件显示文本为"文本控件 1"，占据第二行三分之一空间，第二个控件显示文本为"文本控件 2"，占据第二行三分之二空间。运行结果如图 4-3 所示。

图 4-3 LinearLayout 布局

4.3 FrameLayout 布局

FrameLayout 是帧布局，也称框架布局，是 Android 布局中最简单的一个布局。在这个布局中，在屏幕上开辟出了一块区域，在这块区域中可以添加多个子控件，所有的子控件都被对齐到父元素左上角，帧布局的大小由子控件中尺寸最大的那个子控件来决定。所有的子控件以层叠的方式放置在这个区域中，第一个添加的控件放在最底层，最后添加的放在最上面，下面的控件将被上面的控件覆盖。

下面通过例 4-3 来说明帧布局。本例首先使用了一个帧布局，再在布局上依次添加三个文本控件(TextView)，它们都被对齐到帧布局左上角，第一个文本控件放在最底层，第二个文本控件叠加在第一个文本控件上，第三个文本控件以叠加的方式放在最上面。本例包含两个文件，一个是 XML 布局文件 mylayout.xml，用于描述帧布局；另一个是 JavaScript 文件 test.js，用于读取 XML 布局文件并把界面显示出来。

【例 4-3】 (代码位置：\4\framelayout)

文件 mylayout.xml：

```
<?xml version="1.0" encoding="utf-8"?><!--xml 的版本及编码方式-->
  <FrameLayout xmlns:android="http://schemas.android.com/apk/res/android"
android:orientation="vertical"
    android:layout_width="fill_parent"
android:layout_height="fill_parent"
    ><!--描述一个帧布局-->
<TextView
    android:layout_width="fill_parent"
      android:layout_height="fill_parent"
android:background="#000000"
      android:gravity="center"
      android:text="第一个文本控件"
    /><!--在帧布局中添加第一个文本控件-->
<TextView
      android:layout_width="200dp "
      android:layout_height="200dp "
android:background="#FF0000"
      android:gravity="center"
      android:text="第二个文本控件"
      /><!--在帧布局中添加第二个文本控件-->
<TextView
      android:layout_width="80dp"
      android:layout_height="80dp"
android:background="#336666"
```

```
        android:gravity="center"
        android:text="第三个文本控件"
        /><!--在帧布局中添加第三个文本控件-->
</FrameLayout>
```

文件 test. js：

```
load("/sdcard/com.googlecode.rhinoforandroid/extras/rhino/android.js");
var droid=new Android();
var layout=file_get_contents("/sdcard/sl4a/scripts/mylayout.xml");
droid.fullShow(layout);
droid.eventWait(10000);
function file_get_contents(fileName) {
    var file=new java.io.File(fileName);
    var reader=new java.io.BufferedReader(new java.io.FileReader(file));
    var tempString=null;
    var fileString="";
      // 一次读入一行,直到读入 null 为文件结束
    while ((tempString=reader.readLine()) !=null) {
        fileString=fileString+tempString ;
    }
    reader.close();
    return fileString;
}
```

在文件 mylayout. xml 中，先描述了一个帧布局，再在该布局中添加了第一个文本控件(TextView)，并设置宽度和高度为充满父控件，文本内容 android:text 为“第一个文本控件”。然后在该布局中添加了第二个文本控件，设置宽度(layout_width)和高度(layout_height)都是 200dp，文本内容 android:text 为“第二个文本控件”。最后在该布局中添加了第三个文本控件，设置宽度(layout_width)和高度(layout_height)都是 50dp，文本内容为“第三个文本控件”。

程序运行之前，先把文件 mylayout. xml 和文件 test. js 复制到手机或模拟器中的/sdcard/sl4a/scripts/目录，然后再通过 SL4A 管理器单击文件列表中的 test. js 文件，运行 test. js，运行结果如图 4-4 所示。

图 4-4 FrameLayout 布局

4.4 AbsoluteLayout 布局

AbsoluteLayout 也称绝对布局，在此布局中，以屏幕左上角为坐标原点(0,0)，第一个 0 代表横坐标，向右移动此值增大，第二个 0 代表纵坐标，向下移动此值增大。所有的子元素通过设置属性 android:layout_x 和 android:layout_y 将子元素的坐标位置固定下来，即坐标(android:layout_x, android:layout_y)，layout_x 用来表示横坐标，layout_y 用来表示纵坐标。在此布局中的子元素可以相互重叠。例如，图 4-5 是一个绝对布局，该布局中有两个控件，控件以屏幕左上角为坐标原点(0,0)，将 Button1 的坐标设置为(50,50)，Button2 的坐标设置为(150,150)，根据设置的坐标精确确定这两个控件在界面中的位置。

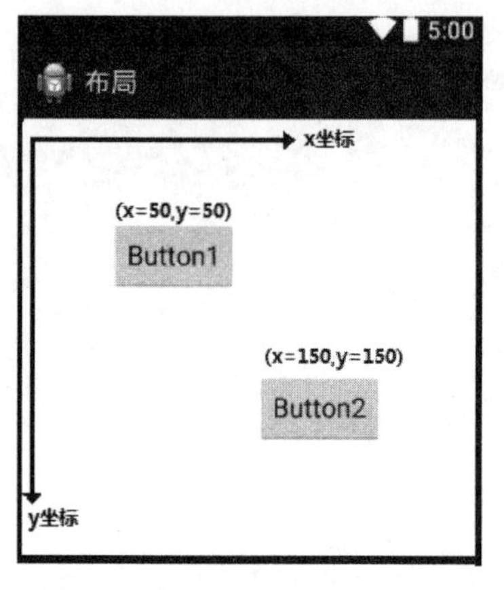

图 4-5　AbsoluteLayout 布局

在实际开发中，通常不推荐采用此布局格式，因为不同的设备屏幕的大小、分辨率各不相同，使用绝对布局很难保证应用的通用性，在不同的设备上运行其效果会不理想，甚至有可能不能很好地适配各种终端。

4.5 RelativeLayout 布局

RelativeLayout 也称相对布局，RelativeLayout 按照各子元素之间的位置关系完成布局，允许子元素指定它们相对于其父元素或兄弟元素的位置，它是实际布局中最常用的布局方式之一，是 Android 布局结构中最灵活的一种布局结构，适合一些复杂界面的布局。

描述相对布局界面时，子元素里与位置相关的属性将生效。子元素使用这些位置属性时需要指定被参照的控件，这些属性值的格式都为"@id/idname"。注意在指定位置关系时，引用的 ID 必须在引用之前先被定义，否则将出现异常。为了便于理解和掌握，下面分三组介绍 RelativeLayout 常用的位置属性。

(1) 表 4-5 中属性用于设置控件之间的位置关系和对齐方式；

(2) 表 4-6 中属性用于设置控件与父控件之间的对齐方式；

(3) 表 4-7 中属性用于设置控件的方向。

下面通过例 4-4 说明相对布局，本例首先描述了一个相对布局，依次在布局上添加了三个文本控件，第一个控件与父组件的底部对齐，第二个控件位于第一个控件的上方，并且第三个控件位于第二个控件的左方。本例包含两个文件，一个是 XML 布局文件 mylayout.xml，用于描述帧布局；另一个是 JavaScript 文件 test.js。

表 4-5　相对布局中控件之间位置关系和对齐方式的属性及说明

属　　性	属 性 说 明	备　　注
android:layout_above	将该控件放置于给定 ID 控件的上面	属性值为某个控件的 ID，如：android：layout_above="@id/text_01" text_01 是参照控件的 ID
android:layout_below	将该控件放置于给定 ID 控件的下面	
android:layout_toLeftOf	将该控件放置于给定 ID 控件的左边	
android:layout_toRightOf	将该控件放置于给定 ID 控件的右边	
android:layout_alignTop	将该控件的顶部与给定控件的顶部对齐	
android:layout_alignBottom	将该控件的底部与给定控件的底部对齐	
android:layout_alignLeft	将该控件的左边边缘与给定控件的左边边缘对齐	
android:layout_alignRight	将该控件的右边边缘与给定控件的右边边缘对齐	

表 4-6　相对布局中控件与父控件之间对齐方式的属性及说明

属　　性	属 性 说 明	备　　注
android：layout_alignParentTop	是否将该控件的顶部与父控件的顶部对齐	属性值为 true：表示对齐；属性值为 false：表示不对齐
android：layout_alignParentBottom	是否将该控件的底部与父控件的底部对齐	
android：layout_alignParentLeft	是否将该控件的左边边缘与父控件的左边边缘对齐	
android：layout_alignParentRight	是否将该控件的右边边缘与父控件的右边边缘对齐	

表 4-7　相对布局中控件方向的属性及说明

属　　性	属 性 说 明	备　　注
android:layout_centerInParent	是否将该控件相对于父控件居中	属性值为 true 或 false，为 true 表示成立，为 false 表示不成立
android:layout_centerHorizontal	是否将该控件水平居中	
android:layout_centerVertical	是否将该控件垂直居中	

【例 4-4】（代码位置：\4\relativelayout）

文件 mylayout.xml：

```
<?xml version="1.0" encoding="utf-8"?>
<RelativeLayout
xmlns:android="http://schemas.android.com/apk/res/android"
android:orientation="vertical"
android:background="#000000"
  android:layout_width="fill_parent"
  android:layout_height="fill_parent"
><!--描述一个相对布局-->
<TextView
```

```
        android:id="@+id/text_01"
        android:layout_width="80dp"
android:layout_height="80dp"
        android:background="#ff3366"
        android:gravity="center"
        android:layout_alignParentBottom="true"
        android:text="TextView 1"
        android:textColor="#000000"
    /><!--在相对布局中添加第一个文本控件-->
<TextView
        android:id="@+id/text_02"
        android:layout_width="80dp"
    android:layout_height="80dp"
android:background="#cc0000"
    android:gravity="center"
android:layout_above="@id/text_01"
    android:layout_centerHorizontal="true"
        android:text="TextView 2"
        android:textColor="#000000"
    /><!--在相对布局中添加第二个文本控件-->
<TextView
        android:id="@+id/text_03"
        android:layout_width="80dp"
        android:layout_height="80dp"
        android:background="#33ccff"
android:gravity="center"
        android:layout_toLeftOf="@id/text_02"
android:layout_above="@id/text_01"
        android:text="TextView 3"
        android:textColor="#000000"
    /><!--在相对布局中添加第三个文本控件-->
</RelativeLayout>
```

文件 test.js：

```
load("/sdcard/com.googlecode.rhinoforandroid/extras/rhino/android.js");
var droid=new Android();
var layout=file_get_contents("/sdcard/sl4a/scripts/mylayout.xml");
droid.fullShow(layout);
droid.eventWait(10000);

function file_get_contents(fileName) {
```

```
        var file=new java.io.File(fileName);
        var reader=new java.io.BufferedReader(new java.io.FileReader(file));
        var tempString=null;
        var fileString="";
          //一次读入一行,直到读入 null 为文件结束
        while ((tempString=reader.readLine()) !=null) {
           fileString=fileString+tempString ;
        }
        reader.close();
        return fileString;
    }
```

在文件 mylayout.xml 中，通过 RelativeLayout 标签定义了一个相对布局，然后在布局中添加了第一个文本控件，定义了它的 ID 为“text_01”，文本内容为“TextView 1"，通过 android:layout_alignParentBottom＝"true"设置它的底部与相对布局的底部对齐。

接着添加了第二个文本控件，定义了它的 ID 为“text_02”，文本内容为“TextView 2”通过 android:layout_above＝"@id/text_01"设置它放置在第一个控件(id 为 text_01)的上面，通过 android:layout_centerHorizontal＝"true"设置该控件水平居中，。

最后添加了第三个文本控件，定义了它的 ID 为“text_03”，文本内容为“TextView3”，通过 android:layout_toLeftOf＝"@id/text_02" 设置该控件放置在第二个控件(id 为 text_02)左边，通过 android:layout_above＝"@id/text_01"设置它放置在第一个控件(id 为 text_01)的上面。

程序运行之前，先把文件 mylayout.xml 和文件 test.js 复制到手机或模拟器中的/sdcard/sl4a/scripts/目录，然后再通过 SL4A 管理器单击文件列表中的 test.js 文件，运行 test.js，屏幕会出现一个界面，其显示效果是：第一个控件显示文本内容 TextView 1，它与父组件的底部对齐，第二个控件显示文本内容 TextView 2，它位于第一个控件的上方，水平居中，第三个控件显示文本内容 TextView 3，它位于第二个控件的左方，第一个控件的上方。运行结果如图 4-6 所示。

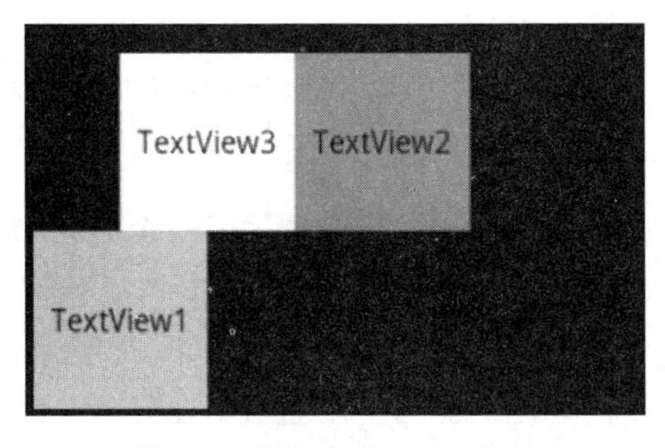

图 4-6　RelativeLayout 布局

4.6 TableLayout 布局

TableLayout 也称表格布局，顾名思义，就是以表格的形式来排列控件，把控件放在表格的单元格中，但表格布局中并不会为每一行、每一列或每个单元格绘制边框。表格布局中通过属性 TableRow 来定义行，每个表格可以有多个 TableRow，一个 TableRow 代表一行，布局中有多少个 TableRow 就代表表格布局有多少行。TableLayout 的列数等于含有最多子控件的 TableRow 的列数，如图 4-7 所示，这是一个表格布局，在这个表格布局中，第一个 TableRow 有两个控件，第二个 TableRow 有三个控件（是该布局含有控件最多的 TableRow），第三个 TableRow 有一个控件，那么该布局就有三列。控件可以根据需要放置到指定列中，控件也可以占用多列。表格中的单元格可以为空，也就是说没有放置任何控件。

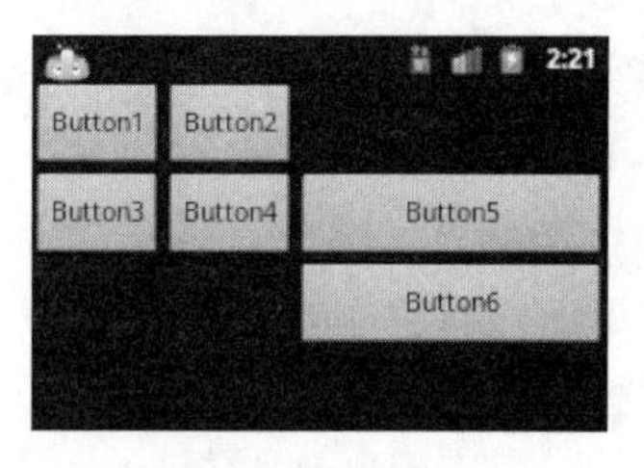

图 4-7　表格布局

表格布局中可以设置布局属性和单元格属性。下面介绍表格布局常用属性和单元格属性，如表 4-8 所示。

表 4-8　表格布局和单元格属性

属　　性	说　　明
android:layout_column	将控件放置到指定列位置，列的开始位置从 0 开始计算，例如，android:layout_column="0" 表示该控件显示在第 0 列，android:layout_column="2" 表示该控件显示在第二列
android:layout_span	设置控件占据的列数，如未指定该属性则默认占一列，例如，android:layout_span="2"表示该控件占据两列
android:collapseColumns	设置要隐藏的列，例如，android:collapseColumns"3"将第三列隐藏
android:shrinkColumns	设置可收缩的列。当该列子控件的内容太多，已经挤满所在行，那么该子控件的内容将往列方向显示，例如，android:shrinkColumns"1"表示第一列设置为可收缩
android:stretchColumns	设置可伸展的列。该列可以向行方向伸展，最多可占据一整行，例如，android:stretchColumns"0"表示第 0 列设置为可伸展

下面通过例 4-5 说明表格布局，本例首先描述了一个表格布局，该布局为三行三列表格，第一行包含两个控件，其中有一个控件占有两个单元格；第二行含有两个控件，其中第一个控件被指定放置到了第一列，第二个控件会顺序被放置到第二列，第 0 列没有控件；第三行有三个控件。本例包含两个文件，一个是 XML 布局文件 mylayout.xml，用于描述帧布局；另一个是 JavaScript 文件 test.js。

【例 4-5】（代码位置：\4\tablelayout）

文件 mylayout.xml：

```
<?xml version="1.0" encoding="utf-8"?>
<TableLayout
  xmlns:android="http://schemas.android.com/apk/res/android"
  android:orientation="vertical"
  android:background="#000000"
  android:layout_width="fill_parent"
  android:layout_height="fill_parent"
><!--描述一个表格布局-->
<TableRow
      android:layout_width="fill_parent"
      android:layout_height="wrap_content"
  ><!--在表格布局中添加第一行(TableRow)-->
<TextView
        android:background="#ffffff"
        android:gravity="center"
android:padding="20dp"<!--控件中的内容上下左右距离该控件 20dp-->
        android:text="test10"
        android:textColor="#000000"
      /><!--在第一行中添加第一个文本控件-->
<TextView
        android:background="#ff0000"
        android:gravity="center"
android:padding="20dp"<!--控件中的内容上下左右距离该控件 20dp-->
        android:text="test11"
        android:textColor="#000000"
      android:layout_span="2"<!--该控件占有两列 -->
      /><!--在第一行中添加第二个文本控件-->
</TableRow>
<TableRow
      android:layout_width="fill_parent"
      android:layout_height="wrap_content"
      ><!--在表格布局中添加第二行-->
<TextView
        android:background="#3300ff"
        android:gravity="center"
android:padding="20dp"
        android:text="test21"
        android:textColor="#000000"
      android:layout_column="1"<!--该控件显示在第 1 列-->
      /><!--在第二行中添加第一个文本控件-->
<TextView
        android:background="#fedcba"
        android:gravity="center"
```

```
android:padding="20dp"
        android:text="test22"
        android:textColor="#000000"
      /><!--在第二行中添加第二个文本控件-->
</TableRow>
<TableRow
      android:layout_width="fill_parent"
      android:layout_height="wrap_content"
    ><!--在表格布局中添加第三行-->
<TextView
        android:background="#fedcba"
        android:gravity="center"
android:padding="20dp"
android:text="test30"
        android:textColor="#000000"
    /><!--在第三行中添加第一个文本控件-->
<TextView
        android:background="#33ff33"
        android:gravity="center"
android:padding="20dp"
      android:text="test31"
        android:textColor="#000000"
      /><!--在第三行中添加第二个文本控件-->
<TextView
        android:background="#990033"
        android:gravity="center"
android:padding="20dp"
        android:text="test32"
        android:textColor="#000000"
      /><!--在第三行中添加第三个文本控件-->
</TableRow>
</TableLayout>
```

文件 test.js：

```
load("/sdcard/com.googlecode.rhinoforandroid/extras/rhino/android.js");
var droid=new Android();
var layout=file_get_contents("/sdcard/sl4a/scripts/mylayout.xml");
droid.fullShow(layout);
droid.eventWait(10000);

function file_get_contents(fileName) {
    var file=new java.io.File(fileName);
```

```
    var reader=new java.io.BufferedReader(new java.io.FileReader(file));
    var tempString=null;
    var fileString="";
      //一次读入一行,直到读入 null 为文件结束
    while ((tempString=reader.readLine()) !=null) {
        fileString=fileString+tempString ;
    }
    reader.close();
    return fileString;
}
```

在文件 mylayout.xml 中,首先通过 TableLayout 标签定义了一个表格布局,然后在该布局中添加第一个 TableRow(描述第一行),在第一行,添加了两个文本控件(TextView),第一个文本控件放置在第 0 列,第二个文本控件通过 android:layout_span="2"被设置占有两个单元格,也就是把它放置在了第一、二列。接着在该布局中添加第二行,在第二行中,添加了两个文本控件,第一个文本控件通过属性 android:layout_column="1"被放置在第一列,然后顺序添加了第二个文本控件,也就是把它放置在了第二列。最后在该布局中添加第三行,在第三行添加了三个文本控件,它们从左到右依次顺序放置。

程序运行之前,先把文件 mylayout.xml 和文件 test.js 复制到手机或模拟器中的/sdcard/sl4a/scripts/目录,然后再通过 SL4A 管理器单击文件列表中的 test.js 文件,运行 test.js,屏幕会出现一个界面,其显示效果是:出现一个三行三列的表格结构,第一行包含两个控件,文本内容为"test10"的控件占有其中第 0 列,文本内容为"test11"的控件占有第一、二列;第二行含有两个控件,其中文本内容为"test21"的控件被指定放置到了第一列,文本内容为"test22"的控件顺序被放置到第二列,第 0 列没有控件;第三行有三个控件。运行结果如图 4-8 所示。

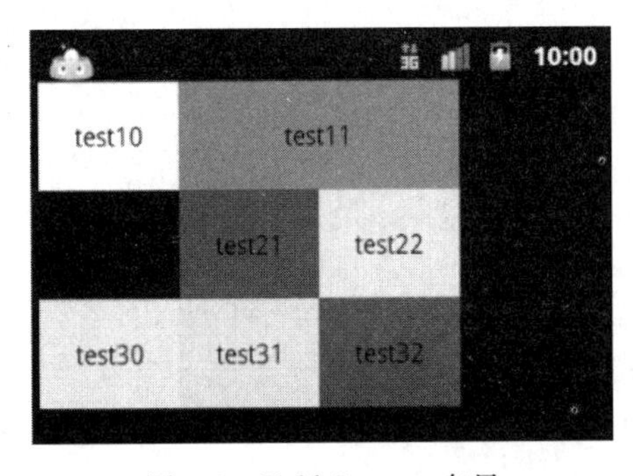

图 4-8 TableLayout 布局

Android Widget

Widget也称微件，其最初的概念是1998年一个叫Rose的苹果计算机工程师提出的，直到2003年Widget在苹果操作系统上以小工具形式出现的时候才正式为人们所知，随后无数大公司都开始接受并应用这一思路。Widget实际上是一个小型的应用程式，它可以是一个时钟，一个日记簿，一段视频，天气预报，一个Flash游戏等小程序。简单地说，Widget可以理解为“应用小插件”，一种可供用户制作和自由下载的小工具，它包含娱乐、工作和学习等多种实用功能。目前的Widget应用大体可分为三种：Desktop Widget、Web Widget以及Mobile Widget。Desktop Widget可以在计算机桌面上独立执行，用户无须通过浏览器便可连接到网络。时至今日，很多人已对苹果、雅虎、Google及微软开发的Desktop Widget比较熟悉。通过这些小型应用软件，用户可把各类网上信息（如天气、新闻头条、图片等）放到桌面上。Mobile Widget实际上是运行在移动设备上的Desktop Widget。

为了提高开发效率，Android系统提供有标准的开发类Widget，这类Widget就是开发中常用的控件。虽然控件是一个拥有一定功能的Widget，但控件不能独立运行，它需要嵌到应用程序中才可以运行。控件是对数据和方法的封装，控件可以有自己的属性和方法，属性是控件数据的简单访问者，方法是控件一些可见的功能。控件是Android用户界面中重要的组成元素之一，主要包括文本框、按钮、单选按钮、多选按钮等，能够实现人机交互，如显示文本、输入编辑文本、选择选项等。

5.1 TextView

TextView控件用来向用户显示一行或多行的文本或者标签，它是不可编辑的。TextView控件中包含很多属性，如文本的颜色和大小等属性，在XML文件中可以对属性设置相应的属性值，以达到相应的效果。TextView控件常用属性如表5-1所示。

下面通过例5-1说明TextView控件。本例首先描述了一个线性布局，然后在布局中添加了一个TextView控件，用来显示文本。本例由两个文件组成，一个是用户界面XML文件mylayout.xml，另一个是JavaScript文件test.js。

表 5-1 TextView 常用属性和说明

属　　性	说　　明
android:gravity	设置控件中文字对齐方向，其值为 left、center 和 right
android:height	设置控件高度
android:width	设置控件宽度
android:hint	当控件显示内容为空时显示的文本（即提示信息）
android:textColorHint	设置提示信息文字的颜色，默认为灰色，与 hint 一起使用
android:text	设置控件上的文本内容
android:textColor	设置文本颜色
android:textSize	设置文本字体大小
android:typeface	设置文本字体，Android 系统默认支持三种字体，分别为：sans，serif，monospace，除此之外还可以使用其他字体文件（*.ttf）
android:background	设置控件背景颜色
android:textStyle	设置字体为粗体和斜体，取值为 bold（粗体）和 italic（斜体），值可以组合，组合时值之间要加 | 符号，例如，android:textStyle="bold|italic" 表示文本为粗斜体
android:lines	设置文本的行数，设置两行就显示两行，即使第二行没有数据
android:autoLink	当文本为 URL 链接/email/电话号码/map 时，设置是否文本显示为可单击的链接。可选值有 none/web/email/phone/map/all

【例 5-1】（代码位置：\5\textview）

文件 mylayout.xml：

```
<?xml version="1.0" encoding="utf-8"?>
<LinearLayout
  xmlns:android="http://schemas.android.com/apk/res/android"
  android:orientation="vertical"
  android:layout_width="fill_parent"
  android:layout_height="fill_parent"
  ><!--描述一个线性布局-->
<TextView
    android:text="这是 TextView 控件,用来显示文本,文字居中对齐。"
    android:layout_width="wrap_content"
    android:layout_height="wrap_content"
    android:textSize="25px"<!--设置文本字体大小-->
    android:textColor="#fff00000"<!--设置文本颜色-->
    android:background="#00ff00"<!--设置控件背景颜色-->
    android:textStyle="bold"<!--设置字体为粗体-->
    android:gravity="center"
    android:height="200px"
```

```
    /><!--在线性布局中添加一个 TextView 控件-->
</LinearLayout>
```

文件 test.js：

```
load("/sdcard/com.googlecode.rhinoforandroid/extras/rhino/android.js");
var droid=new Android();
var layout=file_get_contents("/sdcard/sl4a/scripts/mylayout.xml");
droid.fullShow(layout);
droid.eventWait(10000);

function file_get_contents(fileName) {
    var file=new java.io.File(fileName);
    var reader=new java.io.BufferedReader(new java.io.FileReader(file));
    var tempString=null;
    var fileString="";
      //一次读入一行,直到读入 null 时文件结束
    while ((tempString=reader.readLine()) !=null) {
        fileString=fileString+tempString ;
    }
    reader.close();
    return fileString;
}
```

在文件 mylayout.xml 中，首先定义了一个垂直线性布局，然后在该布局中通过 TextView 标签添加了一个文本显示控件，通过属性 android:text 设置文本显示内容为“这是 TextView 控件，用来显示文本，文字居中对齐。”，通过属性 android:textSize 设置文本字体大小为“25px”，通过属性 android:textColor 设置文本字体颜色，通过属性 android:textStyle 设置文本字体为粗体。

程序运行之前，先把文件 mylayout.xml 和文件 test.js 复制到手机或模拟器中的 /sdcard/sl4a/scripts/目录，然后再运行 test.js，这时屏幕上会出现一个文本控件，显示文本内容为“这是 TextView 控件，用来显示文本，文字居中对齐。”。

5.2 EditText

用户使用手机编辑发送信息时，屏幕上会出现一个文本编辑框，用来输入、编辑信息。文本编辑框控件也就是 EditText 控件，它是可编辑的文本控件，用户可以在该控件中编辑要输入的内容，然后该控件接收用户的输入，并把用户的输入传输给 Android 应用处理，实现人机交互。EditText 控件是 Android 应用中非常重要的控件，应用非常广泛。例如，用户在登录 QQ 时，需要通过密码编辑框输入密码；用户在拨打电话时，需要通过文本编辑框输入电话号码等。

用户使用 EditText 控件时，输入的文本内容可以是单行文本，也可以是多行文本，可以是不同的类型，如数字、文字、时间日期、邮箱地址、密码等，这时控件的属性 android:inputType 显得尤其重要，在 XML 文件中可以通过设置属性 android:inputType 的属性值，指定 EditText 控件接收相应类型的文本，同时，EditText 控件还会让虚拟键盘来适应输入框中内容的类型。属性 android:inputType 的值及含义说明如表 5-2 所示。

表 5-2 android:inputType 值及含义

属性值	含义(文本类型)	属性值	含义(文本类型)
text	任何文本	textPassword	密码输入
number	数字	datetime	时间日期
numberDecimal	带小数点的数字	time	时间
phone	电话号码	date	日期
textEmailAddress	邮箱地址格式	textMultiLine	多行输入
textUri	网址	singleLine	单行输入

下面通过实例 5-2 描述了 EditText 控件。该例中通过属性 android:inputType="text"设置该控件可接受任何文本，没有格式类型约束。本例包含两个文件，一个是 XML 布局文件 mylayout.xml；另一个是 PHP 文件 test.php。

【例 5-2】 (代码位置：\5\edittext)

文件 mylayout.xml：

```
<?xml version="1.0" encoding="utf-8"?>
<LinearLayout
    xmlns:android="http://schemas.android.com/apk/res/android"
    android:orientation="vertical"
    android:layout_width="fill_parent"
    android:layout_height="fill_parent"
    android:background="#ff000000"
    android:gravity="center"
  ><!--描述一个线性布局-->
<EditText
    android:layout_width="wrap_content"
    android:layout_height="wrap_content"
android:textSize="20px"
  android:inputType="text"
    /><!--在线性布局中添加一个文本编辑控件-->
</LinearLayout>
```

文件 test.js：

```
load("/sdcard/com.googlecode.rhinoforandroid/extras/rhino/android.js");
var droid=new Android();
```

```
var layout=file_get_contents("/sdcard/sl4a/scripts/mylayout.xml");
droid.fullShow(layout);
droid.eventWait(10000);

function file_get_contents(fileName) {
    var file=new java.io.File(fileName);
    var reader=new java.io.BufferedReader(new java.io.FileReader(file));
    var tempString=null;
    var fileString="";
      //一次读入一行,直到读入 null 为文件结束
    while ((tempString=reader.readLine()) !=null) {
        fileString=fileString+tempString ;
    }
    reader.close();
    return fileString;
}
```

程序运行之前,先把文件 mylayout. xml 和文件 test. php 复制到手机或模拟器中的/sdcard/sl4a/scripts/目录,然后再运行 test. js,这时屏幕上会出现一个文本编辑框,用户可以在该编辑框中输入任何文本。

用户登录时,经常被要求在密码框中输入文本,这时,密码框将不显示文本内容而是用点表示文本内容。实例 5-3 描述了一个密码框控件,该例中通过属性 android:inputType="textPassword"设置该控件输入文本的格式为密码输入。程序运行后,屏幕上会出现一个密码输入框,用户可以在该编辑框中输入密码。

【例 5-3】 (代码位置:\5\pwdtext)

文件 mylayout. xml:

```
<?xml version="1.0" encoding="utf-8"?>
<LinearLayout
  xmlns:android="http://schemas.android.com/apk/res/android"
  android:orientation="vertical"
  android:layout_width="fill_parent"
  android:layout_height="fill_parent"
  android:background="#ff000000"
  android:gravity="center"
><!--描述一个线性布局-->
<EditText
    android:layout_width="wrap_content"
    android:layout_height="wrap_content"
    android:textSize="20px"
    android:inputType="textPassword"
  /><!--在线性布局中添加一个密码框控件-->
</LinearLayout>
```

文件 test. php：

```
load("/sdcard/com.googlecode.rhinoforandroid/extras/rhino/android.js");
var droid=new Android();
var layout=file_get_contents("/sdcard/sl4a/scripts/mylayout.xml");
droid.fullShow(layout);
droid.eventWait(10000);

function file_get_contents(fileName) {
    var file=new java.io.File(fileName);
    var reader=new java.io.BufferedReader(new java.io.FileReader(file));
    var tempString=null;
    var fileString="";
      //一次读入一行,直到读入 null 为文件结束
    while ((tempString=reader.readLine()) !=null) {
        fileString=fileString+tempString ;
    }
    reader.close();
    return fileString;
}
```

用户在输入文本时，如果文本内容较多，文本框一行输满后，用户希望换行接着输入文本，这时需要多行文本框。例 5-4 描述了一个多行文本框控件，该例中通过属性 android:inputType＝"textMultiLine "设置该控件可以多行输入文本，当文本框一行文本输满时会自动换行，文本框也接受回车换行符。程序运行后，屏幕上会出现一个多行文本框，用户可以在该文本框中进行多行输入文本。

【例 5-4】 （代码位置：\5\multilinetext）

文件 mylayout. xml：

```
<?xml version="1.0" encoding="utf-8"?>
<LinearLayout
  xmlns:android="http://schemas.android.com/apk/res/android"
  android:orientation="vertical"
  android:layout_width="fill_parent"
  android:layout_height="fill_parent"
  android:background="#ff000000"
  android:gravity="center"
  ><!--描述一个线性布局-->
<EditText
    android:layout_width="wrap_content"
    android:layout_height="wrap_content"
    android:textSize="20px"
    android:inputType="textMultiLine"
  /><!--在线性布局中添加一个多行文本框-->
</LinearLayout>
```

文件 test.js：

```
load("/sdcard/com.googlecode.rhinoforandroid/extras/rhino/android.js");
var droid=new Android();
var layout=file_get_contents("/sdcard/sl4a/scripts/mylayout.xml");
droid.fullShow(layout);
droid.eventWait(10000);

function file_get_contents(fileName) {
    var file=new java.io.File(fileName);
    var reader=new java.io.BufferedReader(new java.io.FileReader(file));
    var tempString=null;
    var fileString="";
      // 一次读入一行,直到读入 null 为文件结束
    while ((tempString=reader.readLine()) !=null) {
        fileString=fileString+tempString ;
    }
    reader.close();
    return fileString;
}
```

用户拨打电话，在文本框中输入信息时，为了避免误输入，希望系统只提供拨打电话时所涉及的符号，这时需要电话格式的文本框。在文本框中输入信息时，系统会弹出软键盘供用户输入，软键盘只提供拨打电话时所涉及的符号。需要指出的是，还有其他格式的文本框也会提供软键盘，但系统会根据格式提供不同的软键盘，例如，textUri 和 Date 格式的文本框会提供网址和日期格式的软键盘。

实例 5-5 描述了一个电话格式文本框控件，用来输入电话号码，该例中通过属性 android:inputType="phone"设置该控件为电话格式文本框。程序运行后，屏幕会出现一个软键盘，这个软键盘只提供拨打电话时所涉及的符号，用户可以在编辑框中输入电话号码。

【例 5-5】（代码位置：\5\phonetext）

文件 mylayout.xml：

```
<?xml version="1.0" encoding="utf-8"?>
<LinearLayout
  xmlns:android="http://schemas.android.com/apk/res/android"
  android:orientation="vertical"
  android:layout_width="fill_parent"
  android:layout_height="fill_parent"
  android:background="#ff000000"
  android:gravity="center"
><!--描述一个线性布局-->
<EditText
```

```
    android:layout_width="wrap_content"
    android:layout_height="wrap_content"
    android:textSize="20px"
    android:inputType="phone"
android:text="987654321"
  /><!--在线性布局中添加一个电话格式文本框-->
</LinearLayout>
```

文件 test. js：

```
load("/sdcard/com.googlecode.rhinoforandroid/extras/rhino/android.js");
var droid=new Android();
var layout=file_get_contents("/sdcard/sl4a/scripts/mylayout.xml");
droid.fullShow(layout);
droid.eventWait(10000);

function file_get_contents(fileName) {
    var file=new java.io.File(fileName);
    var reader=new java.io.BufferedReader(new java.io.FileReader(file));
    var tempString=null;
    var fileString="";
      //一次读入一行,直到读入 null 为文件结束
    while ((tempString=reader.readLine()) !=null) {
        fileString=fileString+tempString ;
    }
    reader.close();
    return fileString;
}
```

5.3 Button

用户在进行登录时，界面上会有一个含有文本“登录”的 Button 控件，单击该控件后可以实现登录。Button 是按钮控件，是 Android 界面中最常用的控件之一，用户可以单击它产生事件，实现各种操作，例如，可以点击按钮实现信息的确认等操作。添加 Button 控件时，需要给按钮控件定义一个 ID 号，并且可以通过控件相应的属性值来设置控件的大小、颜色、文本的内容、字体等。

下面通过例 5-6 说明 Button 控件。本例首先描述了一个线性布局，然后在布局中添加了一个 Button 控件。

【例 5-6】 (代码位置：\5\button)

文件 mylayout. xml：

```
<?xml version="1.0" encoding="utf-8"?>
<LinearLayout
  xmlns:android="http://schemas.android.com/apk/res/android"
  android:orientation="vertical"
  android:layout_width="fill_parent"
  android:layout_height="fill_parent"
  ><!--描述一个线性布局-->
<Button
      android:text="单击按钮 "
      android:layout_width="wrap_content"
      android:layout_height="wrap_content"
      android:id="@+id/mybutton"
      android:textStyle="bold"
      android:textSize="20px"
><!--在线性布局中添加一个 Button 控件-->
</Button>
</LinearLayout>
```

文件 test.js：

```
load("/sdcard/com.googlecode.rhinoforandroid/extras/rhino/android.js");
var droid=new Android();
var layout=file_get_contents("/sdcard/sl4a/scripts/mylayout.xml");
droid.fullShow(layout);
droid.eventWait(10000);

function file_get_contents(fileName) {
    var file=new java.io.File(fileName);
    var reader=new java.io.BufferedReader(new java.io.FileReader(file));
    var tempString=null;
    var fileString="";
      // 一次读入一行,直到读入 null 为文件结束
    while ((tempString=reader.readLine()) !=null) {
        fileString=fileString+tempString ;
    }
    reader.close();
    return fileString;
}
```

在文件 mylayout.xml 中，首先定义了一个垂直线性布局，然后在该布局中通过 Button 标签添加了一个按钮控件，文本内容为“单击按钮”，id 为“mybutton”。

程序运行之前，先把文件 mylayout.xml 和文件 test.js 复制到手机或模拟器中的 /sdcard/sl4a/scripts/目录，然后再运行 test.js，屏幕上会出现一个按钮，显示文本为“单

击按钮”。

5.4 ImageButton

ImageButton 控件是图片按钮控件，是 Android 提供的另一种按钮控件，与 Button 控件不同的是，ImageButton 控件可以在按钮上加载一个图片，从而控件上显示的是图片。ImageButton 控件能实现自定义风格，使按钮外观更美观。

Android 界面中，ImageButton 可以引用图像资源、字符串和图标等不同类型的资源，引用资源的格式如下。

```
@ 包名:资源类型/资源名
```

ImageButton 以文件 URL 的形式引用图片资源，支持的图像文件格式是 png 和 jpg 格式。

ImageButton 引用图片的来源，可以是自定义的图片文件资源，也可以是 Android 系统提供的标准图片资源，这些标准资源是所有应用程序共享的，关于可用系统资源的完整列表，请参阅 http://developer.android.com/reference/android/R.html。

ImageButton 可以通过 android:src 属性来定义引用的图片，它有两种定义格式，具体如表 5-3 所示。

表 5-3 android:src 格式及含义

格　　式	含　　义
android:src="@android:drawable/资源名"	引用系统提供的标准图片资源，例如，android:src="@android:drawable/stat_sys_phone_call_on_hold"
android:src=" file:///目录和文件名"	引用图像文件资源，例如，android:src=" file:///sdcard/download/panda72.png"

下面通过实例说明 ImageButton 控件。该按钮上显示的图片引用了系统提供的标准图片资源。

【例 5-7】 (代码位置：\5\imagebutton1)

文件 mylayout.xml：

```
<?xml version="1.0" encoding="utf-8"?>
<LinearLayout
  xmlns:android="http://schemas.android.com/apk/res/android"
  android:orientation="vertical"
  android:layout_width="fill_parent"
  android:layout_height="fill_parent"
  android:background="#000000"
  ><!--描述一个线性布局-->
<ImageButton
```

```
        android:layout_width="wrap_content"
        android:layout_height="wrap_content"
        android:id="@+id/mybutton"
        android:src="@android:drawable/stat_sys_phone_call_on_hold"
><!--在线性布局中添加一个 ImageButton 控件-->
</ImageButton>
</LinearLayout>
```

文件 test.js：

```
load("/sdcard/com.googlecode.rhinoforandroid/extras/rhino/android.js");
var droid=new Android();
var layout=file_get_contents("/sdcard/sl4a/scripts/mylayout.xml");
droid.fullShow(layout);
droid.eventWait(10000);

function file_get_contents(fileName) {
    var file=new java.io.File(fileName);
    var reader=new java.io.BufferedReader(new java.io.FileReader(file));
    var tempString=null;
    var fileString="";
      // 一次读入一行,直到读入 null 为文件结束
    while ((tempString=reader.readLine()) !=null) {
        fileString=fileString+tempString ;
    }
    reader.close();
    return fileString;
}
```

文件 mylayout.xml 通过 ImageButton 标签添加了一个图片按钮控件，通过属性 android:src="@android:drawable/stat_sys_phone_call_on_hold"为图片按钮定义了一张系统提供的标准图片。

程序运行之前，先把文件 mylayout.xml 和文件 test.js 复制到手机或模拟器中的 /sdcard/sl4a/scripts/目录，然后再运行 test.js，屏幕会出现一个图片按钮，它不仅可以像普通按钮一样被单产生事件和用户交互，而且还可以自定义用户体验更好的外观。

例 5-8 说明了一个 ImageButton 控件，该按钮的图片引用了已上传到移动设备中的图片文件资源。

【例 5-8】（代码位置：\5\imagebutton2 目录）

文件 mylayout.xml：

```
<?xml version="1.0" encoding="utf-8"?>
<LinearLayout
  xmlns:android="http://schemas.android.com/apk/res/android"
```

```
  android:orientation="vertical"
  android:layout_width="fill_parent"
  android:layout_height="fill_parent"
  android:background="#000000"
  ><!--描述一个线性布局-->
<ImageButton
    android:layout_width="wrap_content"
    android:layout_height="wrap_content"
    android:id="@+id/mybutton"
    android:src="file:///sdcard/sl4a/scripts/earth.jpg"
><!--在线性布局中添加一个 ImageButton 控件-->
</ImageButton>
</LinearLayout>
```

文件 test. js：

```
load("/sdcard/com.googlecode.rhinoforandroid/extras/rhino/android.js");
var droid=new Android();
var layout=file_get_contents("/sdcard/sl4a/scripts/mylayout.xml");
droid.fullShow(layout);
droid.eventWait(10000);

function file_get_contents(fileName) {
    var file=new java.io.File(fileName);
    var reader=new java.io.BufferedReader(new java.io.FileReader(file));
    var tempString=null;
    var fileString="";
      // 一次读入一行,直到读入 null 为文件结束
    while ((tempString=reader.readLine()) !=null) {
        fileString=fileString+tempString ;
    }
    reader.close();
    return fileString;
}
```

在文件 mylayout. xml 中，首先定义了一个垂直线性布局，然后在该布局中通过 ImageButton 标签添加了一个图片按钮控件，通过属性 android：src＝"file:///sdcard/sl4a/scripts/earth. jpg"引用了图片文件资源。

程序运行之前，先把文件 mylayout. xml 和文件 test. js，还有图片文件 earth. jpg 都复制到手机或模拟器中的/sdcard/sl4a/scripts/目录，然后再运行 test. js，屏幕上会出现一个图片按钮，它的外观是图片文件 earth. jpg，可以像普通按钮一样被单击。

5.5 RadioButton 和 CheckBox

界面上经常会提供一组选项(含有两个或多个选项)供用户选择,这一组中的选项是互斥的,用户可以从中选择一项并且只能选择一项。例如,用户在注册时,有时会出现一组性别选项,要求用户选择男或女,并且用户只能选择其中一项,如图 5-1 所示。这个功能由 RadioButton 控件和 RadioGroup 标签共同实现。

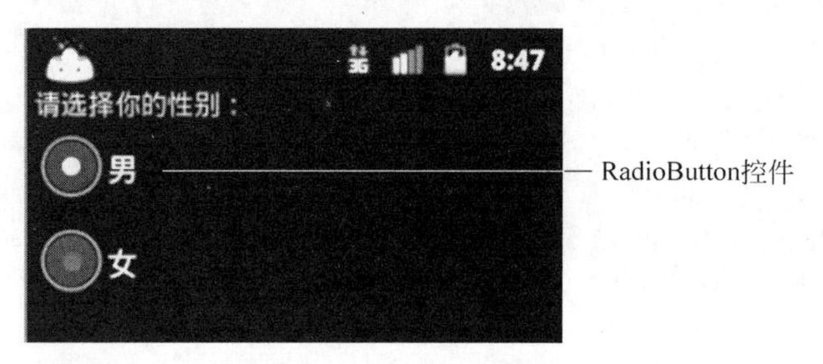

图 5-1 RadioButton 控件

RadioButton 也称单选按钮控件,RadioGroup 是单选组合框,用于将 RadioButton 框起来形成一组单选项供用户选择。RadioButton 与 RadioGroup 的关系如下。

(1) 每个 RadioGroup 可以包含两个或两个以上的 RadioButton,它们构成一组单选项,供用户选择。每个 RadioGroup 中的 RadioButton 控件是互斥的,只能有一个被选中;

(2) 不同 RadioGroup 中的 RadioButton 控件是互不干涉的;

(3) 在没有 RadioGroup 的情况下,RadioButton 可以全部都选中。

下面通过实例说明 RadioButton 和 RadionGroup。例 5-9 描述了一个 RadionGroup,在这个 RadionGroup 中包含两个 RadioButton 控件,它们是互斥的,用户只能选择其中一个。

【例 5-9】 (代码位置:\5\radioButton 目录)

文件 mylayout. xml:

```
<?xml version="1.0" encoding="utf-8"?>
<LinearLayout
  xmlns:android="http://schemas.android.com/apk/res/android"
  android:orientation="vertical"
  android:layout_width="fill_parent"
  android:layout_height="fill_parent"
  android:background="#ff000000"
  android:textSize="25px"
><!--描述一个线性布局-->
<TextView
    android:text="请选择你的性别:"
    android:layout_width="wrap_content"
android:layout_height="wrap_content"
```

```
android:gravity="center"
  /><!--在线性布局中添加添加一个文本控件-->
<RadioGroup
    android:orientation="vertical "
    android:layout_width="fill_parent"
    android:layout_height="match_parent"
    ><!--在线性布局中添加添加一个 RadioGroup 控件-->
<RadioButton
            android:text="男"
            android:layout_width="wrap_content"
            android:layout_height="wrap_content"
            android:id="@+id/boy"
        ><!--在线性布局中添加添加一个 RadioButton 控件-->
</RadioButton>
<RadioButton
            android:text="女"
            android:layout_width="wrap_content"
            android:layout_height="wrap_content"
            android:id="@+id/girl"
        ><!--在线性布局中添加添加另一个 RadioButton 控件-->
</RadioButton>
</RadioGroup>
</LinearLayout>
```

文件 test.js：

```
load("/sdcard/com.googlecode.rhinoforandroid/extras/rhino/android.js");
var droid=new Android();
var layout=file_get_contents("/sdcard/sl4a/scripts/mylayout.xml");
droid.fullShow(layout);
droid.eventWait(10000);

function file_get_contents(fileName) {
    var file=new java.io.File(fileName);
    var reader=new java.io.BufferedReader(new java.io.FileReader(file));
    var tempString=null;
    var fileString="";
      // 一次读入一行,直到读入 null 为文件结束
    while ((tempString=reader.readLine()) !=null) {
        fileString=fileString+tempString ;
    }
    reader.close();
    return fileString;
}
```

在文件 mylayout.xml 中，首先定义了一个垂直线性布局，在该布局中通过标签 RadionGroup 添加了一个单选组合框，再在这个 RadionGroup 中通过标签 RadioButton 添加了两个单选按钮控件，一个 id 为“boy”，文本内容为“男”，另一个 id 为“girl”，文本内容为“女”，通过 id 区分单选按钮。

程序运行之前，先把文件 mylayout.xml 和文件 test.js 复制到手机或模拟器中的 /sdcard/sl4a/scripts/ 目录，然后再运行 test.js，屏幕上会出现一组单选按钮控件，一个是“男”，另一个是“女”，这两个选项用户只能选择其中一项，运行结果如图 5-1 所示。

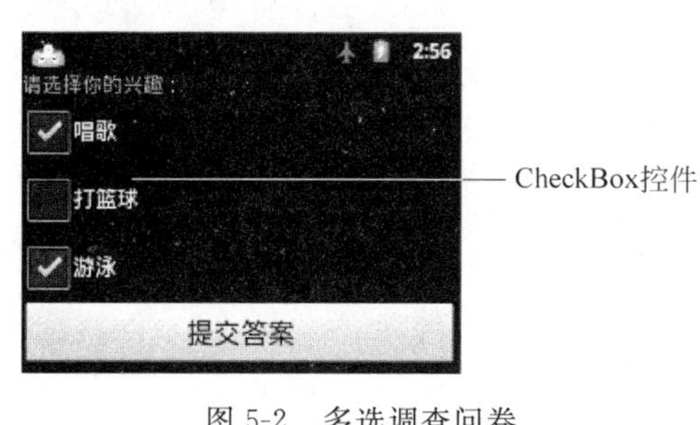

图 5-2　多选调查问卷

界面上有时会提供一些选项供用户选择，这些选项是不互斥的，用户可以从中选择一项或多项。例如，用户常会遇到一些调查问卷，类似选择兴趣爱好，用户可以根据自己的兴趣，选择多个选项。如图 5-2 所示，用户同时选择了“唱歌”和“游泳”等两个选项，说明该用户的兴趣有唱歌和游泳。这个功能由 CheckBox 控件实现。

CheckBox 控件是多选按钮控件，用户可以同时选中多个 CheckBox。CheckBox 控件没有分组概念，不与 RadionGroup 结合使用。

下面通过实例 5-10 说明 CheckBox 控件，该例在一个垂直线性布局中，添加了三个 CheckBox 控件，供用户多选。

【例 5-10】（代码位置：\5\checkBox 目录）

文件 mylayout.xml：

```
<?xml version="1.0" encoding="utf-8"?>
<LinearLayout
  xmlns:android="http://schemas.android.com/apk/res/android"
  android:orientation="vertical"
  android:layout_width="fill_parent"
  android:layout_height="fill_parent"
  android:background="#000000"
><!--描述一个线性布局-->
<TextView
     android:text="请选择你的兴趣："
     android:layout_width="fill_parent"
     android:layout_height="wrap_content"
  /><!--在线性布局中添加一个 TextView 控件-->
<CheckBox
     android:id="@+id/mycheckBox1"
     android:layout_width="wrap_content"
     android:layout_height="wrap_content"
```

```
        android:text="唱歌"
    ><!--在线性布局中添加第一个 CheckBox 控件-->
</CheckBox>
<CheckBox
        android:id="@+id/mycheckBox2"
        android:layout_width="wrap_content"
        android:layout_height="wrap_content"
        android:text="打篮球"
    ><!--在线性布局中添加第二个 CheckBox 控件-->
</CheckBox>
<CheckBox
        android:id="@+id/mycheckBox3"
        android:layout_width="wrap_content"
        android:layout_height="wrap_content"
        android:text="游泳"
    ><!--在线性布局中添加第三个 CheckBox 控件-->
</CheckBox>
<Button
        android:text="单击按钮 "
        android:layout_width="wrap_content"
        android:layout_height="wrap_content"
        android:id="@+id/mybutton"
        android:textStyle="bold"
        android:textSize="20px"
><!--在线性布局中添加一个 Button 控件-->
</Button>
</LinearLayout>
```

文件 test.js：

```
load("/sdcard/com.googlecode.rhinoforandroid/extras/rhino/android.js");
var droid=new Android();
var layout=file_get_contents("/sdcard/sl4a/scripts/mylayout.xml");
droid.fullShow(layout);

var ret1=droid.eventWait(12000);
while ( ret1.data.id!='mybutton' )
    ret1=droid.eventWait(12000);

function file_get_contents(fileName) {
    var file=new java.io.File(fileName);
    var reader=new java.io.BufferedReader(new java.io.FileReader(file));
    var tempString=null;
```

```
    var fileString="";
      // 一次读入一行,直到读入 null 为文件结束
    while ((tempString=reader.readLine()) !=null) {
        fileString=fileString+tempString ;
    }
    reader.close();
    return fileString;
}
```

在文件 mylayout. xml 中,首先定义了一个垂直线性布局,然后在该布局中从上到下依次添加了一个 TextView、三个 CheckBox 控件和一个 Button 控件,第一个 CheckBox 控件 id 为"mycheckBox1",显示内容为"唱歌",第二个 CheckBox 控件 id 为"mycheckBox2",显示内容为"打篮球",第三个 CheckBox 控件 id 为"mycheckBox3",显示内容为"游泳",用户可以进行多项选择。

程序运行之前,先把文件 mylayout. xml 和文件 test. js 复制到手机或模拟器中的/sdcard/sl4a/scripts/目录,然后再运行 test. js,屏幕上会出现三个多选按钮控件,用户可以同时选择多项。运行结果如图 5-2 所示。

5.6 ToggleButton

用户在开启 WiFi 时,界面上会出现一个按钮控件,它不同于普通按钮控件,这是 ToggleButton 控件。ToggleButton 控件称为开关按钮控件,它有开与关两种状态。ToggleButton 控件有以下几个重要的属性。

属性 android:textOn 用来设置控件在开状态下要显示的文字,如 android:textOn="开"表示该控件在开状态下要显示的文字为"开"。

属性 android:textOff 用来设置控件在关状态下要显示的文字,如 android:textOff="关"表示该控件在关状态下要显示的文字为"关"。

属性 android:isChecked 用来判断开关按钮的状态,属性值为 true 时,说明开关按钮为开状态,属性值为 false 时,说明开关按钮为关状态。

属性 android:checked 用来设置开关按钮的状态,属性值为 true 时,说明设置开关按钮为开状态,属性值为 false 时,说明设置开关按钮为关状态。

下面通过实例 5-11 说明 ToggleButton 控件,该例描述了一个开关按钮,用户可以通过该按钮控制程序的状态:开状态或关状态。

【例 5-11】 (代码位置:\5\togglebutton 目录)

文件 mylayout. xml:

```
<?xml version="1.0" encoding="utf-8"?>
<LinearLayout
  xmlns:android="http://schemas.android.com/apk/res/android"
  android:orientation="vertical"
```

```
  android:layout_width="fill_parent"
  android:layout_height="fill_parent"
  android:background="#ff000000"
><!--描述一个线性布局-->
<ToggleButton
      android:id="@+id/mytogglebutton"
      android:layout_width="200px "
      android:layout_height="100px"
      android:textOn="打开状态"
      android:textOff="关闭状态"
      android:checked="true"
    ><!--在线性布局中添加一个 ToggleButton 控件-->
</ToggleButton>
<Button
      android:text="退出"
      android:layout_width="200px "
      android:layout_height="wrap_content"
      android:id="@+id/mybutton"
      android:textStyle="bold"
      android:textSize="20px"
><!--在线性布局中添加一个 Button 控件-->
</Button>
</LinearLayout>
```

文件 test.js：

```
load("/sdcard/com.googlecode.rhinoforandroid/extras/rhino/android.js");
var droid=new Android();
var layout=file_get_contents("/sdcard/sl4a/scripts/mylayout.xml");
droid.fullShow(layout);

var ret1=droid.eventWait(12000);
while ( ret1.data.id!='mybutton' )
    ret1=droid.eventWait(12000);

function file_get_contents(fileName) {
    var file=new java.io.File(fileName);
    var reader=new java.io.BufferedReader(new java.io.FileReader(file));
    var tempString=null;
    var fileString="";
      // 一次读入一行,直到读入 null 为文件结束
    while ((tempString=reader.readLine()) !=null) {
        fileString=fileString+tempString ;
```

```
    }
    reader.close();
    return fileString;
}
```

在文件 mylayout. xml 中，首先定义了一个垂直线性布局，然后在该线性布局中添加了一个 ToggleButton 控件，通过属性 android:checked="true"设置开关按钮为打开状态，再在该线性布局中添加了一个 Button 控件用来退出这个程序。

程序运行之前，先把文件 mylayout. xml 和文件 test. js 复制到手机或模拟器中的/sdcard/sl4a/scripts/目录，然后再运行 test. js，屏幕上会显示两个按钮，一个是开关按钮，状态为打开状态，另一个是普通按钮，如图 5-3 所示。当单击开关按钮时，开关按钮上的文字会发生变化，开关按钮状态变为关闭状态。当单击普通按钮时，程序会结束。

(a) 开状态

(b) 关状态

图 5-3　开关按钮

5.7　DataPicker 和 TimePicker

用户在进行网络订票时，需要选择出行的日期和时间，用户在进行网络订房时，需要选择入住和退房的日期和时间。Android 提供了 DataPicker 和 TimePicer 控件实现这些功能，用户可以通过系统提供的万年历选择时间和日期，而不需要进行手工输入。

DataPicker 控件是日期选择控件，主要功能是向用户提供包含年、月、日的日期数据并允许用户对其进行选择。TimePicer 控件是时间选择控件，时间选择控件向用户显示一天中的时间(可以为 24 小时，也可以为 AM/PM 制)，并允许用户进行选择。

下面通过实例 5-12 说明 DataPicker 控件和 TimePicer 控件，用户可以通过 DataPicker 控件选择日期，通过 TimePicer 控件选择时间。

【例 5-12】 (代码位置：\5\dtpicker 目录)

文件 mylayout. xml：

```
<?xml version="1.0" encoding="utf-8"?>
<LinearLayout
  xmlns:android="http://schemas.android.com/apk/res/android"
  android:orientation="vertical"
    android:layout_width="fill_parent"
```

```
    android:layout_height="fill_parent"
    android:background="#ff000000"
><!--描述一个垂直线性布局-->
<TextView
    android:text="请选择日期和时间"
android:layout_width="wrap_content"
    android:layout_height="wrap_content"
  /><!--在垂直线性布局中添加一个 TextView 控件-->
<DatePicker
      android:id="@+id/datePicker"
      android:layout_width="wrap_content"
      android:layout_height="wrap_content"
      android:layout_gravity="center_horizontal"
  /><!--在垂直线性布局中添加一个 DatePicker 控件-->
<TimePicker
      android:id="@+id/timePicker"
      android:layout_width="wrap_content"
      android:layout_height="wrap_content"
      android:layout_gravity="center_horizontal"
  /><!--在垂直线性布局中添加一个 TimePicker 控件-->
<Button
  android:text="提交设置"
  android:layout_width="fill_parent"
  android:layout_height="wrap_content"
  android:id="@+id/mybutton"
  android:textStyle="bold"
  android:textSize="20px"
><!--在垂直线性布局中添加一个 Button 控件-->
</Button>
</LinearLayout>
```

文件 test.js：

```
load("/sdcard/com.googlecode.rhinoforandroid/extras/rhino/android.js");
var droid=new Android();
var layout=file_get_contents("/sdcard/sl4a/scripts/mylayout.xml");
droid.fullShow(layout);

var ret1=droid.eventWait(12000);
while ( ret1.data.id!='mybutton' )
    ret1=droid.eventWait(12000);

function file_get_contents(fileName) {
```

```
    var file=new java.io.File(fileName);
    var reader=new java.io.BufferedReader(new java.io.FileReader(file));
    var tempString=null;
    var fileString="";
      //一次读入一行,直到读入 null 为文件结束
    while ((tempString=reader.readLine()) !=null) {
        fileString=fileString+tempString ;
    }
    reader.close();
    return fileString;
}
```

在文件 mylayout. xml 中,首先定义了一个垂直线性布局,在该布局中添加了一个 DataPicker 控件和一个 TimePicer 控件,用来选择日期和时间,最后在该线性布局中添加了一个 Button 控件,文本内容为"提交设置",用来提交日期和时间的设置。

程序运行之前,先把文件 mylayout. xml 和文件 test. js 复制到手机或模拟器中的/sdcard/sl4a/scripts/目录,然后再运行 test. js,屏幕上会显示日期和时间选择视图,用户可以单击"+"或"-"符号修改日期和时间,但此时并没有发生变化,因为其并没有响应事件,关于事件在后面章节介绍。单击"提交设置"按钮可以退出该程序。运行结果如图 5-4 所示。

图 5-4　日期和时间

5.8　ImageView

Android 提供了 ImageView 控件用来显示图像,它可以加载系统标准资源和图片文件资源,引用的格式与前面介绍 ImageButton 控件时引用图片资源的格式是相同的。ImageView 可以指定修改原图的尺寸大小。

下面通过实例 5-13 说明 ImageView 控件,该例中显示了两个图像,其中第一个引用了系统提供的标准图像资源,第二个引用图像文件资源。

【例 5-13】（代码位置:\5\imageview 目录）

文件 mylayout. xml:

```
<?xml version="1.0" encoding="utf-8"?>
<LinearLayout
  xmlns:android="http://schemas.android.com/apk/res/android"
  android:orientation="vertical"
  android:layout_width="fill_parent"
  android:layout_height="fill_parent"
  android:background="#ff000000"
```

```
><!--描述一个垂直线性布局-->
<ImageView
android:src="@android:drawable/stat_sys_phone_call_on_hold"
android:layout_width="100px"
android:layout_height="100px"
><!--在垂直线性布局中添加第一个 ImageView 控件-->
</ImageView>
<ImageView
android:src="file:///sdcard/sl4a/scripts/earth.jpg"
android:layout_width="150px"
android:layout_height="150px"
><!--在垂直线性布局中添加第二个 ImageView 控件-->
</ImageView>
</LinearLayout>
```

文件 test. js：

```
load("/sdcard/com.googlecode.rhinoforandroid/extras/rhino/android.js");
var droid=new Android();
var layout=file_get_contents("/sdcard/sl4a/scripts/mylayout.xml");
droid.fullShow(layout);
var ret1=droid.eventWait(10000);

function file_get_contents(fileName) {
    var file=new java.io.File(fileName);
    var reader=new java.io.BufferedReader(new java.io.FileReader(file));
    var tempString=null;
    var fileString="";
      // 一次读入一行,直到读入 null 时文件结束
    while ((tempString=reader.readLine()) !=null) {
        fileString=fileString+tempString ;
    }
    reader.close();
    return fileString;
}
```

在文件 mylayout. xml 中，首先定义了一个垂直线性布局，然后在该布局中，添加了两个 ImageView 控件。第一个 ImageView 控件通过属性 android：src＝"@android：drawable/stat_sys_phone_call_on_hold"说明显示的图片来源于系统提供的标准图片资源，第二个控件通过属性 android：src＝"file：///sdcard/sl4a/scripts/moon. png"说明显示的图片来源于文件图像。两个控件通过属性 android：layout_height 和 android：layout_width 分别指定了图像的高度和宽度。

程序运行之前，先把文件 mylayout. xml 和文件 test. js，还有图片文件 earth. jpg 都复

制到手机或模拟器中的/sdcard/sl4a/scripts/目录，然后再运行 test. php，屏幕上会显示两张图片，其中，电话图像来源于系统标准图像资源，地球图像来源于文件图像资源。

5.9 ProgressBar、SeekBar 和 RatingBar

用户进行文件下载时，常需要一些时间，界面上会出现一个控件，显示文件下载的进度，SL4A 提供了 ProgressBar 控件实现该功能。ProgressBar 控件也就是进度条控件，它有两个进度条，分别称为第一层进度条和第二层进度条，第一层进度条为用户呈现操作的进度，第二层用来显示中间进度。例如，在文件下载进度条中，第一层进度条，颜色较深，用来显示文件下载进度，第二层进度条，颜色较浅，用来显示缓冲区进度。进度条也可以应用于程序任务完成时间不确定的情景。PFA 对使用 XML 描述 ProgressBar 进度条的支持不够，ProgressBar 控件的使用可参看前面章节的介绍。

Andrroid 还提供了 SeekBar 控件，它是可拖动进度条，与 ProgressBar 控件不同的是在 SeekBar 控件上有一个滑块，用户不仅可以通过滑块的位置来显示进度，而且可以拖动滑块来改变进度值，因此拖动进度条通常用于对系统的某种数值进行调节，比如调节音量、调节手机屏幕亮度等。

SeekBar 控件常用的属性如下。

android:max：该属性表示进度条最大值，例如，android:max＝"100"表示进度条最大值为 100。

android:progress：该属性表示进度条当前值，例如，android:progress＝"50"表示进度条当前大为 50。

android:secondaryProgress：该属性表示第二层进度条的进度值，例如，android:secondaryProgress＝"80"表示第二层进度条的进度值为 80。

下面通过实例 5-14 说明 SeekBar 控件。该例描述了两个 SeekBar 控件，并且分别给出了两个进度条的最大值、当前值和第二层进度条的进度值。

【例 5-14】 (代码位置：\5\seekbar 目录)

文件 mylayout. xml：

```
<?xml version="1.0" encoding="utf-8"?>
<LinearLayout
  xmlns:android="http://schemas.android.com/apk/res/android"
  android:layout_width="fill_parent"
  android:layout_height="fill_parent"
  android:orientation="vertical"
  android:background="#ff000000"
><!--描述一个垂直线性布局-->
<SeekBar
      android:layout_width="fill_parent"
      android:layout_height="wrap_content"
      android:layout_alignParentBottom="true"
```

```
        android:layout_marginBottom="10dp"
        android:secondaryProgress="50"
        android:max="100"
        android:progress="30"
    /><!--在垂直线性布局中添加第一个 SeekBar 控件-->
<SeekBar
        android:layout_width="fill_parent"
        android:layout_height="wrap_content"
        android:layout_alignParentBottom="true"
        android:secondaryProgress="90"
        android:max="100"
        android:progress="60"
    /><!--在垂直线性布局中添加第二个 SeekBar 控件-->
</LinearLayout>
```

文件 test.js：

```
load("/sdcard/com.googlecode.rhinoforandroid/extras/rhino/android.js");
var droid=new Android();
var layout=file_get_contents("/sdcard/sl4a/scripts/mylayout.xml");
droid.fullShow(layout);
var ret1=droid.eventWait(12000);

function file_get_contents(fileName) {
    var file=new java.io.File(fileName);
    var reader=new java.io.BufferedReader(new java.io.FileReader(file));
    var tempString=null;
    var fileString="";
      // 一次读入一行,直到读入 null 时文件结束
    while ((tempString=reader.readLine()) !=null) {
        fileString=fileString+tempString ;
    }
    reader.close();
    return fileString;
}
```

在文件 mylayout.xml 中，首先定义了一个垂直线性布局，然后在该布局中，通过标签 SeekBar 依次添加两个 SeekBar 控件，在第一个 SeekBar 控件中，通过属性 android:max 设置了进度条最大值为 100，通过属性 android:progress 设置了进度条当前值为 30，通过属性 android:secondaryProgress 设置了第二层进度条的进度值为 50。在第二个 SeekBar 控件中，通过属性 android:max 设置了进度条最大值为 100，通过属性 android:progress 设置了进度条当前值为 60，通过属性 android:secondaryProgress 设置了第二层进度条的进度值为 90。

程序运行之前，先把文件 mylayout.xml 和文件 test.js 复制到手机或模拟器中的/sdcard/sl4a/scripts/目录，然后再运行 test.js，屏幕上从上到下依次出现两个拖动进度条，运行结果如图 5-5 所示。

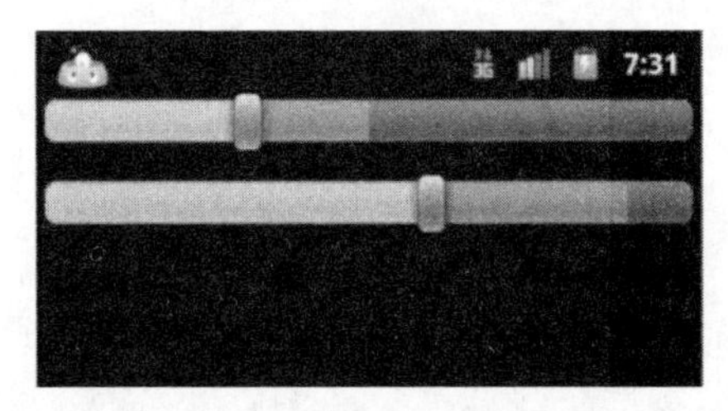

图 5-5　SeekBar 控件

RatingBar 是评分控件，也叫评分条，是 SeekBar 和 ProgressBar 的扩展。通过评分条，用户可以评分和进行等级划分。这种评分条默认有 5 个星图案，用户可以通过单击、触摸、拖动或使用键来改变星星的数量进行评分，选中星星数量越多评分也越高。例如，用户通过网络购买商品后，可通过评分条对该商品进行评价。

通过设置属性可以改变星星的数量和水平拖动步伐等方面的内容，RatingBar 控件常用的属性如下。

android:isIndicator：该属性表示评分条是否是一个指示器，true 表示评分条是一个指示器(用户无法进行拖动星星图案的操作)。

android:numStars：该属性用来设置要显示星星的数量，必须是一个整形值，例如，android:numStars="6"。

android:rating：该属性表示默认的评分，是浮点类型，例如，android:rating="1.5"。

属性 android:stepSize：该属性用来设置评分的步长，也就是评分条每次前进多少，是浮点类型，例如，android:stepSize="1.0"。

下面通过实例 5-15 说明 RatingBar 控件，该例描述了三个评分条，第一个评分条有三个星星图案，初始有一个半星星图案被选中，水平拖动步伐是 0.5，第二个评分条是使用默认属性值的评分条，默认的评分条有 5 个星星图案和使用默认的拖动步伐，第三个评分条有 4 个星星图案，一个是指示器，它只能显示星星图案而不能拖动星星图案。

【例 5-15】（代码位置：\5\ratingbar 目录）

文件 mylayout.xml：

```
<?xml version="1.0" encoding="utf-8"?>
<LinearLayout
    xmlns:android="http://schemas.android.com/apk/res/android"
    android:layout_width="fill_parent"
    android:layout_height="fill_parent"
    android:orientation="vertical"
><!--描述一个垂直线性布局-->
<RatingBar
      android:layout_width="wrap_content"
      android:layout_height="wrap_content"
      style="?android:attr/ratingBarStyleIndicator"
      android:numStars="3"<!--设置要显示的星星数量-->
      android:rating="1.5"<!--设置默认的评分-->
      android:stepSize="0.5"<!--设置评分的步长-->
```

```
   /><!--在垂直线性布局中添加第一个 RatingBar 控件-->
<RatingBar
     android:layout_width="wrap_content"
     android:layout_height="wrap_content"
     style="?android:attr/ratingBarStyleIndicator"
   /><!--在垂直线性布局中添加第二个 RatingBar 控件-->
<RatingBar
     android:layout_width="wrap_content"
     android:layout_height="wrap_content"
     style="?android:attr/ratingBarStyleIndicator"
  android:numStars="4"
     android:isIndicator="true"
  /><!--在垂直线性布局中添加第三个 RatingBar 控件-->
</LinearLayout>
```

文件 test.js：

```
load("/sdcard/com.googlecode.rhinoforandroid/extras/rhino/android.js");
var droid=new Android();
var layout=file_get_contents("/sdcard/sl4a/scripts/mylayout.xml");
droid.fullShow(layout);
var ret1=droid.eventWait(12000);

function file_get_contents(fileName) {
   var file=new java.io.File(fileName);
   var reader=new java.io.BufferedReader(new java.io.FileReader(file));
   var tempString=null;
   var fileString="";
     // 一次读入一行,直到读入 null 时文件结束
   while ((tempString=reader.readLine()) !=null) {
      fileString=fileString+tempString ;
   }
   reader.close();
   return fileString;
}
```

在文件 mylayout.xml 中，首先定义了一个垂直线性布局，然后在该布局中，通过标签 RatingBar 依次添加三个评分条，第一个评分条通过属性 android:numStars 设置星星数量为 3，通过属性 android:rating 设置初始有一个半星星图案被选中，通过属性 android:stepSize 设置水平拖动步伐是 0.5，第二个评分条是使默认属性值的评分条，使用默认的步长，默认有 5 个星星图案，第三个评分条有 4 个星星图案，通过属性 android:isIndicator="true"设置该评分条是指示器，它只能显示星星图案而不能拖动星星图案。

程序运行之前，先把文件 mylayout. xml 和文件 test. js 复制到手机或模拟器中的/sdcard/sl4a/scripts/目录，然后再运行 test. php，屏幕从上到下依次出现三个评分条，第一个评分条有三个星星，起初有一个半星星被选中，用户可以拖动继续选中未选中的星星，第二个评分条有 5 个星星，起初都没有选中，用户可以拖动继续选中未选中的星星，第三个评分条有 4 个星星，起初都没有选中，因为属性 android: isIndicator 值为真，所以它是指示器，用户不能拖动星星图案。运行结果如图 5-6 所示。

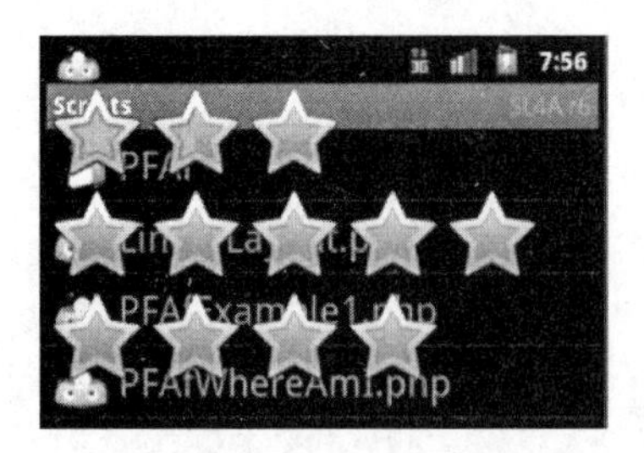

图 5-6　评分条

5.10　Spinner 和 ListView

Spinner 控件是下拉列表控件，单击后弹出一个对话框，显示几个供选择的选项，例如，用户在登录电子邮箱时，会遇到一个下拉列表，单击后弹出一个对话框，显示一些可供选择的邮箱服务器域名，用户可以单击进行选择。下拉列表与单选按钮都是单选，但是当选项太多时，如果使用单选按钮，会占用屏幕很大空间，而手机屏幕大小有限，使用 Spinner 控件是一种很好的解决这个问题的方法。

下拉列表控件需要绑定选项数据集合才能显示出选项的文本内容，系统提供了函数 fullSetList 用来绑定数据。

```
fullSetList(String id, JSONArray list)
```

该函数用于将列表数据选项绑定到下拉列表控件，参数 id 表示下拉列表控件的 id，参数 list 是列表选项数据集合，可用数组表示。

下面通过实例 5-16 说明 Spinner 控件。该例描述了一个下拉列表控件，下拉列表中显示的选项来源于文件 test. js 中定义的数组 mylist，用户可以选择下拉列表中显示的选项。

【例 5-16】（代码位置：\5\list 目录）

文件 mylayout. xml：

```
<?xml version="1.0" encoding="utf-8"?>
<LinearLayout
    xmlns:android="http://schemas.android.com/apk/res/android"
    android:layout_width="fill_parent"
    android:layout_height="fill_parent"
    android:orientation="vertical"
    android:background="#ff000000"
><!--描述一个垂直线性布局-->
<TextView
  android:text="请选择你所在的城市:"
android:textSize="15dp"
android:layout_width="wrap_content"
```

```
android:layout_height="wrap_content"
    /><!--在垂直线性布局中添加一个 TextView 控件-->
<Spinner
android:id="@+id/spinner"
android:layout_height="wrap_content"
android:layout_width="fill_parent"
    /><!--在垂直线性布局中添加一个 Spinner 控件-->
</LinearLayout>
```

文件 test.js：

```
load("/sdcard/com.googlecode.rhinoforandroid/extras/rhino/android.js");
var droid=new Android();
var layout=file_get_contents("/sdcard/sl4a/scripts/mylayout.xml");
droid.fullShow(layout);
var mylist=new Array();
mylist[0]="广州";
mylist[1]="深圳";
mylist[2]="海口";
droid.fullSetList("spinner",mylist);
var ret1=droid.eventWait(10000);

function file_get_contents(fileName) {
    var file=new java.io.File(fileName);
    var reader=new java.io.BufferedReader(new java.io.FileReader(file));
    var tempString=null;
    var fileString="";
      // 一次读入一行，直到读入 null 为文件结束
    while ((tempString=reader.readLine()) !=null) {
        fileString=fileString+tempString ;
    }
    reader.close();
    return fileString;
}
```

在文件 mylayout.xml 中，首先定义了一个垂直线性布局，然后在该布局中通过标签 Spinner 添加一个下拉列表控件，通过属性 android:id 设置 ID 号为“spinner”。

在文件 test.js 中定义了数组 mylist，通过函数 fullSetList("spinner", $ mylist)将数组 mylist 绑定到 ID 号为“spinner”的下拉列表，下拉列表中显示的选项是数组 mylist。

程序运行之前，先把文件 mylayout.xml 和文件 test.js 复制到手机或模拟器中的/sdcard/sl4a/scripts/目录，然后再运行 test.js，屏幕上会出现一个文本框，显示“请选择你所在的城市”，一个下拉列表，用户可以单击列表，列表会弹出对话框显示“广州”“深圳”

和"海口"三个选项，用户可以单击选项或拉动列表进行选择，运行结果如图 5-7 所示。

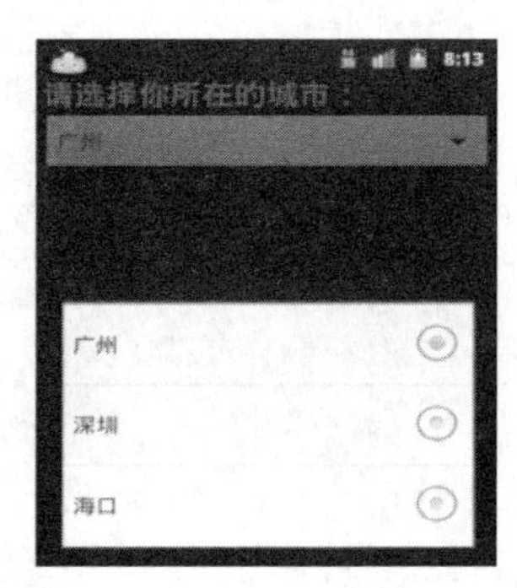

图 5-7　下拉列表

Android 中还提供 3 另一种列表控件——ListView 控件，它经常会使用列表的形式来显示一些内容选项供用户单击选择。与下拉列表(Spinner 控件)不同的是，ListView 控件直接以列表的形式向用户显示数据选项，而下拉列表需要用户单击下拉列表后才以列表的形式向用户显示数据选项。

ListView 控件同样需要函数 fullSetList()将列表数据选项绑定到控件，ListView 控件还可以通过属性 android：drawSelectorOnTop 设置选中条样式，其值可取 true 和 false。例如，android：drawSelectorOnTop＝"true"表示单击某一条记录，选中条颜色会显示在最上面，记录上的文字被遮住，android：drawSelectorOnTop＝"false" 表示选中某条记录，颜色会在记录的后面，成为背景色，而记录上文字是可见的。

下面通过实例 5-17 说明 ListView 控件。该例描述了一个 ListView 列表控件，用户可以选择列表中显示的选项，列表控件中用图像作为列表的背景，列表中显示的选项来源于文件 test. js 中定义的数组 mylist。

【例 5-17】 (代码位置：\5\listview 目录)

文件 mylayout. xml：

```
<?xml version="1.0" encoding="utf-8"?>
<LinearLayout
    xmlns:android="http://schemas.android.com/apk/res/android"
    android:layout_width="fill_parent"
    android:layout_height="fill_parent"
android:orientation="vertical"
android:id="@+id/LinearLayout01"
    android:background="#ff000000"
    ><!--描述一个垂直线性布局-->
<TextView
android:text="请选择你所在的城市："
android:textSize="15dp"
android:layout_width="wrap_content"
android:layout_height="wrap_content"
    /><!--在垂直线性布局中添加一个 TextView 控件-->
<ListView
      android:layout_width="wrap_content"
      android:layout_height="wrap_content"
      android:id="@+id/ListView01"
      android:drawSelectorOnTop="false"
      android:background="file:///sdcard/sl4a/scripts/esrth.jpg"
  /><!--在垂直线性布局中添加一个 ListView 控件-->
</LinearLayout>
```

文件 test.js：

```
load("/sdcard/com.googlecode.rhinoforandroid/extras/rhino/android.js");
var droid=new Android();
var layout=file_get_contents("/sdcard/sl4a/scripts/mylayout.xml");
droid.fullShow(layout);
var mylist=new Array();
mylist[0]="广州";
mylist[1]="深圳";
mylist[2]="海口";
droid.fullSetList("ListView01",mylist);
var ret=droid.eventWait(10000);

function file_get_contents(fileName) {
    var file=new java.io.File(fileName);
    var reader=new java.io.BufferedReader(new java.io.FileReader(file));
    var tempString=null;
    var fileString="";
      // 一次读入一行,直到读入 null 为文件结束
    while ((tempString=reader.readLine()) !=null) {
        fileString=fileString+tempString ;
    }
    reader.close();
    return fileString;
}
```

在文件 mylayout. xml 中，首先定义了一个垂直线性布局，然后在该布局中通过标签 ListView 添加一个列表控件，通过属性 android:id 设置控件的 ID 号为“istView01”，通过属性 android:drawSelectorOnTop="false"设置被选中记录上的文字可见，背景色在文字后面，通过属性 android:background 设置背景来源于文件图像。

在文件 test. php 中定义了数组 mylist，通过函数 fullSetList (" ListView01", $ mylist)将数组 mylist 绑定到 ID 号为 ListView01 的列表，列表中显示的选项是数组 mylist 元素内容。

程序运行之前，先把文件 mylayout. xml 和文件 test. php，还有图片文件 earth. jpg 都复制到手机或模拟器中的/sdcard/sl4a/scripts/目录，然后再运行 test. php，屏幕上会出现一个文本框，显示“请选择你所在的城市”，还有一个列表，包含“广州”“深圳”和“海口”三个选项，用户可以单击列表选项进行选择，该列表用图像作为背景，运行结果如图 5-8 所示。

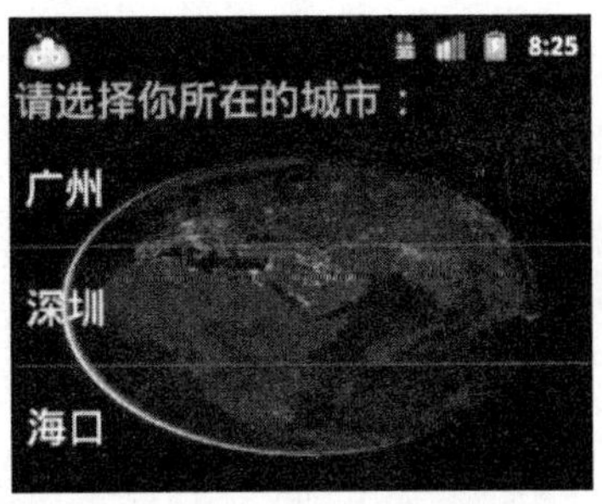

图 5-8 列表

5.11 Menu

菜单(Menu)是用户界面中最常见的元素之一，使用非常频繁，系统提供了选项菜单(OptionsMenu)和上下文菜单(ContextMenu)，下面将进行介绍。

用户按下手机或模拟器上的菜单按钮(Menu 键)时，在屏幕底端弹出 6 个相应选项的菜单，用户可单击选项进行相应的操作，该菜单是选项菜单(OptionsMenu)。

选项菜单(OptionsMenu)功能需要开发人员编程实现，如果在开发应用程序时没有实现该功能，那么程序运行时按下手机或模拟器上的菜单按钮(Menu 键)是不会起作用的。选项菜单最多显示 6 个菜单项，这些菜单项可包含文字和图标，当菜单选项多于 6 个选项时，将只显示前 5 个选项和一个扩展菜单选项，扩展菜单选项包含第 6 个选项以及以后的菜单选项，用户单击扩展菜单选项将会弹出其余的菜单选项。

开发人员需要往选项菜单中添加和删除菜单项，Android 提供了相关的函数完成这些操作，下面介绍相关函数。

```
addOptionsMenuItem (String label, String event, Object eventData, String
iconName)
```

该函数用于为选项菜单添加菜单项，其中，参数 label 表示菜单项的标签；参数 event 表示该菜单项被单击时产生事件的名称；参数 eventData 表示事件附带的数据，该参数是可选的；参数 iconName 表示图标名称，图标由系统提供，该参数是可选的，有关图标资源可参看 http://developer.android.com/reference/android/R.drawable.html。

```
clearOptionsMenu()
```

该函数用于删除选项菜单中的所有菜单项。

下面通过实例 5-18 说明选项菜单，在该选项菜单中添加了三个菜单项，用户可以选择菜单项进行相应的操作。

【例 5-18】 (代码位置：\5\optionsmenu 目录)

文件 mylayout.xml：

```
<?xml version="1.0" encoding="utf-8"?>
<LinearLayout
  xmlns:android="http://schemas.android.com/apk/res/android"
  android:orientation="vertical"
  android:layout_width="fill_parent"
  android:layout_height="fill_parent"
  android:background="#000000"
><!--描述一个垂直线性布局-->
<TextView
    android:text="提示：按 MENU 按键弹出菜单。"
    android:layout_width="wrap_content"
```

```
    android:layout_height="wrap_content"
      android:textStyle="bold"
      android:textSize="25px"
  /><!--在垂直线性布局中添加一个 TextView 控件-->
<Button
      android:text="提交设置"
      android:layout_width="fill_parent"
      android:layout_height="wrap_content"
      android:id="@+id/mybutton"
      android:textStyle="bold"
      android:textSize="20px"
><!--在垂直线性布局中添加一个 Button 控件-->
</Button>
</LinearLayout>
```

文件 test.js：

```
load("/sdcard/com.googlecode.rhinoforandroid/extras/rhino/android.js");
var droid=new Android();
var layout=file_get_contents("/sdcard/sl4a/scripts/mylayout.xml");
droid.fullShow(layout);

droid.addOptionsMenuItem("选项 1","item1",null,"star_on");  //添加第一个菜单项
droid.addOptionsMenuItem("选项 2","item2",null,"star_off");//添加第二个菜单项
droid.addOptionsMenuItem("选项 3","item3",null,"ic_menu_revert");
                                                              //添加第三个菜单项
var ret1=droid.eventWait(30000);
while ( ret1.data.id!='mybutton' )
    ret1=droid.eventWait(30000);

function file_get_contents(fileName) {
    var file=new java.io.File(fileName);
    var reader=new java.io.BufferedReader(new java.io.FileReader(file));
    var tempString=null;
    var fileString="";
      // 一次读入一行,直到读入 null 为文件结束
    while ((tempString=reader.readLine()) !=null) {
        fileString=fileString+tempString ;
    }
    reader.close();
    return fileString;
}
```

在文件 test. js 中通过函数 addOptionsMenuItem 添加了三个菜单项,每个菜单项都带有图标,第一个菜单项的标签为“选项 1”,被单击时产生的事件为 item1,事件没有附带的数据,图标的名称为 star_on。第二个菜单项的标签为“选项 2”,被单击时产生的事件为 item2,事件没有附带的数据,图标的名称为 star_off。第三个菜单项的标签为“选项 3”,被点击时产生的事件为 item3,事件没有附带的数据,图标的名称为 ic_menu_revert。

程序运行之前,先把文件 mylayout. xml 和文件 test. js 复制到手机或模拟器中的 /sdcard/sl4a/scripts/目录,然后再运行 test. js,屏幕上会出现一个文本框,显示内容为“提示:按 MENU 按键弹出菜单。”还有一个“退出”按钮。当用户单击模拟器中的 MENU 按键时,屏幕底部会弹出菜单,菜单有三个菜单项,每个菜单项都带有图标,第一个图标是一个亮的星星,第二个图标是一个暗的星星,第三个图标是一个返回图标,用户可以单击菜单项进行相关操作,要想结束程序,用户可单击“退出”按钮,其运行结果如图 5-9 所示。

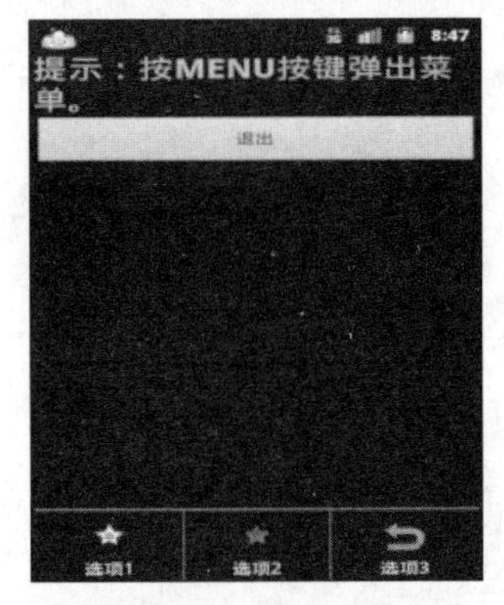

图 5-9　选项菜单

用户长按手机或模拟器桌面空白处时,桌面会弹出一个菜单,菜单里包含多个选项,用户可以单击选项进行相关的操作,该菜单是上下文菜单(ContextMenu)。

Android 系统中的上下文菜单(ContextMenu)类似于 PC 中的右键弹出菜单,当用户进行长按动作时,将出现一个提供相关功能的浮动菜单,上下文菜单不支持图标和快捷键。SL4A 提供的上下文菜单主要用于 WebView。SL4A 内建有 HTML 解释器和 API 用于控制 WebView,从而能利用 HTML5 制作程序界面,这样能让 Web 开发人员快速地开发 Android 程序。

下面介绍控制 WebView 和上下文菜单相关的函数。

```
webViewShow(String url, Boolean wait)
```

该函数用于显示一个指定 URL 的 WebView,参数 url 表示 HTML 文件,参数 wait 是布尔类型变量,默认值是 false,该参数用来表示是否以堵塞方式运行 WebView,true 表示以堵塞方式运行 WebView,false 表示以非堵塞方式运行,该参数是可选的。

```
addContextMenuItem(String label, String event, Object eventData)
```

该函数用于添加上下文菜单项,其中,参数 label 表示菜单项的标签;参数 event 表示该菜单项被单击时产生事件的名称;参数 eventData 表示事件附带的数据,该参数是可选的。

```
clearContextMenu()
```

该函数用于删除上下文菜单所有菜单项。

下面通过实例 5-19 说明上下文菜单,在该上下文菜单中添加了三个菜单项,用户可以对这三个菜单项进行选择。本例包含两个文件,一个是 HTM 文件 test. htm;另一个是

PHP 文件 test. js。

【例 5-19】（代码位置：\5\contextmenu 目录）

文件 test. htm：

```
<html xmlns="http://www.w3.org/1999/xhtml" xml:lang="en" lang="en">
<head>
    <meta http-equiv="content-type" content="text/html; charset=utf8" />
    <meta name="author" content="WWW.DOWNG.COM" />
</head>
<body>
提示：长按 2 秒弹出菜单。
</body>
</html>
```

文件 test. js：

```
load("/sdcard/com.googlecode.rhinoforandroid/extras/rhino/android.js");
var droid=new Android();
droid.webViewShow("file:///sdcard/sl4a/scripts/test.htm");
droid.addContextMenuItem("选项 1","item1",null);
droid.addContextMenuItem("选项 2","item2",null);
droid.addContextMenuItem("选项 3","item3",null);
droid.eventWait(30000);
```

在文件 test. htm 中通过 HTML 描述了一个 Web 页面，其显示内容为“提示：长按 2 秒弹出菜单。”

在文件 test. js 中通过函数 webViewShow 显示一个 Web 页面，该 Web 页面所对应的文件是 test. htm，通过函数 addContextMenuItem 添加了三个菜单项，第一个菜单项显示的标签分别为“选项 1”，被单击时产生的事件为 item1，第二个菜单项显示的标签分别为“选项 2”，被单击时产生的事件为 item2 ，第三个菜单项显示的标签分别为“选项 3”，被单击时产生的事件为 item3。

程序运行之前，先把文件 test. htm 和文件 test. js 复制到手机或模拟器中的/sdcard/sl4a/scripts/目录，然后再运行 test. php，屏幕上会显示 test. htm 界面，界面中显示文本“提示：长按 2 秒弹出菜单。”，当用户在界面中长按 2s，这时会弹出一个上下文菜单，该菜单包含三个选项，分别为“选项 1”、“选项 2”、“选项 3”，用户可以单击进行选择。运行结果如图 5-10 所示。

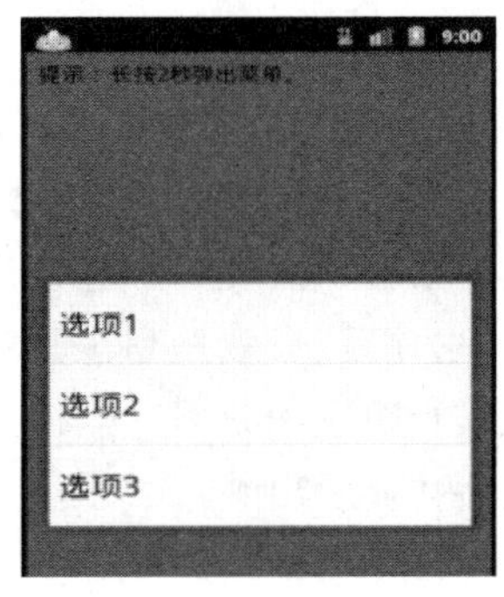

图 5-10　上下文菜单

事件响应处理

6.1 事件处理模型

事件在现实生活中是普遍存在的，从人类对世界的认知角度看，凡是产生了影响、意义的变更就是事件，自然界无时无刻不在发生着某种变化，只有产生了影响，引起了重视才是事件，如某地发生地震，对该地人们产生了重大影响，这是事件，又如某人考上了大学，对他的人生来说会产生有影响、有意义的变化，这也是事件。

从计算机角度看，所有的0、1序列的位变化都可定义为事件，如操作键盘、鼠标等引起的变更，这个变更就是事件，这些变更可以实现人机互动，包括单击事件、按键事件、鼠标拖动事件等。

事件驱动在应用中非常普遍，现代的用户界面，都是以事件驱动的方式来实现人机交互的，比如用户单击了某个按钮，应用程序就会对用户的动作做出相应的响应。事件驱动在计算机系统中也是非常重要的，可以想象，如果设计出一台没有键盘、鼠标等事件驱动的计算机，那么这台计算机也就是一台看着复杂的电视机或DVD而已。

对于一个Android应用程序，事件处理是必不可少的。前面章节中介绍了界面布局和控件，各控件会被添加相应的事件，在界面中，要实现人机交互，需要触发各控件上的事件，以实现各种操作。例如，用户在使用手机时，根据自己使用的语言，需要在手机常用设置中设置语言，如图6-1所示，在列表中有“简体中文”“繁体中文”、English等三个选项，用户可以单击选项选择自己想要的语言。假设用户想使用“简体中文”，用户单击“简体中文”选项后，会触发列表选项上的事件，系统监听到事件后，会进行响应和处理，这时，手机上的文字就会以“简体中文”的字体显示出来。

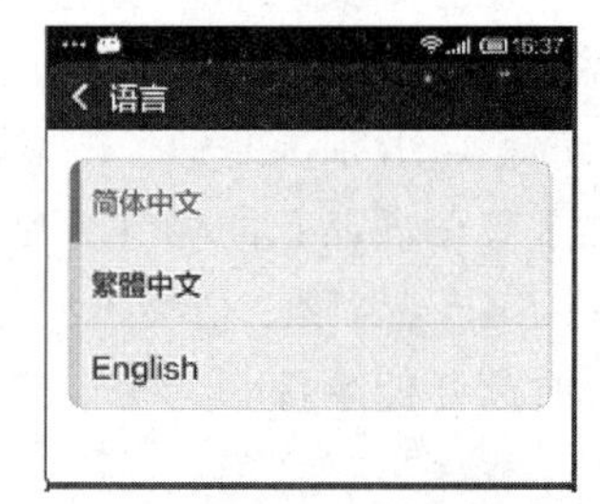

图6-1 “语言”选项列表

Android系统中，事件处理机制有两种，一种是基于监听的事件机制，另一种是基于回调的事件处理机制。基于监听事件的处理机制主要涉及三类对象，具体如下。

(1) 事件源(Event Source)：事件源指的是事件所发生的控件，如按钮和列表等。各个控件在不同情况下触发的事件不尽相同。例如，在图6-1中，列表就是事件源。

(2) 事件(Event)：事件封装了特定事件的具体信息，事件是事件源和事件监听器的中介。

(3) 事件监听器(Event Listener)：负责监听事件是否到来，一旦所关心的事件发生，则把事件提交给事件处理方法进行处理。

下面结合监听事件的处理模型图，如图 6-2 所示，分析事件处理的过程：首先需要为事件源对象添加、注册事件监听器，这样当某个事件被触发后，才会被相应的事件监听器监听到，并调用相应的事件处理器来处理该事件。当事件源上的事件被触发时，系统会生成相应的事件对象，并把该事件对象传送给注册到该事件源的监听器。事件监听器接收到事件对象后，系统会调用监听器中相应的事件处理方法来处理该事件，并做出相应的响应。

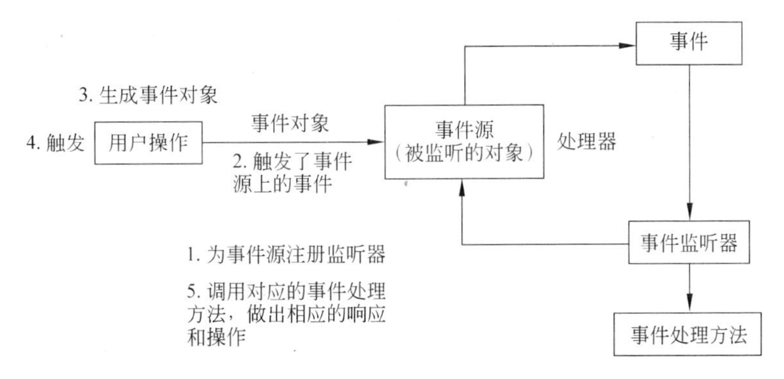

图 6-2　监听事件的处理模型

基于监听器的事件处理机制是一种委派式的事件处理方式，事件源将整个事件委托给事件监听器，由监听器对事件进行响应处理，这种处理方式将事件源和事件监听器分离，有利于提供程序的可维护性。

6.2 事件 API

SL4A 提供了相关函数用来管理事件，这些函数的功能主要是向事件队列中投递事件以及从事件队列中删除事件和取出事件，下面介绍事件函数。

```
eventClearBuffer()
```

该函数用于清除事件缓冲区中的所有事件。

```
eventPoll(Integer number_of_events)
```

该函数用于从事件缓冲区中获取投递时间最久的若干事件，事件将从事件缓冲区中删除，事件数量由参数 number_of_events 指定，number_of_events 默认值为 1，该参数是可选的，函数以键值列表方式返回事件。

```
eventPost(String name, String data, Boolean enqueue)
```

该函数用于将某一事件投递到事件队列中，参数 name 表示事件名，参数 data 表示事件数据，参数 enqueue 是布尔值，其值为 false 表明只分发事件而不把事件投递到事件队列中，其值为 true 表示事件要投递到事件队列中，默认值是 false，该参数是可选的。

```
eventWait(Integer timeout)
```

该函数用于等待事件，参数 timeout 表示最大等待时间，等待时间的单位是 ms，该参数是可选的。该函数可能出现以下几种情况。

(1) 如果在指定等待时间内没有事件，则函数将以堵塞方式运行直到等待时间结束；

(2) 如果在指定等待时间范围内有事件，则函数返回事件，并把该事件从缓冲区中删除；

(3) 如果未指定 timeout 则一直等待，直到有事件到来，函数返回等到的事件；

(4) 如果 timeout 值为 0 则表示不等待。

下面通过实例 6-1 描述文件下载事件处理，该例模拟了文件下载并显示文件下载进度，它同时扮演了事件源和事件监听器两个角色，通过 eventPost() 函数投递事件，eventWait() 函数监听事件。该例流程图如图 6-3 所示。

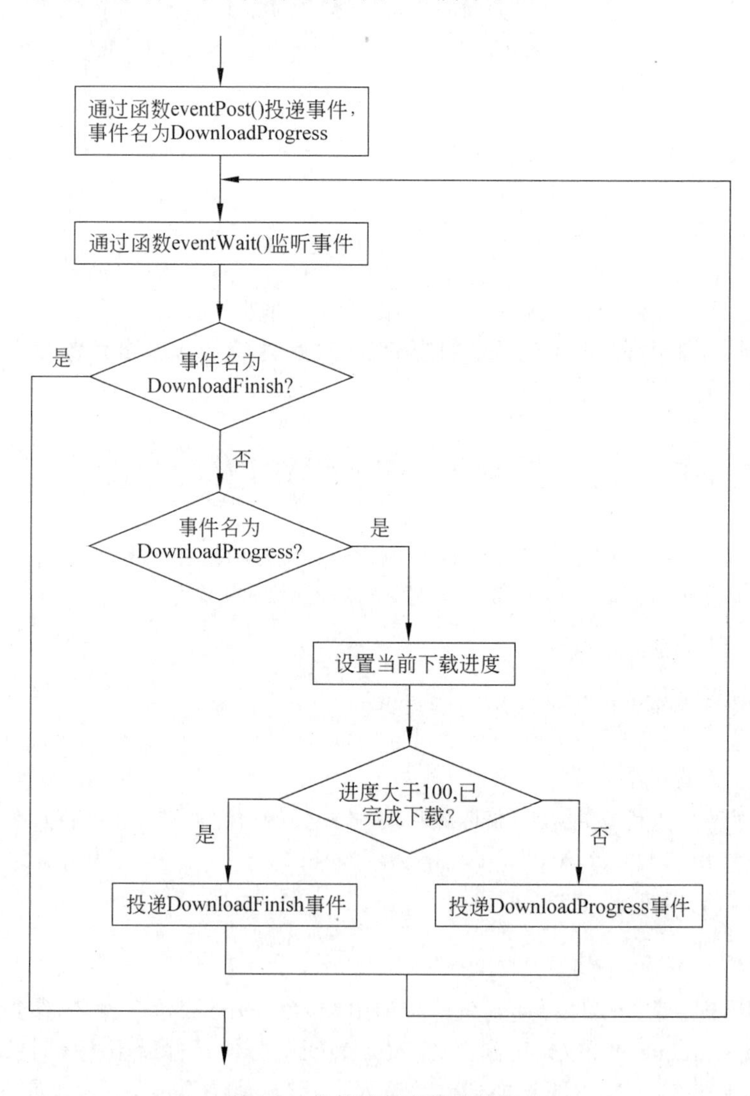

图 6-3　文件下载事件流程图

【例 6-1】（代码位置：\6\event\test.js）

```
load("/sdcard/com.googlecode.rhinoforandroid/extras/rhino/android.js");
var droid=new Android();

droid.dialogCreateHorizontalProgress("文件下载","正在下载,请等待...");
droid.dialogShow();
var items=(Math.random() * 10)|0;          //随机生成 0~10 的值,模拟文件下载进度值
droid.eventPost("DownloadProgress",items.toString(),true);
/*将事件 DownloadProgress 投递到事件队列中,其携带的数据是文件下载进度值*/
var flag=true;
while ( flag )
{
    var ret=droid.eventWait();                                    //监听等待事件
    switch ( ret.name )
    {
        case "DownloadFinish":  flag=false;  break;               //下载结束事件处理
        case "DownloadProgress":                                  //正在下载事件处理
                                items=parseInt(ret.data);
                                droid.dialogSetCurrentProgress(items);
                                break;
        default: flag=false; break;                               //其他事件处理
    }
    items+=(Math.random() * 10)|0;                                //累计下载进度

   if ( items>100 )                              //进度值大于 100 时,说明下载已完成
    droid.eventPost("DownloadFinish","",true);//投递事件 DownloadFinish
   else
      //投递事件 DownloadProgress
      droid.eventPost("DownloadProgress",items.toString(),true);
}
droid.dialogDismiss();
```

把文件 test.js 复制到手机或模拟器中的/sdcard/sl4a/scripts/目录，然后再运行 test.js，这时屏幕上会弹出一个水平进度条对话框，显示正在进行文件下载，并且实时地显示文件下载进度，下载完成后，进度条将消失。本例中，如果调用函数 eventPost()时，第三个参数值由 true 改为 false，那么会发现进度条并不会前进，因为这时函数 eventPost 并没有把等待事件投递到事件队列中，函数 eventWait 从事件队列中将读不到事件。

6.3 事件数据结构

系统提供的标准事件包含事件名称(name)、事件附加数据(date)和事件产生时间(time)等属性，对不同事件，它们的名称、附加数据和时间都将不同，特别是属性 data，它

可以以值的形式和以对象的形式来封装数据，当以对象的形式封闭事件时，对不同名称的事件，data 对象中的属性名将不同。

单击不同的控件，所产生事件的名称(name)是不同的，例如，单击按钮控件，所产生的事件名称 name 为“click”，单击列表选项时，所产生的事件名称 name 为“itemclick”。

根据不同类型的按钮，产生的单击事件“click”所附带的数据 Data 格式也会不同，下面分析常见按钮产生事件“click”对应的 Data 格式，具体如表 6-1 至表 6-6 所示。

表 6-1 Button 类型对应的 Data 格式

属　性	id	type	visibility	text
含义和值	按钮标识符	Button	0 或 1	按钮文本

表 6-2 ImageButton 类型对应的 Data 格式

属　性	id	type	visibility
含义和值	标识符	ImageButton	0 或 1

表 6-3 RadioButton 类型对应的 Data 格式

属　性	id	type	visibility	text	checked
含义和值	标识符	RadioButton	0 或 1	按钮文本	true 或 false

表 6-4 CheckBox 类型对应的 Data 格式

属　性	id	type	visibility	text	checked
含义和值	标识符	CheckBox	0 或 1	按钮文本	true 或 false

表 6-5 ToggleButton 类型对应的 Data 格式

属　性	id	type	visibility	text	checked
含义和值	标识符	ToggleButton	0 或 1	按钮文本	true 或 false

表 6-6 DatePicker 和 TimePicker 类型对应的 Data 格式

属　性	id	type	visibility
含义和值	标识符	NumberPickerButton	0 或 1

以上表格中，属性 id 表示按钮的 id 号；属性 type 表示按钮的类型；属性 text 表示按钮上显示的文本；属性 visibility 表示按钮是否可见，值为 0 表示不可见，值为 1 表示是可见的；属性 checked 表示按钮是否选中，值为 true 表示选中，值为 false 表示没选中。

注意：TimePicker 控件有一个“上午”或“下午”按钮，当单击该按钮时，返回的事件和普通按钮产生的事件一样，不同的是，按钮文本是“上午”或“下午”。

用户单击 ListView 列表选项时，所产生的事件名为 itemclick，itemclick 所附加的数据格式如表 6-7 所示。

表 6-7 ListView 的 Data 格式

属　性	id	type	visibility	position
含义	标识符	ListView	0 或 1	选中项位置

表格中，属性 id 表示列表的 id 号；属性 type 表示控件的类型；属性 visibility 表示控件是否可见，值为 0 表示不可见，值为 1 表示是可见的；属性 position 表示被选中选项在列表数组的位置。

SL4A 为按键设置了事件 key，当按键被按下去之后且按键的系统行为已被覆盖，就会触发事件 key 发生，key 所附加的 data 数据格式如表 6-8 所示。

表 6-8 key 的 Data 格式

属性	action	key
含义		键值

Android 中，系统为每个按键分配了一个键值，系统通过键值来识别按键，Android 按键与键值对应关系如表 6-9 所示。

表 6-9 按键名与键值对应表

键　名		描　述	键值	备　注
电话键	KEYCODE_HOME	HOME 按键	3	
	KEYCODE_BACK	返回键	4	
	KEYCODE_CALL	拨号键	5	
	KEYCODE_ENDCALL	挂机键	6	
	KEYCODE_VOLUME_UP	音量增加键	24	
	KEYCODE_VOLUME_DOWN	音量减小键	25	
	KEYCODE_POWER	电源键	26	
	KEYCODE_CAMERA	拍照键	27	
	KEYCODE_FOCUS	拍照对焦键	80	
	KEYCODE_MENU	菜单键	82	
	KEYCODE_NOTIFICATION	通知键	83	
	KEYCODE_SEARCH	搜索键	84	
	KEYCODE_MUTE	话筒静音键	91	

续表

键名		描述	键值	备注
控制键	KEYCODE_DPAD_UP	导航键向上	19	
	KEYCODE_DPAD_DOWN	导航键向下	20	
	KEYCODE_DPAD_LEFT	导航键向左	21	
	KEYCODE_DPAD_RIGHT	导航键向右	22	
	KEYCODE_DPAD_CENTER	导航键确定键	23	
	KEYCODE_TAB	Tab 键	61	
	KEYCODE_ENTER	回车键	66	
	KEYCODE_DEL	退格键	67	
	KEYCODE_PAGE_UP	向上翻页键	92	
	KEYCODE_PAGE_DOWN	向下翻页键	93	
	KEYCODE_ESCAPE	Esc 键	111	
	KEYCODE_FORWARD_DEL	删除键	112	
	KEYCODE_CAPS_LOCK	大写锁定键	115	
	KEYCODE_SCROLL_LOCK	滚动锁定键	116	
	KEYCODE_BREAK	Break/Pause 键	121	
	KEYCODE_MOVE_HOME	光标移动到开始键	122	
	KEYCODE_MOVE_END	光标移动到末尾键	123	
	KEYCODE_INSERT	插入键	124	
	KEYCODE_NUM_LOCK	小键盘锁	143	
	KEYCODE_ZOOM_IN	放大键	168	
	KEYCODE_ZOOM_OUT	缩小键	169	
数字键	KEYCODE_0	按键 0	7	按键 0 的键值为 7，按键 1 的键值为 8，以此类推，按键 9 的键值为 16
	KEYCODE_1	按键 1	8	
	KEYCODE_9	按键 9	16	
字母键	KEYCODE_A	按键 A	29	按键 A 的键值为 29，按键 B 的键值为 30，以此类推，按键 Z 的键值为 54。小写字母 a～z 的输入，可以通过 KEYCODE_CAPS_LOCK 键进行大小写切换，然后输入相对应的键
	KEYCODE_B	按键 B	30	
	KEYCODE_Z	按键 Z	54	

6.4 事件处理

6.4.1 菜单事件处理

用户在使用菜单时，每个菜单选项都能完成特定的功能，用户单击菜单选项时，会触发选项上的事件，并产生事件对象，系统监听到事件对象后，会调用相应的事件处理方法进行响应处理，完成相应的功能。

下面通过实例 6-2 说明菜单事件处理，该例中可以通过单击菜单选项，触发选项上的事件，从而实现对文本进行复制、粘贴和设置字体颜色等功能。本例包含两个文件，一个是界面文件 mylayout.xml，另一个是 JavaScript 文件 test.js。

【例 6-2】（代码位置：\6\menuevent）

文件 mylayout.xml：

```
<?xml version="1.0" encoding="utf-8"?>
<LinearLayout
    xmlns:android="http://schemas.android.com/apk/res/android"
    android:orientation="vertical"
    android:layout_width="fill_parent"
    android:layout_height="fill_parent"
    android:background="#000000"
><!--描述一个垂直线性布局-->
<TextView
    android:text="本例中通过单击菜单选项,触发选项上的事件,从而实现对文本进行复
    制、粘贴和设置字体颜色等功能。"
    android:layout_width="fill_parent"
    android:layout_height="120px"
    android:layout_gravity="center"
  /><!--在垂直线性布局中添加一个 TextView 控件-->
<EditText
  android:layout_width=" fill_parent "
  android:layout_height="120px "
    android:layout_gravity="center"
    android:gravity="center"
  android:inputType="text"
android:id="@+id/editText1"
  android:text="你可在此文本编辑框输入文本!"
  /><!--在垂直线性布局中添加一个 EditText 控件-->
<TextView
    android:text="此文本框显示复制、粘贴操作后的文本内容。"
    android:layout_width=" fill_parent "
    android:layout_height="120px "
```

```
    android:textColor="#80ff0000"
    android:background="#80ff00"
    android:layout_gravity="center"
    android:gravity="center"
    android:id="@+id/textView1"
  /><!--在垂直线性布局中添加一个 TextView 控件-->
</LinearLayout>
```

文件 test.js：

```
load("/sdcard/com.googlecode.rhinoforandroid/extras/rhino/android.js");
var droid=new Android();

var layout=file_get_contents("/sdcard/sl4a/scripts/mylayout.xml");
                                                          //获得要显示的界面布局
droid.fullShow(layout);                                   //显示界面布局
droid.addOptionsMenuItem("复制","copy",null,"star_on");   //添加第一个菜单选项
droid.addOptionsMenuItem("粘贴","paste",null,"star_on");  //添加第二个菜单选项
droid.addOptionsMenuItem("设置红色","setColor","#80ff0000","star_on");
droid.addOptionsMenuItem("设置蓝色","setColor","#800000ff","star_on");
droid.addOptionsMenuItem("退出","exit",null,"ic_menu_revert");
var ret=droid.eventWait(10000);                           //等待事件
var flag=true;
while ( flag )
{
   var name="";
   if ( ret!=null && ret.name!=null )
      name=ret.name;
   switch ( name )
   {
      case 'copy':                                        //等待事件名为"copy"
            var text=droid.fullQueryDetail("editText1");
            text=text.text;
            break;
      case 'paste':
            droid.fullSetProperty("textView1","text",text);
            break;
      case 'setColor':
            var color=ret.data ;
            droid.fullSetProperty("textView1","textColor",color);
            break;
      case 'exit':
            flag=false;
```

```
                    break;
            default:
                    break;
        }
        ret=droid.eventWait(10000);
    }

        function file_get_contents(fileName) {
            var file=new java.io.File(fileName);
            var reader=new java.io.BufferedReader(new java.io.FileReader(file));
            var tempString=null;
            var fileString="";
              / 一次读入一行,直到读入 null 为文件结束
            while ((tempString=reader.readLine()) !=null) {
                fileString=fileString+tempString ;
            }
            reader.close();
            return fileString;
        }
```

在布局文件 mylayout. xml 中,首先描述了一个垂直线性布局,然后在该线性布局中从上到下依次添加了一个 TextView 控件,一个 EditText 控件和另一个 TextView 控件。

在文件 test. js 中,通过调用函数 eventWait()来监听事件,当监听到事件为 copy 时,对文本进行复制操作,当监听到事件为 paste 时,进行粘贴操作,当监听到事件为 setColor 时,进行设置字体颜色操作。

程序运行之前,先把文件 mylayout. xml 和文件 test. js 复制到手机或模拟器中的/sdcard/sl4a/scripts/目录,然后再运行 test. js,屏幕上从上往下包含一个文本显示框,一个文本编辑框和另一个文本显示框,用户可先在文本编辑框中输入文本,然后单击菜单按键时,屏幕底部会弹出菜单选项,如图 6-4(a)所示,用户可以选择菜单项进行相应的操作。假如,用户在文本编辑框中输入的文本为“Hello world!”,然后依次单击菜单中的“复制”“粘贴”选项,这时会把文本“Hello world!”复制、粘贴到第二个文本框,第二个文本框中也会显示“Hello world!”,如图 6-4(b)所示。用户还可以单击菜单项“设置红色”或“设置蓝色”对第二个文本框进行字体颜色设置,用户单击菜单项“退出”,可以退出程序。

6.4.2 按钮事件处理

用户在使用按钮控件时,当按钮被单击,会触发按钮上的事件,并产生单击事件,事件名为“click”,系统监听到单击事件 click 后,会调用相应的事件处理方法进行响应处理,完成相应的功能。根据不同类型的按钮,产生的单击事件 click 所附带的数据 Data 格式也会不同,如表 6-1～表 6-6 所示。

下面通过实例 6-3 说明按钮事件处理,例中包含三个 Button 按钮和一个 CheckBox

按钮，每个按钮都包含相应的事件，单击不同的按钮都会触发按钮上的事件，产生不同的事件，程序会对事件进行判断并进行相应的处理，第一个 Button 按钮用于在文本框中显示内容，第二个 Button 按钮用于在编辑框中输入内容，第三个 Button 按钮用于退出程序，CheckBox 按钮用于把编辑框中的内容显示到文本框中。

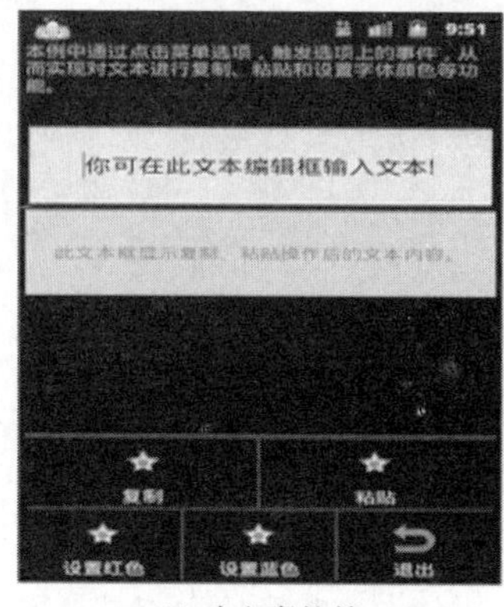

(a) 响应事件前

(b) 响应事件后

图 6-4　菜单事件

【例 6-3】（代码位置：\6\buttonevent）

文件 mylayout. xml：

```
<?xml version="1.0" encoding="utf-8"?>
<LinearLayout xmlns:android="http://schemas.android.com/apk/res/android"
    android:id="@+id/background"
    android:orientation="vertical" android:layout_width="match_parent"
    android:layout_height="match_parent"
android:background="#ff000000">          //描述一个垂直线性布局
<LinearLayout android:layout_width="match_parent"
        android:layout_height="wrap_content"
        android:orientation="horizontal" android:id="@+id/linearLayout1">
<Button android:id="@+id/button1"
                android:layout_width="wrap_content"
                android:layout_height="wrap_content"
                android:layout_weight="1"
                android:text="显示文本框中内容">
</Button>
<Button android:id="@+id/button2"
android:layout_width="wrap_content"
                android:layout_height="wrap_content" android:layout_weight="1"
                android:text="显示编辑框中内容">
</Button>
<Button android:id="@+id/button3"
                android:layout_width="wrap_content"
```

```
                android:layout_height="wrap_content" android:layout_weight="1"
                android:text="退出">
</Button>
</LinearLayout>
<TextView android:layout_width="match_parent"
                android:layout_height="wrap_content"
                android:text="TextView"
                android:id="@+id/textView1"
                android:textAppearance="?android:attr/textAppearanceLarge"
                android:gravity="center_vertical|center_horizontal|center">
</TextView>
<EditText android:layout_width="match_parent"
                android:layout_height="wrap_content"
                android:id="@+id/editText1"
                android:tag="Tag Me"
                android:inputType="textCapWords|textPhonetic|number">
<requestFocus></requestFocus>
</EditText>
<CheckBox android:layout_height="wrap_content"
android:id="@+id/checkBox1"
android:layout_width="234dp"
android:text="在文本框显示编辑框输入的文本内容(先在编辑框中输入内容)"
android:checked="true">
</CheckBox>
</LinearLayout>
```

文件 test.js：

```
load("/sdcard/com.googlecode.rhinoforandroid/extras/rhino/android.js");
var droid=new Android();
var layout=file_get_contents("/sdcard/sl4a/scripts/mylayout.xml");
                                                          //获得要显示的界面
droid.fullShow(layout);
var flag=true;
while (flag)
{
    var event=droid.eventWait();

    if ( event.name=="click" )
      var id=event.data.id;
    if ( id=="button3" )
        flag=false;
    if ( id=="button2" )
```

```
        droid.fullSetProperty("editText1","text","编辑文本");
    if ( id=="button1" )
        droid.fullSetProperty("textView1","text","文本显示");
    if ( id=="checkBox1" )
    {
        var ret=droid.fullQueryDetail("editText1");
        droid.fullSetProperty("textView1","text","文本输入为: "+ret.text);
    }
}

    function file_get_contents(fileName) {
        var file=new java.io.File(fileName);
        var reader=new java.io.BufferedReader(new java.io.FileReader(file));
        var tempString=null;
        var fileString="";
          // 一次读入一行,直到读入 null 为文件结束
        while ((tempString=reader.readLine()) !=null) {
            fileString=fileString+tempString ;
        }
        reader.close();
        return fileString;
    }
```

在程序中,循环调用函数 eventWait()不断地监听事件,当监听到 click 事件：如果事件的 id 为 button1 时,文本框中会显示文本内容"文本显示";如果事件的 id 为 button2 时,编辑框中显示文本内容"编辑文本",并且可以修改文本内容;如果事件的 id 为 button3 时,程序将退出;如果事件的 id 为 checkBox1 时,编辑框中输入的文本将显示到文本框中。

程序运行后,屏幕顶部从左到右会显示三个按钮控件,按钮下面是一个文本显示框,文本框下面是一个文本编辑框,文本编辑框下面是一个 CheckBox 按钮控件,用户单击按钮会产生事件。当用户单击第一个按钮时,在文本框中会显示"文本显示",运行结果如图 6-5(a)所示;当用户单击第二个按钮时,在文本编辑框中显示"编辑文本",运行结果如图 6-5(b)所示,并且可以在文本编辑框中修改文本内容,例如输入的内容为"123456789",当用户单击 CheckBox 按钮时,文本框中会显示"文本输入内容为：123456789",运行结果如图 6-5(c)所示;当用户单击第三个按钮时,会结束程序。

6.4.3 列表事件处理

用户单击 ListView 列表选项时,会触发选项上的事件,产生选项单击事件,事件名为"itemclick",系统监听到事件后,会进行相应的响应。itemclick 事件所附加的数据格式如表 6-7 所示。

下面通过实例 6-4 说明列表事件处理,例中首先弹出一个列表选项供用户单击选择,

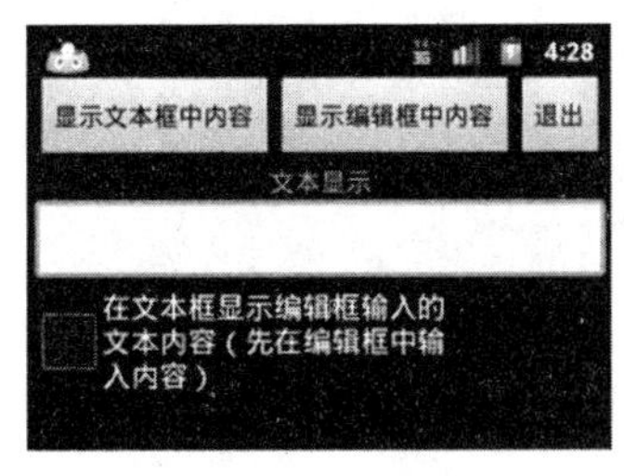

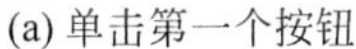
(a) 单击第一个按钮

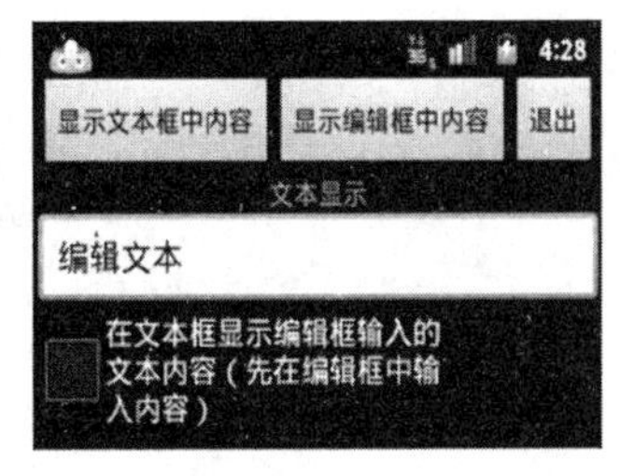

(b) 单击第二个按钮

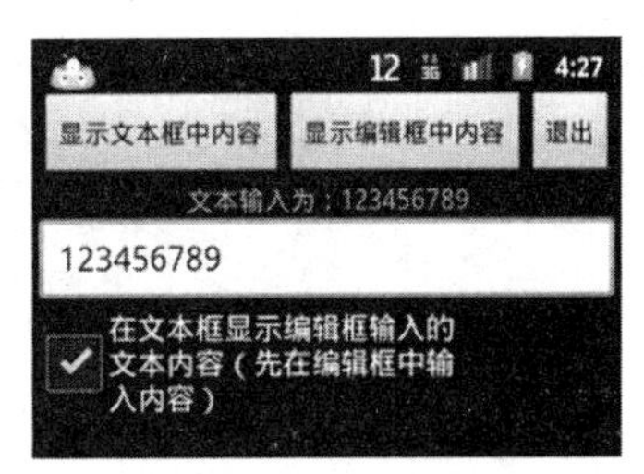

(c) 单击CheckBox按钮

图 6-5　按钮事件

用户单击列表选项后，会显示用户选择的选项。

【例 6-4】（代码位置：\6\listevent）

文件 mylayout. xml：

```
<?xml version="1.0" encoding="utf-8"?>
<LinearLayout
    xmlns:android="http://schemas.android.com/apk/res/android"
    android:id="@+id/LinearLayout01"
    android:layout_width="fill_parent"
    android:layout_height="fill_parent"
><!--描述一个线性布局-->
<ListView
      android:layout_width="wrap_content"
      android:layout_height="wrap_content"
      android:id="@+id/ListView01"
      android:drawSelectorOnTop="false"
      android:background="file:///sdcard/sl4a/scripts/earth.jpg"
   /><!--在线性布局中添加一个 ListView 控件-->
</LinearLayout>
```

文件 test. js：

```
load("/sdcard/com.googlecode.rhinoforandroid/extras/rhino/android.js");
var droid=new Android();
var layout=file_get_contents("/sdcard/sl4a/scripts/mylayout.xml");
                                                    //获得要显示的界面布局
droid.fullShow(layout);

var mylist=new Array();
mylist[0]="广州 ";
mylist[1]="深圳";
mylist[2]="海口";
droid.fullSetList("ListView01",mylist);
```

```
var event=droid.eventWait(8000);
droid.fullDismiss();
var item=event.data;
item=item.position;
droid.dialogCreateAlert("列表选择项提示","您点击了第 "+item+"选项: "+mylist
[item]);
droid.dialogSetPositiveButtonText("确定");
droid.dialogSetNegativeButtonText("退出");
droid.dialogShow();
droid.dialogGetResponse();

    function file_get_contents(fileName) {
        var file=new java.io.File(fileName);
        var reader=new java.io.BufferedReader(new java.io.FileReader(file));
        var tempString=null;
        var fileString="";
          // 一次读入一行,直到读入 null 为文件结束
        while ((tempString=reader.readLine()) !=null) {
            fileString=fileString+tempString ;
        }
        reader.close();
        return fileString;
    }
```

在文件 test.js 中,定义了一个列表,包含三个选项,通过调用 eventWait()监听事件,如果在 8s 内单击列表选项,则监听到事件,得到用户的选项。程序运行之前,先把文件 mylayout.xml、文件 test.js 和图片 earth.jpg 复制到手机或模拟器中的/sdcard/sl4a/scripts/目录,然后再运行 test.js,屏幕上会出现一个列表选项,用户可以单击选项进行选择,假如用户单击选项“深圳”,这时,屏幕上会弹出一个警告对话框,提示用户选择的选项。程序运行结果如图 6-6 所示。

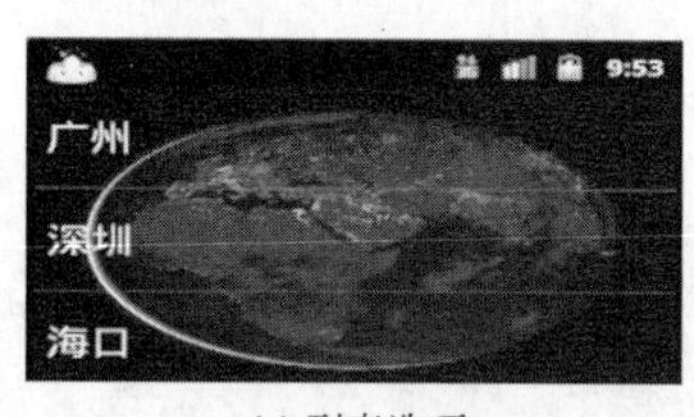

(a) 列表选项

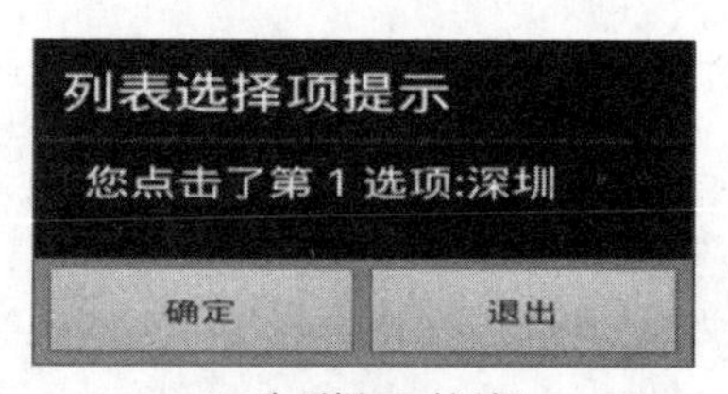

(b) 选项提示对话框

图 6-6　列表事件

6.4.4　键盘事件处理

用户在使用手机时,经常需要通过手机键盘输入数字、文本等信息,还可以通过键盘控制手机功能,如通过键盘按键拨打和挂断手机通话、通过键盘按键调节手机的音量等,

这些应用都是通过键盘事件来实现的。在Android中，提供了键盘事件(keyevent)，包括按下事件(KeyDown)、弹起事件(KeyUp)等，当按下键盘按键时，会触发按键上相应的事件，系统会对该事件进行相应处理。

下面通过实例6-5说明键盘事件处理，例中通过一个开关按钮关闭或打开声音按键默认行为，当按钮开关打开时，用户可以通过键盘音量增加键和音量减小键调整音量大小，当按钮开关关闭时，将禁止通过键盘音量增加键和音量减小键调整音量大小。

【例6-5】 (代码位置：\6\keyevent)

文件mylayout.xml：

```
<?xml version="1.0" encoding="utf-8"?>
<LinearLayout xmlns:android="http://schemas.android.com/apk/res/android"
android:orientation="vertical"
android:layout_width="fill_parent" android:layout_height="fill_parent"
android:background="#000000"
><!--描述一个垂直线性布局-->
<TextView
    android:text="通过按模拟器键盘上的声音调整按键观察是否会跳出声音调整窗口,用
    以测试通过开关按钮控制声音调整按钮。"
    android:layout_width="wrap_content"
    android:layout_height="wrap_content"
  /><!--在垂直线性布局中添加一个 TextView 控件-->
<ToggleButton
    android:id="@+id/mytogglebutton"
    android:layout_width="fill_parent"
    android:layout_height="wrap_content"
    android:textOn="按键调整音量大小功能已打开"
    android:textOff="按键调整音量大小功能已关闭"
    android:checked="true"
><!--在垂直线性布局中添加一个 ToggleButton 控件-->
</ToggleButton>
<Button
    android:text="退出"
    android:layout_width="fill_parent"
    android:layout_height="wrap_content"
    android:id="@+id/mybutton"
><!--在垂直线性布局中添加一个 Button 控件-->
</Button>
</LinearLayout>
```

文件test.js：

```
load("/sdcard/com.googlecode.rhinoforandroid/extras/rhino/android.js");
var droid=new Android();
```

```
var layout=file_get_contents("/sdcard/sl4a/scripts/mylayout.xml");
                                                        //读取界面文件
droid.fullShow(layout);

var event=droid.eventWait(10000);                       //等待事件
var flag=true;
while ( flag )
{
    if ( (event!=null) &&(event.data!=null)&&(event.data.id=='mybutton') )
        flag=false;                                     //结束应用程序
    if ( (event!=null) && (event.data!= null) && (event.name== 'click') &&
    (event.data.id=='mytogglebutton') )
    {                                                   //查询控件的属性
        var mytogglebutton=droid.fullQueryDetail("mytogglebutton");
        if ( mytogglebutton.checked=='true' )           //开关按钮已打开
        {
            var keys=new Array();                       //定义按键数组
            keys[0]=24;                                 //把键值 24 赋值给数组
            keys[1]=25;                                 //把键值 25 赋值给数组
            keys=droid.fullKeyOverride(keys,false); //打开键盘按键默认行为
        }
        else                                            //开关按钮已关闭
        {
            var keys=new Array();
            keys[0]=24;
            keys[1]=25;
            keys=droid.fullKeyOverride(keys,true);  //关闭键盘按键默认行为
        }
    }
    event=droid.eventWait(10000);
}

    function file_get_contents(fileName) {
        var file=new java.io.File(fileName);
        var reader=new java.io.BufferedReader(new java.io.FileReader(file));
        var tempString=null;
        var fileString="";
        // 一次读入一行,直到读入 null 为文件结束
        while ((tempString=reader.readLine()) !=null) {
            fileString=fileString+tempString ;
        }
        reader.close();
        return fileString;
    }
```

在布局文件 mylayout. xml 中，描述了一个垂直线性布局，在该垂直线性布局中从上到下依次添加了一个 TextView 控件，一个 ToggleButton 控件(id 为"mytogglebutton")，一个 Button 控件。

在文件 test. js 中，调用 eventWait()监听事件，当监听到事件为 click 并且 id 为 mytogglebutton 时，则调用函数 fullQueryDetail()查询 mytogglebutton 的属性。

当查询到属性 checked 值为 true 时，表示开关按钮是打开状态，这时定义一个按键数组，并把按键键值赋值给数组：$keys[0]=24 表示该键是键盘音量增加键，$keys[1]=25 表示该键是键盘音量减小键，然后调用函数 fullKeyOverride($keys,false)打开键盘按键默认行为，表示通过这两个键可以调整音量大小；当查询到属性 checked 值不是 true 时，表示开关按钮是关闭状态，调用函数 fullKeyOverride($keys,true)关闭键盘按键默认行为，表示这两个键不能调整音量大小。

程序运行后，屏幕从上到下依次显示一个文本信息，一个开关按钮，一个“退出”按钮。用户可以单击开关按钮控制是否可以通过声音调整按键调整音量大小：当开关按钮处于打开状态时，用户单击模拟器上的键盘音量增加键和音量减小键，系统会跳出声音调整窗口，这时用户可以通过按键调整声音大小，如图 6-7(a)所示；当开关按钮处于关闭状态时，用户单击模拟器上的键盘音量增加键和音量减小键，系统不会跳出声音调整窗口，这时键盘按键默认行为被关闭，用户不能通过按键调整声音大小，如图 6-7(b)所示。用户单击“退出”按钮可以退出程序。

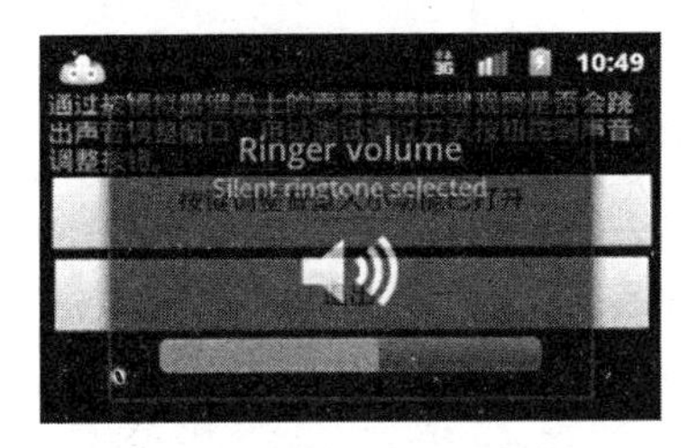

(a) 开关打开时，音量键盘事件

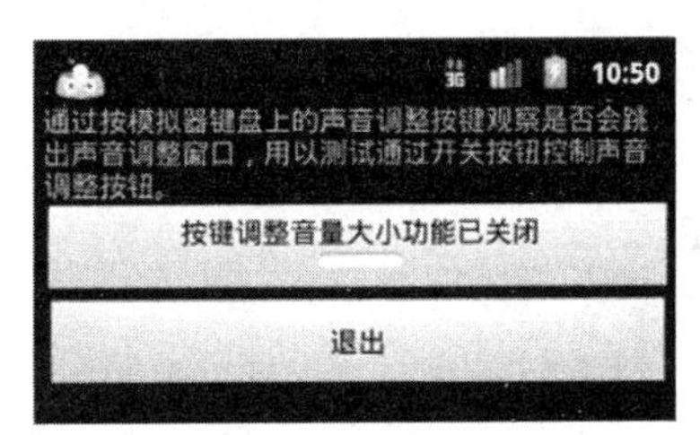

(b) 开关关闭时，音量键盘事件

图 6-7 键盘事件

6.4.5 其他事件处理

Android 中，每个按键都有一定的功能，单击后会产生按键事件。但是，开发人员有时可以通过覆盖按键事件，来改变按键系统的默认行为，并且给予按键新的行为功能。例如，可以通过覆盖按键事件，覆盖声音按键默认的调整声音行为，并且给予声音按键结束应用程序的功能。

下面通过实例 6-6 说明覆盖声音按键行为。本例中，通过覆盖按键事件，覆盖声音按键行为，并且给予按键新的功能，连按声音按键将结束应用程序。

【例 6-6】 (代码位置：\6\soundOverride)

文件 mylayout. xml：

```
<?xml version="1.0" encoding="utf-8"?>
<LinearLayout xmlns:android="http://schemas.android.com/apk/res/android"
android:orientation="vertical"
android:layout_width="fill_parent" android:layout_height="fill_parent"
android:background="#000000"
>
<TextView
    android:text="声音按键已不能调整音量,连按声音按键将结束应用程序"
    android:layout_width="fill_parent"
    android:layout_height="fill_parent"
  />

</LinearLayout>
```

文件 test. js：

```
load("/sdcard/com.googlecode.rhinoforandroid/extras/rhino/android.js");
var droid=new Android();
var layout=file_get_contents("/sdcard/sl4a/scripts/mylayout.xml"); //读取界
面文件
droid.fullShow(layout);
var event=droid.eventWait(10000);
var flag=true;
while ( flag )
{
     var keys=new Array();
     keys[0]=24;
     keys[1]=25;
     keys=droid.fullKeyOverride(keys,true);
     event=droid.eventWait(10000);

    if ( (event.data.id !=undefined )&&( event.data.id!='exit') )
        flag=false;
    if ( (event.data.key !=undefined ) && ((event.data.key==24)||(event.data.
key==25)   ) )
        flag=false;
}

    function file_get_contents(fileName) {
        var file=new java.io.File(fileName);
        var reader=new java.io.BufferedReader(new java.io.FileReader(file));
        var tempString=null;
        var fileString="";
```

```
        // 一次读入一行,直到读入 null 为文件结束
        while ((tempString=reader.readLine()) !=null) {
            fileString=fileString+tempString ;
        }
        reader.close();
        return fileString;
    }
```

WiFi 是一种可以将个人计算机、手持设备(如 PAD、手机)等终端以无线方式互相连接的技术,已广泛应用于人们的生活、学习和工作中。Android 对 WiFi 有较好的支持,通过 WiFi 上网可以节省流量。而 WiFi 是非常耗电的,在电量不足时,为了省电,通常会关闭 WiFi 或使 WiFi 进入休眠状态,同时 WiFi 信号的强弱直接影响着上网的速度,这样监听信号强度的变化就显得尤为重要。信号强度的监听是 Android 手机十分常见的一个重要功能,根据信号强弱监视网络的变化以及做一些节能的操作。

下面通过实例 6-7 说明信号强度的监听,本例中 WiFi 或电话信号发生变化时触发事件 sl4a,附加数据 data 是对象,可根据对象属性 action 中的值判断是否为信号强度变化广播。

【例 6-7】 (代码位置:\6\signalChange.js)

```
load("/sdcard/com.googlecode.rhinoforandroid/extras/rhino/android.js");
var droid=new Android();
//监听信号强度变化
var category="android.intent.action.SIG_STR";
var ret=droid.eventRegisterForBroadcast(category,false);
sleep(1000);
ret=droid.eventWait();
droid.eventUnregisterForBroadcast(category);
if ( (ret.name!=null) && (ret.name=="sl4a")&& (ret.data.action==category ) )
{
        //根据信号是否关闭或强度去做省能等操作
        //根据信号强度监视网络变化
}
function sleep(sleepTime) {
        for(var start=Date.now(); Date.now() -start<=sleepTime; ) { }
}
```

Android 应用程序可能会需要根据电池的电量、充电状态来改变自己的行为。比如,GPS 是相当耗电的,类似这种耗电的应用通常要监视电池当前的电量,在电量达到一个下限的时候,应及时提醒给用户,以根据情况判断是否关闭 GPS。又比如,通过检查设备当前的电池电量和充电状态,然后适当改变后台服务的更新频率,可以有效降低电量的消耗。应用程序的更新频率也应当根据设备当前的电池电量和充电状态来进行动态调整。所以监听电池的电量、充电状态是非常重要的。

下面通过例 6-8 说明电池的电量、充电状态的监听。本例中电池电量发生变化或充电线接通断开或 USB 交流电充电发生变化会触发事件 sl4a，附加数据 data 是对象，可根据对象属性 action 中的值判断是否为充电状态变化广播。

【例 6-8】 （代码位置：\6\batteryChange.js）

```
load("/sdcard/com.googlecode.rhinoforandroid/extras/rhino/android.js");
var droid=new Android();
//充电发生变化
var category="android.intent.action.BATTERY_CHANGED";
var ret=droid.eventRegisterForBroadcast(category,false);
sleep(1000);
ret=droid.eventWait();
droid.eventUnregisterForBroadcast(category);
if ( (ret.data.action) && (ret.data.action==category ) )
{
    //监视到电池电量
}
function sleep(sleepTime) {
       for(var start=Date.now(); Date.now() -start<=sleepTime; ) { }
}
```

数据持久化

7.1 首 选 项

Android 系统为用户提供了偏好设置，用户初次使用 Android 系统时会把语言、输入法、移动网络类型(2G、3G 和 4G)和主题等设置成自己的偏爱，系统重启时会自动加载这些偏好值而无须用户再次进行设置。这种跨应用程序执行期或生命期且数据量偏少的偏好值可以使用 Android 系统提供的 Preference 方法来存取。Preference 直译为“偏好”，也可翻译为“首选项”。Preference 是 Android 系统提供的一种轻量级数据存取方法，主要应用于数据比较少的配置信息，例如游戏的音量、难度和画质等配置信息。首选项是一组由键值对“key-value”构成的数据集，其值都是基本数据类型，如整型、浮点数、布尔型和字符串等。其默认存储位置在模拟器或手机中的/data/data/com. googlecode. android_scripting/shared_prefs 目录下。首选项只能在同一个包中使用，不同包之间是不能共享首选项存储的数据的。同时，首选项存储的文件是不能存储到 SD 上的，这是首选项的一个局限。

SL4A 提供了 preferences API 用于首选项数据存储，具体包括 prefPutValue、prefGetValue 和 prefGetAll 三种方法，下面介绍这三个方法。

```
prefPutValue(String key, Object value, String filename)
```

prefPutValue 用于存储键值对，参数 key 表示键名，参数 value 表示键值，它可以是整数、浮点数和字符串等数据类型，参数 filename 表示存储键值对的文件，该参数是可选的，如果没有指定 filename 则使用默认的共享首选项文件名。

```
prefGetValue(String key, String filename)
```

prefGetValue 用于从指定文件中读取指定键的值，参数 key 表示键名，参数 filename 表示存储键值对的文件，该参数是可选的，如果没有指定 filename 则使用默认的共享首选项文件名，如果找到指定的键名则返回对应的键值，否则为 null。

```
prefGetAll(String filename)
```

prefGetAll 用于从指定文件中读取所有的键值对，参数 filename 表示存储键值对的文件，该参数是可选的，如果没有指定 filename 则使用默认的共享首选项文件名。

例 7-1 是首选项范例，例中先把键值对写到 MyPref. xml 文件中，然后再从该文件中读出键名为“mykey”的键值并显示出来。

【例 7-1】 （代码位置：\7\testPref. js）

```
load("/sdcard/com.googlecode.rhinoforandroid/extras/rhino/android.js");
var droid=new Android();
var key="mykey";
var value="hello";
var filename="MyPref";
droid.prefPutValue(key,value,filename);
ret=droid.prefGetValue(key,filename);
droid.dialogCreateAlert("程序首选项演示(键:值)",key+":"+ret);
droid.dialogSetPositiveButtonText("确定");
droid.dialogSetNegativeButtonText("退出");
droid.dialogShow();
droid.dialogGetResponse();
```

程序首先通过函数 prefPutValue 把键名为“mykey”和键值为“hello”的键值对存储到 MyPref. xml 文件中，然后再通过函数 prefGetValue 从该文件中读出键名为“mykey”的键值，并通过函数 dialogCreateAlert 创建一个对话框把键值显示出来。程序运行，屏幕上会弹出一个对话框，显示 mykey 的键值为 hello，如图 7-1 所示。

图 7-1　首选项演示

程序会在模拟器或手机中生成首选项存储文件 MyPref. xml，存储路径为“/data/data/ com. googlecode. android_scripting/shared_prefs”，文件 MyPref. xml 内容如下所示。

```
<?xml version='1.0' encoding='utf-8' standalone='yes' ?>
<map>
<string name="mykey">hello</string>
</map>
```

例 7-2 是登录系统首选项应用范例，用户登录时可以选择记住或不记住用户名和密码，如果选择记住则下次登录时用户文本框和密码框会直接显示上次记录的内容，而无须用户再次输入用户名和密码，如果选择不记住则下次登录时用户文本框和密码框显示空值。范例由文件 preference_login. xml 和 preference_login. js 组成，前者用来实现 UI，后者用来实现业务。UI 由用户文本框、密码框、“记住密码”复选框和“自动登录”复选框组成。

【例 7-2】 （代码位置：\7\preference_login）

文件 preference_login. xml：

```
<?xml version="1.0" encoding="utf-8"?>
<LinearLayout xmlns:android="http://schemas.android.com/apk/res/android"
    android:layout_width="fill_parent"
    android:layout_height="fill_parent"
    android:orientation="vertical"
    android:background="#000000"
    android:padding="10dp">
<TextView
        android:layout_width="wrap_content"
        android:layout_height="wrap_content"
        android:textColor="#bbbbbb"
        android:text="用户名：" />
<EditText
        android:id="@+id/username"
        android:layout_width="match_parent"
        android:layout_height="wrap_content"
        android:ems="10"
        android:textColor="#000000"
        android:inputType="textPersonName">
</EditText>
<TextView
        android:layout_width="wrap_content"
        android:layout_height="wrap_content"
        android:layout_marginTop="10dp"
        android:textColor="#bbbbbb"
        android:text="密码：" />
<EditText
        android:id="@+id/userpassword"
        android:layout_width="match_parent"
        android:layout_height="wrap_content"
        android:ems="10"
        android:textColor="#bbbbbb"
        android:inputType="textPassword">
</EditText>
<CheckBox
        android:id="@+id/remember"
        android:layout_width="wrap_content"
        android:layout_height="wrap_content"
        android:textColor="#bbbbbb"
        android:text="记住密码">
</CheckBox>
```

```
<CheckBox
        android:id="@+id/autologin"
        android:layout_width="wrap_content"
        android:layout_height="wrap_content"
        android:textColor="#bbbbbb"
        android:text="自动登录">
</CheckBox>
<Button
        android:id="@+id/login"
        android:layout_width="match_parent"
        android:layout_height="wrap_content"
        android:textColor="#000000"
        android:text="登录" />
</LinearLayout>
```

文件 preference_login.js：

```
load("/sdcard/com.googlecode.rhinoforandroid/extras/rhino/android.js");
var droid=new Android();

function file_get_contents(fileName) {
    var file=new java.io.File(fileName);
    var reader=new java.io.BufferedReader(new java.io.FileReader(file));
    var tempString=null;
    var fileString="";
    // 一次读入一行,直到读入 null 为文件结束
    while ((tempString=reader.readLine()) !=null) {
        fileString=fileString+tempString ;
    }
    reader.close();
    return fileString;
}
var layout = file _ get _ contents ( "/sdcard/sl4a/scripts/preference _ login.
xml");//读出 UI 文件
var ret=droid.fullShow(layout,"Login");    //显示 UI
var filename="MyPref";
var preObj=droid.prefGetAll(filename);

var username=preObj.username;
var password=preObj.userpassword;
var choseRemember=preObj.remember;
var choseAutoLogin  =preObj.autologin;
//如果上次选了记住密码,那进入登录页面也自动勾选"记住密码",并填上用户名和密码
```

```
if( choseRemember=="true" ){
     droid.fullSetProperty("username","text",username);
     droid.fullSetProperty("userpassword","text",password);
     droid.fullSetProperty("remember","checked","true");
}
//如果上次登录选了自动登录,就自动勾选"自动登录"复选框
if( choseAutoLogin==true ){
    droid.fullSetProperty("autologin","checked","true");
}
while (true)
{
    event=droid.eventWait();
    event=event['result'];

    if ( event.name=="click" )
      id=event.data.id;

    if ( id=="login" )
    {     //从 UI 中读取用户名、密码、记住密码和自动登录等设置值
        username=droid.fullQueryDetail("username");
        username=username['result'].text;

        password=droid.fullQueryDetail("userpassword");
        password=password['result'].text;

        choseRemember=droid.fullQueryDetail("remember");
        choseRemember=choseRemember['result'].checked;

        choseAutoLogin=droid.fullQueryDetail("autologin");
        choseAutoLogin=choseAutoLogin['result'].checked;
        //是否保存用户名和密码到首选项
        if ( choseRemember=="true" )
        {
            droid.prefPutValue("username",username,filename);
            droid.prefPutValue("userpassword",password,filename);
        }
        else
        {     //不保存就置用户名和密码首选项值为空
            droid.prefPutValue("username","",filename);
            droid.prefPutValue("userpassword","",filename);
        }
        droid.prefPutValue("remember",choseRemember,filename);
        droid.prefPutValue("autologin",choseAutoLogin,filename);
```

```
            //return;
            break;
        }
    }
```

程序运行时会首先加载 UI,然后读取用户名、密码、记住密码和自动登录 4 个首选项值,最后用首选项值设置 UI 用户名等输入域值。如果用户单击“登录”按钮就结束程序,结束程序前会查询“记住密码”复选框状态,如果用户选择了该复选框,则保存用户名和密码到首选项,否则对应首选项的值为空。图 7-2 是范例运行结果,图中用户输入了用户名和密码,以及选择“记住密码”和“自动登录”,用户单击“登录”按钮会结束应用程序,如果再次运行程序其结果依旧如图 7-2 所示。

图 7-2　登录系统首选项范例

与数据库相比,首选项免去了创建数据库、创建表和编写 SQL 语句等诸多操作,相对而言更加简便。但是首选项也有其自身缺陷,它只能存储布尔、整型、浮点型和字符串等简单数据类型,它适用于数据量偏少而不适用于数据量较大的配置信息,它无法进行条件查询等操作。首选项只是存储的一种方式,无法完全替代数据库存储方式。

7.2　SQLite 数据库

7.2.1　SQLite 是什么

SQLite 是一个嵌入式关系型数据库引擎,专门为计算能力非常有限的手机等设备提供数据存储服务。SQLite 已广泛地被应用在手机、PDA、MP3 播放器以及机顶盒等设备中。Mozilla Firefox、PHP、Skype 客户端软件、AOL 邮件客户端、Solaris 10、McAfee 杀毒软件和 iPhone 等知名系统也都内置和使用了 SQLite 数据库。Android 系统自身就内置有 SQLite,SQLite 是 Android 系统的原生态服务,Android 手机通信录等应用都基于 SQLite 存取数据。

大多数 SQL 数据库引擎是一个独立的服务器进程,期望访问数据库的应用程序进程必须通过 SQL 数据库引擎服务器进程来读写数据库文件,应用和引擎服务器的通信协议通常为 TCP/IP 等协议。SQLite 并不同于 Oracle 和 MySQL 等专业数据库,SQLite 数据库只是一个文件,从本质上来看,SQLite 的操作方式只是一种更为便捷的文件操作,或者说,应用程序进程可以直接进行 SQLite 数据库文件的读写而不需要中间层的服务器进程。这样的主要好处是不需要进行安装、配置、初始化、管理和维护单独的服务进程。SQLite 具有 ACID(Atomic 原子性,Consistent 一致性,Isolated 隔离性,Durable 持久性)

特性，这些特性为SQLite数据事务性提供了保障，即使程序、操作系统和电源等发生了异常状况。SQLite对外部程序库以及操作系统的要求最低，这使得它非常适合应用于嵌入式设备，同时，可以应用于很少修改配置的应用程序。

SQLite提供两种数据操作方式。一种是命令行方式，SQLite包含一个名字叫做sqlite3的命令行，它可以让用户手工输入并执行面向SQLite数据库的SQL命令。另一种是类库方式，通过类库可以让由Tcl、C#、PHP和Java等语言开发的应用操作SQLite数据。尽管类库方式具有较好的扩展性，适用于多种开发语言，但SL4A并没有开放数据库接口，需要为脚本在Android平台开发或移植第三方数据库类库，其实现和移植具有较大难度。本文仅探讨命令行数据库编程方式。

7.2.2 SQL语法

SQLite和传统关系型数据库系统在数据存储方面有较大差异，SQLite采用的是动态数据类型，而其他传统关系型数据库使用的是静态数据类型。在传统关系数据库中，输入值的数据类型由它的存储单元(存储的字段)来决定，或者说，数据库存储的数据类型和输入值的数据类型是一致的。在SQLite中，输入值的数据类型与值本身相关，而不是由它的存储单元(存储的字段)来决定；或者说，数据库存储的数据类型和数据输入的类型是动态匹配的，存储单元(存储的字段)的数据类型由输入值的数据类型决定；也可以理解为存储单元本身是没有数据类型的，它可以存储任意数据类型的值。SQLite3的动态数据类型能够向后兼容传统关系数据库普遍使用的静态类型，这就意味着，在那些使用静态数据类型的数据库上使用的数据表，在SQLite3上也能被使用。

SQLite3支持NULL、INTEGER、REAL、TEXT和BLOB等5种数据类型。NULL是空值。INTEGER是有符号的整数，根据值的大小以1、2、3、4、6和8字节存储。REAL是浮点数，以8字节IEEE浮点数存储。TEXT是文本字符串，使用数据库编码(UTF-8，UTF-16BE或UTF-16LE)进行存储。BLOB是一个数据块，按输入值原样存储。

为了最大化SQLite和其他数据库之间的数据类型兼容性，SQLite提出了“类型亲缘性(Type Affinity)”的概念。可以这样理解“类型亲缘性”，在表字段被声明之后，SQLite都会根据该字段声明时的类型为其选择一种亲缘类型，当数据插入时，该字段的数据将会优先采用亲缘类型作为该值的存储方式，除非亲缘类型不匹配或无法转换当前数据到该亲缘类型，这样SQLite才会考虑其他更适合该值的类型存储该值。SQLite支持5种亲缘类型，其类型如表7-1所示。

SQLite支持的数据类型虽然只有NULL、INTEGER、REAL、TEXT和BLOB等5种类型，但“类型亲缘性”却可以让SQLite接受更多的数据类型，包括布尔值、日期和时间等数据类型，只不过在运算或存储时会转成对应的5种数据类型。比如，把布尔值true转换成1，false转换成0。再比如，SQLite内置的日期和时间函数能够将日期和时间转换成或为TEXT、或为REAL、或为INTEGER值。SQLite的重要特点是可以存储任何类

表 7-1 亲缘类型

亲缘类型	描述
TEXT	数值型数据在被插入数据库之前，需要先被转换为文本格式，之后再插入到数据库目标字段中
NUMERIC	当文本数据被插入到亲缘性为 NUMERIC 的字段中时，如果转换操作不会导致数据信息丢失以及完全可逆，那么 SQLite 就会将该文本数据转换为 INTEGER 或 REAL 类型的数据，如果转换失败，SQLite 仍会以 TEXT 方式存储该数据。对于 NULL 或 BLOB 类型的新数据，SQLite 将不做任何转换，直接以 NULL 或 BLOB 的方式存储该数据。需要额外说明的是，对于浮点格式的常量文本，如“30000.0”，如果该值可以转换为 INTEGER 同时又不会丢失数值信息，那么 SQLite 就会将其转换为 INTEGER 的存储方式
INTEGER	对于亲缘类型为 INTEGER 的字段，其规则等同于 NUMERIC，唯一差别是在执行 CAST 表达式时
REAL	其规则基本等同于 NUMERIC，唯一的差别是不会将“30000.0”这样的文本数据转换为 INTEGER 存储方式
NONE	不做任何的转换，直接以该数据所属的数据类型进行存储

型的数据到任何字段中，无论字段声明的数据类型是什么。例如，可以在 INTEGER 字段中存放字符串，或者在 TEXT 字段中存放日期型值。但有一种情况例外：定义为 INTEGER PRIMARY KEY 的字段只能存储 64 位整数，当向这种字段中保存除整数以外的数据时，将会产生错误。尽管 SQLite 提供了这种方便，但是一旦考虑到数据库平台的可移植性问题，在实际的开发中还是应该尽可能地保证数据类型的存储和声明的一致性。

SQLite 可以解析大部分 SQL92 标准，下面是 SQL 语句语法和实例。

1. 建立数据表

语法：

```
create table table_name(field1 type1, field2 type1,…)
```

table_name 是要创建数据表的名称，fieldx 是数据表字段名称，typex 则是字段类型。例如，create table student_info(stu_no interger primary key, name text)，其语句含义是建立学生信息表，它包含学号与姓名等学生信息，学号是主键。

2. 添加数据记录

语法：

```
insert into table_name(field1, field2,…) values(val1, val2,…)
```

table_name 是表名，fieldx 是字段名称，valx 为需要存入字段的值。例如，insert into student_info(stu_no, name) values(0001, 'alex')，其含义是往学生信息表中添加一条学生记录，学号为 0001，姓名为 alex。

3. 修改数据记录

语法：

```
update table_name set field1= val1, field2= val2 [where expression]
```

table_name 是表名，fieldx 是字段名，valx 是赋给字段 fieldx 的值，expression 是筛选条件，条件是可选的，如果不指定筛选条件则修改所有数据记录。例如，“update student_info set name='hence' where stu_no=0001”的含义是修改学号为 0001 的数据记录，修改其姓名为 hence。

4. 删除数据记录

语法：

```
delete from table_name [where expression]
```

table_name 是表名，expression 是要删除数据记录的筛选条件，条件是可选的，如果不指定筛选条件则清空表中所有数据记录。例如，delete from student_info where stu_no=0001，其含义是删除学生信息表中学号为 0001 的数据记录。

5. 查询数据记录

语法：

```
select columns from table_name [where expression]
```

table_name 是表名，columns 是字段表达式，expression 是数据记录的筛选条件，条件是可选的，如果不指定筛选条件则选择所有数据记录。例如，“select * from table_name”表示查询所有数据记录；“select * from table_name limit 3”表示限制输出三条数据记录；“select * from table_name order by field asc”表示升序输出数据记录；“select * from table_name order by field desc”表示降序输出数据记录；“select * from table_name where fieldx in ('val1', 'val2', 'val3')”表示字段 fieldx 值等于'val1'、'val2'和'val3'其中之一的记录；“select count(*) from table_name”表示查询记录数目；“select distinct fieldx from table_name”表示查询不重复的数据，有一些字段的值可能会重复出现，distinct 会去掉重复项。

6. 建立索引

当数据表存在大量记录，索引有助于加快查找数据表速度。

语法：

```
create index index_name on table_name(fieldx)
```

index_name 是索引名，table_name 是表名，fieldx 是字段名。例如，“create index student_index on student_table(stu_no)”表示基于表 student_table 字段 stu_no 上建立一个名为 index student_index 的索引。建立完成后，sqlite3 在对该字段查询时，会自动使用该索引。

7. 删除数据表或索引

删除表语法：

```
drop table table_name
```

删除索引语法：

```
drop index index_name
```

7.2.3 面向脚本的 SQLite3 框架

SL4A 没有为脚本提供数据库开发接口，脚本需引入第三方数据库编程组件才可以实现数据库编程。下面是基于接口转换和面向 JavaScript 脚本的 SQLite3 框架。有了这个 SQLite3 框架，JavaScript 脚本便可借助 SQL 语句以传统开发方式实现数据库编程。该框架提供了 4 个重要方法，分别是 open、close、query 和 exec 方法。open 和 close 方法分别用来打开和关闭数据库文件。exec 方法的作用是执行 SQL 语句，一些没有返回结果的 SQL 语句可通过它来操作数据库，例如 insert 和 update 等 SQL 语句。query 方法的作用是执行 select 语句查询数据，数据以表格形式返回，第一行数据是字段集，字段与字段之间以间隔符"|"隔离，第二行及后面数据是查询数据内容，每行数据表示一条记录，记录字段以间隔符"|"隔离。通过这些方法脚本便可实现数据库的 CRUD(创建、查询、更新和删除)操作。

【例 7-3】 (代码位置：\7\SQLite.js)

```
function SQLite() {

  var dbName=""; //数据库名
  this.__noSuchMethod__=function(id, args) {
    return "error";
  }
  //查询功能
  this.query=function(arg)
  {
    if ( dbName!="" )
    {
        runCommand("sh","-c","sqlite3 -header "+dbName+" ""+arg+"">/sdcard/
        sl4a/scripts/output.txt");
        var file=new java.io.File("/sdcard/sl4a/scripts/output.txt");
        var fis=new java.io.FileInputStream(file);
        var read=new java.io.InputStreamReader(   fis,"UTF-8" );
        var bufferedReader=new java.io.BufferedReader(read);
        var lineTxt="";
        var response="";
        while((lineTxt=bufferedReader.readLine()) !=null){
            response=response+lineTxt+"\n";
        }
        read.close();
        return response;    }
  }
```

```
  //执行 SQL 语句
  this.exec=function(arg)
  {
    if ( dbName!="" )
        runCommand("sh","-c","sqlite3 -header "+dbName+" "+arg+">/sdcard/
        sl4a/scripts/output.txt");
  }
  //打开数据库
  this.open=function(dbname)
  {
    dbName=dbname;
  }
  //关闭数据库
  this.close=function()
  {
    dbName="";
  }
}
```

7.2.4 使用 SQL 操作 SQLite3

下面是 JavaScript 数据库编程范例，该例先创建数据库文件 mydb.db 和数据库表 mytable，表由字段"username"和"pwd"组成，然后再插入 4 条记录，以及更新和删除记录，最后显示查询内容。

【例 7-4】 (代码位置：\7\testSQLite3.js)

```
load("/sdcard/com.googlecode.rhinoforandroid/extras/rhino/android.js");
load("/sdcard/sl4a/scripts/SQLite.js");
                                    //将 SQLite 框架加载到脚本引擎内存缓冲区
var droid=new Android();            //创建 Android 对象
var sqlite=new SQLite();            //创建 SQLite 对象
sqlite.open("/sdcard/sl4a/scripts/mydb.db");
sqlite.exec("create table mytable(username,pwd) ");
sqlite.exec("insert into mytable (username,pwd)  values('Li','11111111') ");
sqlite.exec("insert into mytable (username,pwd)  values('zhang','aaaaaaaa') ");
sqlite.exec("insert into mytable (username,pwd)  values('Wang','22222222') ");
sqlite.exec("insert into mytable (username,pwd)  values('李明','123abcde') ");
sqlite.exec("update mytable set pwd='00000000' where username='zhang' ");
sqlite.exec("delete from mytable  where username='Li' ");
var r=sqlite.query("select * from mytable ");
sqlite.close();
print(r);
```

先把数据库框架文件 SQLite.js 复制到手机或模拟器的指定目录"/sdcard/sl4a/

scripts/”,然后再运行程序 testSQLite3. js。程序运行结果如图 7-3 所示,图中包含 4 行数据,第一行是字段集,分别是“userame”和“pwd”字段,第二、四行是查询到的记录,值“zhang”“Wang”和“李明”对应字段“username”,值“00000000”“22222222”和“123abcde”对应字段“pwd”,字段间用符号“|”隔开。

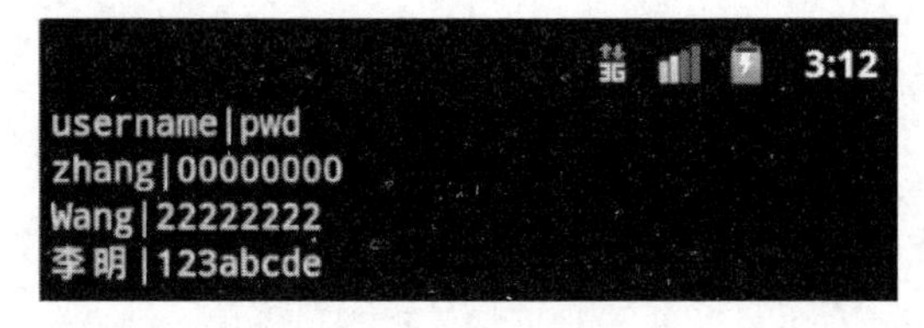

图 7-3　SQLite3 编程

7.3　文件持久化

7.3.1　JavaScript 与 Java 文件类

JavaScript 是一种 I/O 能力偏弱的脚本语言,Java 是一种 I/O 能力偏强的开发语言。在 Android 中,JavaScript 可以借助 Java 的 I/O 操作来实现文件读写。Java 是一种面对对象的编译型语言。它首先将源代码编译成二进制字节码(bytecode),然后依赖各种不同平台上的虚拟机来解释执行字节码,从而实现了“一次编译,到处执行”的跨平台特性。Rhino 是 JavaScript 的一种基于 Java 的引擎,或者说,Rhino 是 JavaScript 引擎,它由 Java 编写实现。Rhino 的原始想法是将 JavaScript 编译成 Java 字节码执行,即采用编译执行的方式。由于 Java 存在垃圾收集、编译和装载过程的开销过大等限制,Rhino 采用了解释执行的方式。通过 Rhino 引擎,JavaScript 便可以很方便地访问 Java 的包类库,从而实现 JavaScript 不能直接实现的重要功能,例如,文件、网络和多线程等。

I/O 问题是任何编程语言都无法回避的问题,因为 I/O 是机器获取和交换信息的主要渠道。I/O 的一个关键问题就是数据写到何处,其中一个主要方式就是将数据持久化到物理磁盘。磁盘的唯一最小描述就是文件,也就是说上层应用程序只能通过文件来操作磁盘上的数据。为实现相对统一和简单的输入/输出其操作方式,Java 把文件、网络和键盘等数据抽象为数据流,或者说,Java 把数据源(宿)与程序之间的数据传输都抽象表述为“流”(Stream),传输中的数据称为数据流。那些能够提供数据的事物,包括键盘、磁盘文件和网络接口等,被称为数据源。数据宿(Data Sink)是指能够接收数据的事物,可以是磁盘文件、网络接口、显示器和打印机等外部设备,也可认为数据宿是数据传输的目的地。

按照数据流动的方向,Java 把数据流分为输入流(Input Stream)和输出流(Output Stream)两类。输入流只能读不能写,而输出流只能写不能读。这里站在程序的角度来确定出入方向,即将数据从程序外部传送到程序中谓之“输入”数据,将程序中的数据传送到外部谓之“输出”数据。按照数据传输单位,Java 把数据流划分为字节流(Byte Stream)和字符流(Character Stream)。字节流是指以字节为传输单位的数据流,每次传输一个或多个字节。字符流是指以字符为传输单位的数据流,每次传输一个或多个字符。根据数据流所关联的是数据源还是其他数据流，可分为节点流(Node Stream)和处理流(Processing Stream)。节点流是指直接连接到数据源的数据流。处理流是对一个已存在的流的连接和封装，通过封装流的功能调用实现增强的数据读/写功能，处理流并不直接连接到数据源。对数据流的每次操作都是以字节为单位进行的，既可以向输出流写入一个字节，也可从输入流中读取一个字节。显然效率太低，通常使用缓冲流(Buffered Stream)，即为一个流配置一个缓冲区，一个缓冲区就是专门传送数据的一块内存。

在 Java 程序设计中，I/O 操作是通过 java.io 包中的类和接口来实现的。Java 对 java.io 包中的类名称具有统一的命名惯例，凡是以 InputStream 或 OutputStream 结尾的类型均为字节流，凡是以 Reader 或 Writer 结尾的均为字符流。InputStream 是所有表示位输入流的类的父类，它是一个从数据源读取数据的抽象类，它定义了读取数据的基本方法 read 和关闭文件的方法 close，继承它的子类要重新定义其所定义的抽象方法。InputStream 及其派生类如图 7-4 所示。OutputStream 是所有表示位输出流的类的父类，它是一个将数据写入数据宿的抽象类，它定义有写文件 write 和关闭文件 close 等基本方法，子类要重新定义其中所定义的抽象方法。OnputStream 及其派生类如图 7-5 所示。Reader 及其派生类如图 7-6 所示，Writer 及其派生类如图 7-7 所示。

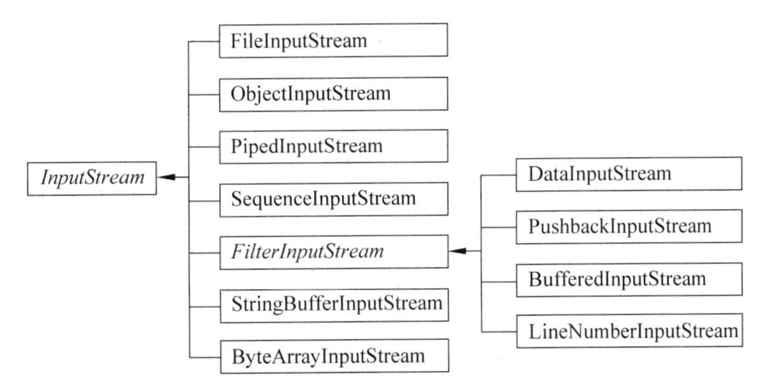

图 7-4 InputStream 及其派生类

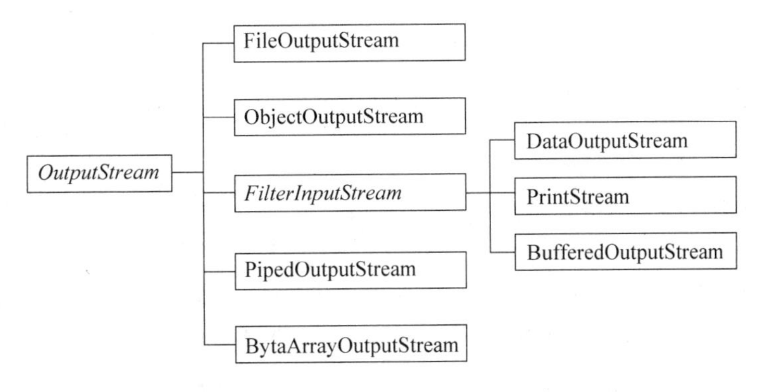

图 7-5 OnputStream 及其派生类

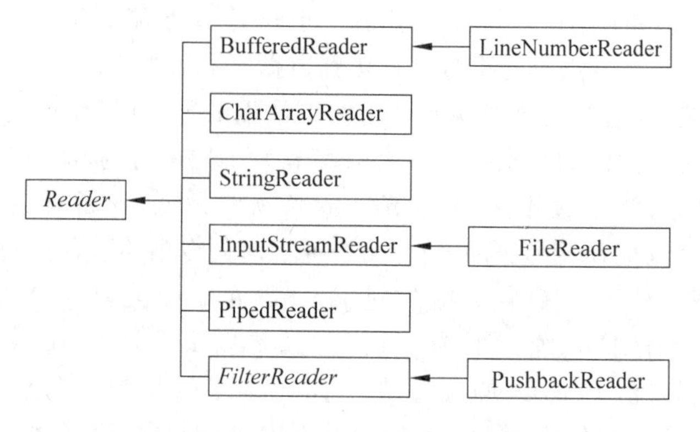

图 7-6　Reader 及其派生类图

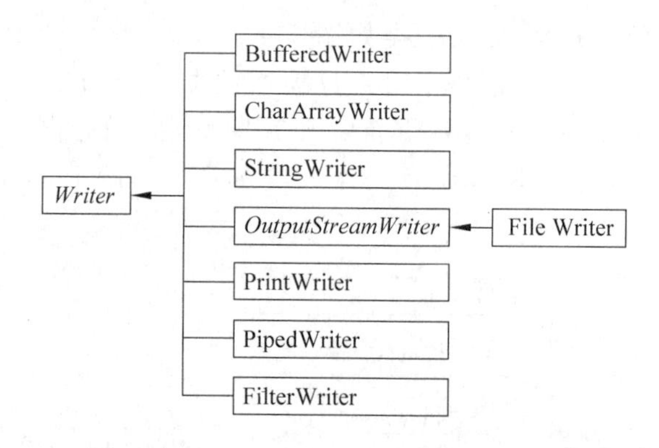

图 7-7　Writer 及派生类

7.3.2　文件编程过程

Java 文件操作过程：①创建或获取一个和文件相关联的对象；②调用对象的成员函数实现文件数据内容的读写；③关闭文件关联和销毁对象。

虽然基类 InputStream/OutputStream 提供文件内容操作的基本功能接口，包括函数 read、write、close 和 skip 等，但由于 InputStream/OutputStream 是抽象类，因此都要创建出其派生类对象来实现文件读写。FileInputStream/FileOutputStream 用于本地文件读写（二进制读写且是顺序读写，读和写要分别创建出不同的文件流对象），本地文件（数据源或数据宿）读写编程的基本过程为：①生成文件流对象（对文件读操作时应该为 FileInputStream 类对象，而文件写应该为 FileOutputStream 类对象）；②调用 FileInputStream 或 FileOutputStream 类中的功能函数（read 和 write 等）读写文件内容；③调用 close 方法关闭文件。为了文件读写性能，一般会加入缓冲功能，可由类 BufferedInputStream/BufferedOutputStream 实现；为了能以一种同设备无关（当前操作系统等）的方式直接按字节读写 Java 基本类型和 String 类型的数据，可由类 DataInputStream/DataOutputStream 来直接读写数据。图 7-8 是 Java 本地文件读写过程，上半部是读过程，先从数据源读数据，再通过缓冲提高读性能，最后是程序读取基本类型和 String 类型数据；下半部是写过程，先是程序写基本类型和 String 类型数据，再通过缓冲提高文件写性能，最后把数据写到数据宿。

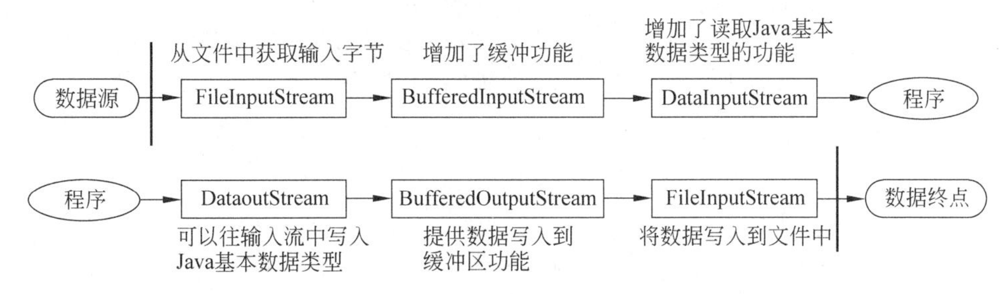

图 7-8 Java 本地文件读写过程

7.3.3 文件持久化编程

例 7-5 是 JavaScript 本地文件编程范例，例中包含 readFileByByte、readFileByBytes、readFileByLines 和 append 函数。readFileByByte 用于读二进制文件，以字节为单位，每次读一个字节。readFileByBytes 用于读二进制文件，以字节为单位，每次读 100 个字节。readFileByLines 适用于由行组成的文本文件的读取，每次读一行数据。Append 用于向文件尾追加新内容。

【例 7-5】 (代码位置：\7\fileOperDemo.js)

```
load("/sdcard/com.googlecode.rhinoforandroid/extras/rhino/android.js");
var droid=new Android();                    //创建 Android 对象
/*************************************************************************
 * readFileByByte 功能：一次一字节读取二进制文件，包括图片、声音和影像等文件。
*************************************************************************/
function readFileByByte(fileName){
    var file=new java.io.File(fileName);
      // 一次读一个字节
    var fin=new java.io.FileInputStream(file);
    var tempbyte="";
    while((tempbyte=fin.read()) !=-1){
        java.lang.System.out.write(tempbyte);
    }
    fin.close();
}
/****************************************************
 * readFileByBytes 功能：读二进制文件，一次读多个字节。
****************************************************/
function readFileByBytes(fileName){
    var tempbytes=java.lang.reflect.Array.newInstance(java.lang.Byte.TYPE, 100);
    var byteread=0;
```

```
    var fin=new java.io.FileInputStream(fileName);
    //读入多个字节到字节数组中,byteread为一次读入的字节数
    while ((byteread=fin.read(tempbytes)) !=-1){
        java.lang.System.out.write(tempbytes, 0, byteread);
    }
    fin.close();
}
/**********************************************
* readFileByLines功能:以行为单位读取文件
**********************************************/
function readFileByLines(fileName) {
    var file=new java.io.File(fileName);
    java.lang.System.out.println("以行为单位读取文件内容,一次读一整行:");
    var reader=new java.io.BufferedReader(new java.io.FileReader(file));
    var tempString=null;
    var line=1;
    // 一次读入一行,直到读入 null 为文件结束
    while ((tempString=reader.readLine()) !=null) {
        // 显示行号
        java.lang.System.out.println("line "+line+": "+tempString);
        line++;
    }
    reader.close();
}
/************************************************
* append功能:追加内容到文件尾
************************************************/
function append( fileName,  content) {
    //打开一个写文件器,构造函数中的第二个参数true表示以追加形式写文件
    var writer=new java.io.FileWriter(fileName, true);
    writer.write(content);
    writer.close();
}
    readFileByBytes("/sdcard/sl4a/scripts/test.txt");          //测试
```

7.4 网络持久化

7.4.1 JavaScript 与 Java 网络类

网络编程的主要作用是直接或间接地通过网络协议与其他计算机进行通信。网络编程有两个主要问题要解决,一个是如何准确定位网络上一台或多台主机,另一个就是定位到主机后如何可靠高效地进行数据传输。TCP 和 UDP 网络协议可以解决这两个问题。

TCP是Tranfer Control Protocol的简称，是一种面向连接的保证可靠传输的协议。通过TCP传输，得到的是一个顺序且无差错的数据流。UDP是User Datagram Protocol的简称，是一种无连接的协议，要传输的数据被分割和封装成数据包，每个数据包都包括完整的源地址或目的地址，它在网络上以任何可能的路径传往目的地，但能否到达目的地，到达目的地的时间以及内容的正确性都是不能被保证的。总之，TCP在网络通信上有极强的生命力，它被广泛应用在要求可靠传输数据的应用中，例如，远程连接（Telnet）和文件传输（FTP）等应用。相比之下UDP操作简单，而且仅需要较少的监护，通常用在用户对数据实时性的要求很高而对数据完全正确性的要求又有所降低的应用系统中，比如，聊天系统个别数据包丢失或者有误，用户可能就得到一些不清楚的声音，但不会影响聊天正常进行。由于TCP相对UDP应用面更广泛，因此本节主要介绍基于TCP的通信。

由于JavaScript的网络编程能力偏弱，因此JavaScript需要借助Rhino引擎使用Java网络开发类库才可强化其网络开发功能。为简化网络编程，Java通过URL和套接字透明化了TCP和UDP。URL（Uniform Resource Locator）中文名为统一资源定位符，有时也被俗称为网页地址，其表示为互联网资源，如网页或者FTP地址。通过URL可以访问Internet上的各种网络资源，比如最常见的WWW和FTP站点。URL有固定的格式：protocol://resourceName。协议名（protocol）指明获取资源所使用的传输协议，如http、ftp、gopher和file等，资源名（resourceName）则指资源的完整地址，包括主机名、端口号、文件名或文件内部的一个引用。下面是关于URL的三个实例，第一个例子指明了传输协议和主机地址，第二个例子指明传输协议、主机地址和主机文件，第三个例子指定传输协议、主机地址、主机端口号和主机文件。Java的URL类包含在java.net包中，通过URL类中的方法可以不需要了解具体的传输协议就实现数据传输。

```
http://www.sun.com/
http://home.netscape.com/home/welcome.html
http://www.gamelan.com:80/Gamelan/network.html
```

对于即时类应用或者即时类的游戏，HTTP和FTP等标准协议很多时候无法满足于此类应用的通信需求，这时套接字就可以发挥作用了。套接字也称Socket，对于一个给定的连接，每台机器上都有一个套接字，套接字之间有一条虚拟的"电缆"，套接字通过"电缆"传输数据。也可以这样理解，网络上的服务器和客户端两个程序通过一个双向的通信连接实现数据的交换，这个双向链路的一端称为一个套接字。服务器程序负责等待和监听客户的连接请求。客户程序主动呼叫服务器，呼叫成功后会使用客户端套接字和服务器端套接字进行通信。Java使用类ServerSocket和类Socket实现服务器端和客户端的通信。Socket和ServerSocket类库位于java.net包中。类ServerSocket用于服务器端，ServerSocket会绑定服务器端IP和一个特定端口号，负责监听和响应客户端的请求连接。在连接成功时，服务器和客户端应用程序都会分别产生一个Socket实例，操作Socket可以完成数据交换。对于一个网络连接来说，Socket是平等的，并没有差别，不会因为在服务器端或在客户端而产生不同。

7.4.2 网络编程过程

在网络中,服务器处于被动等待连接的地位,客户端处于主动向服务器发动连接的地位,网络编程模型通常由以下 4 个步骤实现。

1. 监听连接

由于服务器用来被动等待客户连接,所以服务器需要先启动和监听本地 IP 的某个固定端口,这个端口就是服务器端开放给客户端的端口。把服务器本地 IP 和某个端口号绑定到 ServerSocket 实例后,监听工作就交给该实例负责。

2. 获得连接

当客户端通过 Socket 实例向服务器发起连接,服务器端接受连接后就可以获得一个 Socket 实例,此时这两个 Socket 实例就建立起了一个"连接",服务器端套接字和客户端套接字通过这个"连接"来交换数据。一般在服务器端编程中,当获得连接时,需要开启专门的线程处理该连接,每个连接都由独立的线程实现。

3. 交换数据

服务器端和客户端交换数据次序通常是先由服务器端接收客户端发送过来的数据,然后服务器端对数据进行加工处理,最后服务器端再把处理过的数据发送给客户端。

4. 关闭连接

当交换完数据后,需要关闭这个连接,关闭工作可以由客户端也可以由服务器端来做。关闭连接时,应该要释放服务器端和客户端占用的资源。

为便于理解,可以把网络编程模型比拟为呼叫中心的实现,例如,移动客服电话 10086 这个电话号码就类似于服务器端的端口号码,每个拨打 10086 的用户就相当于一个客户端程序,每个客服人员就相当于服务器端启动的专门和客户端连接的线程,每个线程都是独立进行交互的。

7.4.3 网络持久化编程

下面是 URL 范例,例中使用 URL 访问百度首页,通用协议为 http,主机为 www.baidu.com,端口号为 80,页面为 index.htm。

【例 7-6】 (代码位置:\7\network)

```
load("/sdcard/com.googlecode.rhinoforandroid/extras/rhino/android.js");
var droid=new Android();      //创建 Android 对象
function testURL()
{
    var url=new java.net.URL("http","www.baidu.com",80,"index.htm");
```

```
    var fin=new java.io.BufferedReader(new java.io.InputStreamReader(url.
    openStream()));
    var inputLine=null;
    while ((inputLine=fin.readLine()) !=null) {
        java.lang.System.out.println(inputLine);
    }
    fin.close();
}
```

例 7-7 是 Chat 聊天系统，系统由服务端和客户端组成，两者使用套接字通信，服务端负责监听客户端连接，客户端主动发起会话，客户端会先发送消息“你好”给服务器，服务器接收后会回复消息“HELLO”给客户端，客户端接收后会再次发送消息“再见”给服务器，服务器接收后会再次回复“GoodBye”给客户端。

【例 7-7】 （代码位置：\7\Chat）

服务器端文件 Server.js：

```
load("/sdcard/com.googlecode.rhinoforandroid/extras/rhino/android.js");
var droid=new Android();
function run()
{
    var server=new java.net.ServerSocket(9991);
    while (true) {
        var client=server.accept();

        var input=new java.io.DataInputStream(client.getInputStream());
        var output=new java.io.DataOutputStream(client.getOutputStream());

        var listMsg=input.readUTF();
        java.lang.System.out.println("客户端: "+listMsg);

        output.writeUTF("HELLO");
        java.lang.System.out.println("服务端: "+"HELLO");

        listMsg=input.readUTF();
        java.lang.System.out.println("客户端: "+listMsg);

        output.writeUTF("GoodBye");
        java.lang.System.out.println("服务端: "+"GoodBye");
    }
}
run();
```

客户端文件 Client.js：

```
load("/sdcard/com.googlecode.rhinoforandroid/extras/rhino/android.js");
                                        //包含开发 Android 应用必需的文件 Android.php
var droid=new Android();                //创建 Android 对象
function run()
{
    var socket=new java.net.Socket("127.0.0.1", 9991);

    var netOut=socket.getOutputStream();
    var doc=new java.io.DataOutputStream(netOut);
    var nin=new java.io.DataInputStream(socket.getInputStream());
    //第一次向服务器端发送字符串
    java.lang.System.out.println("客户端: "+"你好");
    doc.writeUTF("你好");
    var res=nin.readUTF();              //接收服务器回复
    java.lang.System.out.println("服务器端: "+res);

    //第二次向服务器端发送字符串
    java.lang.System.out.println("客户端: "+"再见");
    doc.writeUTF("再见");
    res=nin.readUTF();                  //再次接收服务器回复
    java.lang.System.out.println("服务器端: "+res);
    doc.close();
    nin.close();

    if (socket !=null)
        socket.close();
}
run();
```

先启动 SL4A 运行服务器端程序，然后返回到桌面（按手机 HOME 键）再次启动 SL4A 运行客户端程序，最后观察运行结果。图 7-9 是 Chat 系统的运行结果，其中，图 7-9(a)是客户端结果，图 7-9(b)是服务器端结果。需要注意，服务器和客户端要以控制台方式运行，否则无法观察到运行结果。

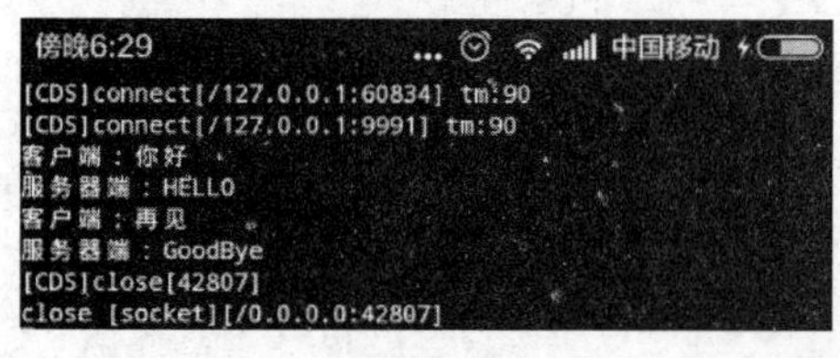

(a) 客户端

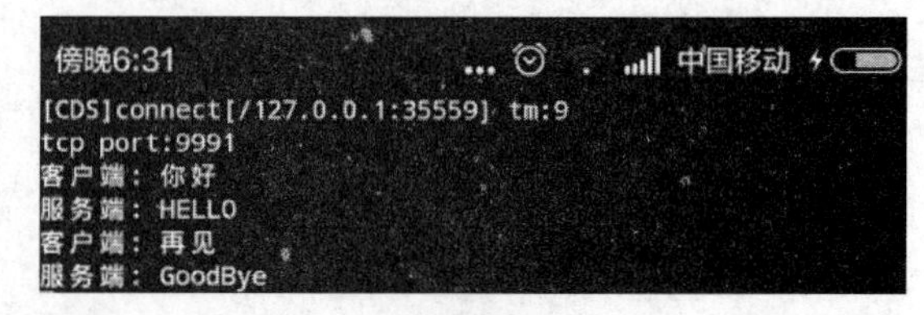

(b) 服务器端

图 7-9　Chat 系统

Android的4个基本组件

8.1 意 图

8.1.1 意图是什么

在Windows系统中，后台服务和静动态库等是组成应用程序的主要组件。和Windows系统类似，在Android系统中，一个Android应用主要由活动、广播、服务和内容提供者4种组件组成，Android应用的功能由这4种组件共同来完成。这4种组件彼此之间是互相独立的，这种独立性体现在它们在命名空间和内存运行空间等方面是可以互不相干的。尽管组件彼此间独立，但4大组件会在应用程序运行过程中互相交换数据和协调工作，它们之间的互相调用和协调工作最终完成Android应用的功能。

彼此独立的4大组件是如何交换数据的呢？这依赖于Android系统提供的意图通信机制。“意图”其英文翻译为Intent，Android系统提供了Intent机制用来协助应用程序之间的交互与通信，或者更准确地说，Intent通信机制不仅可用于应用程序之间的通信，也可用于构成应用程序的4大组件之间的相互通信。Intent是一种运行时绑定机制，它可以在程序运行状态中传递数据，或者说，意图中的数据可以不固化在程序代码中，可以通过程序代码动态生成数据并传递给相关的组件处理。Intent在组件中起着一个媒体中介的作用，专门提供组件互相调用的相关信息，实现了调用组件与被调用组件之间的解耦。Intent是一种对象数据，一个Intent对象由动作等多个预先定义好的数组项组成，这些数组项可以是复合型和简单型数据。和传统的数据通信方法不同的是，Intent通信机制不仅可以在组件之间传递数据，而且可以唤醒组件，即使这个被唤醒的组件从来就没有被Android系统运行过，意图还是可以唤醒这个组件使其可以占用CPU资源并处理意图传递过来的数据。

当一个意图出现的时候，并不是所有的组件都会去响应这个意图，只有那些注册了响应此意图的组件才会去响应这个意图。有一个活动组件希望打开网页浏览器查看某一网页的内容，这个活动组件只需要发出“WEB_SEARCH_ACTION”意图给Android系统，Android系统就会根据这个意图的请求内容，查询已注册响应这个意图的网页浏览器组件，查到这样的组件后会启动运行这个组件。当有多个注册组件时，需由用户手工指定一个组件响应意图。

意图通信工作机制：先由调用组件创建意图对象和提交意图对象给 Android 系统，再由 Android 系统根据意图对象的数据启动相干的被调用组件，最后被调用组件接收意图对象和处理意图对象传递过来的数据。假设一个“联系人”应用由组件 A 和组件 B 构成，组件 A 的作用是显示联系人列表，组件 B 的作用是显示联系人的详细信息，现要求实现这样的需求：在联系人列表中单击某个联系人后，能够显示出此联系人的详细信息。要用 Intent 机制实现这样的需求，组件 A 需要构造一个 Intent 对象，让这个 Intent 对象承载“查看联系人”动作数据和“某联系人”相关数据，组件 A 把这个 Intent 传递给 Android 系统处理，这意味着组件 A 把“自己想查看某联系人的详细信息”这个意图告诉了 Android 系统，Android 系统会解析这个 Intent 对象所承载的数据，Android 系统弄明白了这个意图后，会先根据“查看联系人”动作数据启动对应的组件 B，再把“某联系人”相关数据传递给组件 B，最后组件 B 会从数据库系统中检索“某联系人”的详细数据并显示出来。在这个案例中，组件 A 构造了“查询某联系人”的意图和发送了意图请求，Android 系统根据意图内容启动了组件 B，组件 B 负责处理意图数据，对于开发者而言，Android 系统解析意图和启动组件的行为是透明的，其关心的是如何在组件 A 中构造意图和在组件中如何截取和处理意图数据。

8.1.2 意图数据结构

一个 Intent 对象由 action、data、category、type、packagename、classname、extras 和 flag 等属性组成。action 是意图动作，data 是动作数据，category 是动作类别，type 是数据类型，packagename 是包名，classname 是类名，extras 是扩展信息，flag 是标志位。下面是这些属性的具体描述。

action 属性的作用是用来指明意图的抽象行为，或者说，描述了意图想要实施什么动作。之所以说行为是抽象的，是因为这种行为并不是由意图来实现的，而是由具体的组件来完成的，它可以由不同的具体组件来完成。在日常生活中，可以用“我要听歌，我要写信，我要去学校”等类似的描述指明个人的意图，这里的“听”“写”和“去”就是意图的动作。在 Intent 中，action 的作用就是用来描述个人意图中类似“听”“写”和“去”等这样的动作。当意图对象指明了一个 action 值，Android 系统这个执行者就会依照这个动作值的指示去调用和这个动作相干的组件来接受相关输入和产生相应的输出。为便于理解，可以把 action 理解为编程语言中的方法名或者是模块入口。一个意图最多只能有一个动作。在很大程度上，action 决定了意图到底要做什么，正因它如此重要，每个意图对象都应该明确指定动作属性值和动作相关的其他意图对象属性值。action 属性值可以用字符串来表示，它可划分为用户自定义的 action 值和 Android 系统预定义的 action 值。自定义动作字符串应该包含应用程序包名前缀，如“com. example. myproject. SHOW_PIC”。Android 系统定义了一大批动作值，其基本涵盖了常用动作，表 8-1 列出了一些常用的系统活动动作。

表 8-1 系统活动动作

动作字符串	动 作 含 义
android.intent.action.MAIN	应用程序入口，而并不期望去接收数据
android.intent.action.VIEW	显示指定数据(短信、网页、地图、应用详表、音乐和视频等)
android.intent.action.ATTACH_DATA	指定某块数据将被附加到其他地方，例如，图片数据附属于联系人
android.intent.action.EDIT	编辑指定数据
android.intent.action.PICK	从列表中选择某项并返回所选的数据
android.intent.action.CHOOSER	显示一个 Activity 选择器
android.intent.action.GET_CONTENT	让用户选择相片、录音和视频等特殊种类的数据，并返回 content://或 file:///等特定数据
android.intent.action.DIAL	显示拨号面板
android.intent.action.CALL	直接向指定用户打电话
android.intent.action.SEND	向其他人发送彩信等
android.intent.action.SENDTO	向其他人发送邮件和短信等消息
android.intent.action.ANSWER	应答电话
android.intent.action.INSERT	插入一条空项目到已给的容器
android.intent.action.DELETE	删除数据
android.intent.action.RUN	运行数据(指定的应用)，无论它(应用)是什么
android.intent.action.SYNC	执行数据同步
android.intent.action.PICK_ACTIVITY	用于选择 activity，返回被选择的 activity 的类名
android.intent.action.SEARCH	执行搜索
android.intent.action.WEB_SEARCH	执行 Web 搜索
android.intent.action.FACTORY_TEST	工厂测试的入口点

data 是动作要操作的数据。日常生活中用“我要看小品节目，我要去学校”这样的语言来表达个人意图，“看”和“去”就是意图中的动作，而“小品节目”和“学校”就是动作要处理的数据。Data 表示的就是类似“小品节目”这样需要处理的数据。data 可以用 URI 格式来描述，不同的动作其对应的 URI 格式会不同，但 URI 可以用统一的 URI 字符串格式表示，其格式为“scheme://host:port/path”。这个 URI 既包含数据也包含数据的数据类型，通过 URI 就可以解析出数据和数据类型。例如，打电话动作的 URI 可以表示为“tel:10086”，要处理的数据是 10086，10086 这个数据的数据类型是 tel。常见的 URI 字符串见 9.1 节内容。

category 属性描述了响应意图的目标组件所属的类别。它的值用字符串表示。一个意图对象可以有任意个 category。表 8-2 是系统定义的常见 category 字符串。

表 8-2　category 字符串

category 字符串	含　义
android. intent. category. DEFAULT	默认的 category
android. intent. category. BROWSABLE	指定该 Activity 能被浏览器安全调用
android. intent. category. TAB	指定 Activity 作为 TabActivity 的 Tab 页
android. intent. category. LAUNCHER	Activity 显示在顶级程序列表中
android. intent. category. INFO	用于提供包信息
android. intent. category. HOME	设置该 Activity 随系统启动而运行
android. intent. category. PREFERENCE	该 Activity 是参数面板
android. intent. category. TEST	该 Activity 是一个测试
android. intent. category. CAR_DOCK	指定手机被插入汽车底座(硬件)时运行该 Activity
android. intent. category. DESK_DOCK	指定手机被插入桌面底座(硬件)时运行该 Activity
android. intent. category. CAR_MODE	设置该 Activity 可在车载环境下使用

type 属性的主要作用是对 Intent 的数据类型做显式强制性说明，通过设置这个属性，可以强制显式指定数据类型而不再进行推导。假设属性 data 描述的是文件路径，因为文件可以是图像、音频和视频等格式，如果不指明文件格式，那么就无法得知应该使用哪类应用程序打开文件；如果指定了 type 属性值，则可以根据这个 type 属性值强制选择对应的应用程序打开文件，type 属性值应该要和文件实际内容保持一致，否则打开文件会出现错误。一般情况下，系统会根据协议分析出 data 属性值的数据类型，如果 data 无法设置数据类型或者协议无法分析出 data 的数据类型，则应用设置 type 数据类型值。

type 属性用 MIME 对意图的数据类型进行强制声明。MIME 英文全称为 Multipurpose Internet Mail Extensions，中文翻译为多用途互联网邮件扩展类型。最初的 HTTP 并没有区分数据类型，浏览器会把 HTTP 传送的数据都解释为 HTML 文档。为了支持多媒体数据类型，HTTP 为 HTML 文档附加了 MIME 数据项，浏览器会根据 MIME 数据项值自动使用指定应用程序来打开 HTML 文档。MIME 数据项由两部分组成，前面是数据的大类别，后面是具体的种类。例如，“image/jpeg”中的 image 表示数据是图像，jpeg 表示数据用 jpge 格式表示，image 是大类别，jpge 是具体种类。

extras 属性是意图中的其他附加信息集合，它在组件间传递信息时非常有用。它通过键名键值对的方式把数据保存在属性 extras 里，传递的数据可以是整数、浮点数和字符串等基本数据类型，也可以是数组和对象等复合型数据类型。一些携带较多数据项的意图或特定意图会使用 extras 而不是用 data 存储数据。例如，插拔耳塞广播类型动作会使用 extras 携带数据，其携带的数据项“state”用来表示耳机插拔行为，数据项“name”表示耳机类型，数据项“microphone”表示耳机是否带麦克风。例如，要执行“发送电子邮件”这个动作，可以将电子邮件的标题和正文等内容保存到 extras 属性里将它传递给电子邮件发送组件。对于自定义的动作，可以将值存储在 extras 中传递数据。例如，应用程序自定义了一个 SHOW_COLORS 动作，可以将颜色值以键值对的方式存储在 extras 属性中传递数据。

flag 值用整数表示，它决定了活动的运行顺序。Android 系统的一个特点是应用程序 A 中的活动组件可以启动应用程序 B 中的活动组件。尽管 A 和 B 是互不关联的应用，但在用户看来，这两个活动组件紧密联系，视觉上二者构成了一个整体。Android 系统用 Task 来管理活动组件，从表现上看，Task 就像是一个栈容器，活动组件就是栈容器的元素，最先运行的活动组件处于栈底，最后运行的活动组件处于栈顶，Task 最先从栈顶取活动组件，也就是说最先取出的是最后添加的活动组件，最后取出的是最先运行的活动组件。如果要改变 Task 这种取出活动组件的顺序，就要设置属性 flag 的值。通过设置 flag 值，可以改变活动组件在 Task 容器中的位置，例如，或者可以让活动组件从非栈顶位置移至栈顶位置，或者可以清掉位于活动组件之上的所有活动组件使其排在栈顶位置。关于 flag 值的定义请参看其他参考文献资料。

8.1.3 构造意图及通用意图

SL4A 提供了 getIntent 和 makeIntent 分别用来截取和构造意图对象，下面是这两个方法的定义形式。

```
getIntent()
```

其作用是获取启动脚本应用的意图对象，方法会返回一个意图对象，意图对象包括 action、data、type、packagename、classname、categories、extras 和 flags 属性。

```
makeIntent (String action, String uri (optional), String type (optional),
JSONObject extras (optional), JSONArray categories (optional), String packagename
(optional), String classname (optional), Integer flags (optional))
```

其作用是构造一个意图对象，除 action 外，其他参数都是可选的，参数 extras 是 JSON 对象数据，参数 categories 是数组数据，参数 flags 是整数数据，其他参数为字符串数据。

例 8-1 是构造意图的实例，例中构造了三个意图对象，这三个意图分别用来打开百度网站、播放 mp3 音乐和发送短消息。

【例 8-1】 (代码位置：\8\testIntent.js)

```
load("/sdcard/com.googlecode.rhinoforandroid/extras/rhino/android.js");
var android=new Android();

//1. 浏览网页,演示 action 和 data 属性的使用
var action="android.intent.action.VIEW";
var uri="https://www.baidu.com/";
var intent=android.makeIntent(action,uri );
android.startActivityIntent(intent);
```

```
//2. 播放 mp3,需先在 SD 卡中存储文件 song.mp3,演示 type 属性的使用
action="android.intent.action.VIEW";
uri="file:///sdcard/song.mp3";
var type="audio/mp3";
intent=android.makeIntent(action,uri, type );
android.startActivityIntent(intent);

//3. 发送短信,演示属性 extras 的使用
action="android.intent.action.SENDTO";
uri="smsto:10086";
var type=null;
var extras='{"sms_body": "The SMS text"}' ;
extras=eval('('+extras  +')');
intent=android.makeIntent(action,uri, type, extras );
ret=android.startActivityIntent(intent);
```

开发人员可根据这个实例举一反三分别构造发送彩信、查看地图、播放视频、打开文档、查询联系人和打电话等通常意图。

8.1.4 意图的启动方式

依据是否直接指明目标组件来划分意图，意图可分为显式和隐式两大类。显式 Intent 直接明确了目标组件的包名和类名，这种意图将运行符合包名和类名的组件。但是由于开发人员往往并不清楚其他应用程序的组件名称，因此，显式 Intent 更多用于在应用程序内部传递消息。隐式 Intent 并没有明确目标组件的包名和类名。由于没有明确的目标组件名称，所以隐式意图必须由 Android 系统帮助寻找与隐式意图其他描述信息(action 和 data 等属性值)最匹配的组件。不会用组件名称定义需要激活的目标组件，它更广泛地用于在不同应用程序之间传递消息。关于组件如何响应隐式意图问题，由于 SL4A 并没有提供这方面的技术支持，所以本文在此不进行阐述，读者可参阅 Android Java 相关资料

两者相比较，显式意图的优点是 Android 系统能直接准确定位目标组件和执行效率高，但缺点是组件间的耦合度较高。通过显式组件调用目标组件，如果目标组件因为版本更新等原因更改了组件的类名和包名，那就会导致程序不能正常运行甚至崩溃。由于每次执行隐式意图时 Android 系统都要耗时搜索目标组件，所以隐式意图存在执行效率偏低等缺点，但能够降低调用组件和被调用组件间的耦合度。

之前的意图实例并没有指明包名和类名，其属于隐式意图应用范畴。下面是显式意图实例，例中指定了包名“com. android. music”和类名“com. android. music. MusicBrowserActivity”，这两个包名和类名必须是 Android 系统已经安装好的应用程序包名和类名，运行实例前请先确保已经安装了此应用，运行实例时会跳出播放音乐的应用程序。

【例 8-2】 (代码位置：\8\testExplicitIntent.js)

```
load("/sdcard/com.googlecode.rhinoforandroid/extras/rhino/android.js");
var android=new Android();
var action=null;
var uri=null;
var type=null;
var extras=null ;
var categories=null;
var packagename="com.android.music";
var classname="com.android.music.MusicBrowserActivity";
var intent = android. makeIntent (action, uri, type, extras, categories,
packagename, classname );
android.startActivityIntent(intent);
```

8.2 活　　动

8.2.1 活动是什么

Activity 中文翻译为"活动"，活动是 Android 系统 4 大组件之一，它也是最常用的一种组件。一个应用程序主要是由一个或多个活动构成的，一个应用程序拥有多少个活动取决于应用程序的设计，第一个被启动的活动为主活动，其他非主活动需要通过活动跳转才被运行。就活动关系而言，应用程序中的活动是彼此独立的，它们主要通过意图来传递消息。从 Android 系统管理活动角度来看，活动被 Task 容器像栈一样进行管理，先运行的活动被置于栈底，后运行的活动置于栈顶，栈顶活动先出栈，栈底活动后出栈，但 Task 并不完全按栈管理活动，这种进出栈顺序是可以改变的。

从用户角度看，活动就是屏幕窗口，窗口是可视的，是可以有焦点的，是可以接受用户输入的。例如，一个活动可以展示菜单列表、照片、电话联系人和短信等信息，可以接受用户输入短信、单击菜单项和新建联系人等。从视觉上看，活动可以使用标准化的布局、按钮、文本框、菜单项和复选框等控件设计和呈现窗口界面，也可以使用 2D 和 3D 的绘图方式绘制窗口界面，前者主要用在普通的 Android 应用，后者用于 Android 游戏类应用。

从生命周期来看，活动可以划分为活动状态、暂停状态、停止状态和待用状态。如果活动的窗口呈现在屏幕前台(窗口可视、有焦点和可接受用户输入)，那么活动为活动状态；如果其窗口失去焦点，但窗口依然可见(被另一个活动组件的非全屏窗口或透明窗口遮住)，则活动为暂停状态，暂停状态的活动不能接受用户的输入，在系统内存极端低的时候可能会被杀掉；如果其窗口被其他活动的窗口完全覆盖，则窗口被覆盖的活动为停止状态，这种状态活动的窗口既没有焦点也不能接受用户输入，系统需要内存时会杀掉活动组件；如果活动被从内存中删掉或者说其对应的进程被杀掉，则活动为待用状态，这种状态的活动不但没有窗口(当然也去失去焦点和不能接受用户输入)，而且不保存活动的成员信息。

8.2.2 启动活动

SL4A 提供 4 种方法激活活动，分别是 startActivity、startActivityForResult、startActivityForResultIntent 和 startActivityIntent 方法，下面是方法的具体定义。

```
startActivity (String action, String uri (optional), String type (optional), JSONObject extras (optional), Booleanwait (optional), String packagename (optional), String classname(optional))
```

其作用是启动新活动，除 action 外，其他参数都是可选的，参数 extras 是 JSON 对象数据，其他参数为字符串数据。如果使用了参数 packagename 和 classname，则要求这两个参数必须是有效的包名和类名。参数 wait 表示是否堵塞当前活动直到用户结束新活动，它为布尔型，true 表示堵塞，false 表示不堵塞。方法没有返回值。

```
startActivityForResult (String action, String uri (optional), String type (optional), JSONObject extras (optional), String packagename (optional), String classname(optional))
```

其作用是启动新活动，除 action 外，其他参数都是可选的，参数 extras 是 JSON 对象数据，其他参数为字符串数据。如果使用了参数 packagename 和 classname，则要求这两个参数必须是有效的包名和类名。方法的返回值是 Intent 键值对。活动调有这个方法后会被堵塞直到新启动的活动被用户结束。

```
startActivityForResultIntent(Intent intent)
```

其作用是用意图对象启动新活动，参数 intent 的数据结构是 Intent，这个参数值可以通过方法 makeIntent 来构造，方法的返回值是 Intent 键值对。

```
startActivityIntent(Intent intent, Boolean wait(optional))
```

其作用是用意图对象启动新活动，参数 intent 的数据结构是 Intent，这个参数值可以通过方法 makeIntent 来构造；参数 wait 表示是否堵塞当前活动直至用户结束新活动，它为布尔型，true 表示堵塞，false 表示不堵塞，方法没有返回值。

例 8-3 是方法 startActivityForResult 的使用范例，范例程序会启动文件管理器或图库等第三方组件供用户挑选文件，只要用户在第三方组件的窗口中单击了文件，第三方组件就会停止运行并把文件的路径(具体的返回内容由第三方组件决定)返回给范例程序，范例程序可以继续对这个返回值进行加工处理。

【例 8-3】 (代码位置：\8\testActivityForResult. php)

```
load("/sdcard/com.googlecode.rhinoforandroid/extras/rhino/android.js");
var android=new Android();
var action="android.intent.action.PICK";                //挑选文件动作
```

```
var uri=null;
var type="*/*";                                          //文件类型
var ret=android.startActivityForResult( action,uri, type );
                                                         //以 Intent 格式返回数据
```

8.2.3　活动返回值设置

如果脚本应用程序被其他应用程序调用,脚本应用程序是否可以把脚本的运行结果返回给调用程序呢? 回答是肯定的。脚本可以通过 SL4A 提供的 setResultBoolean 等方法把运行结果返回给调用程序,但需要注意的是,调用程序须通过方法 startActivityForResult (Java 程序)调用脚本程序,脚本程序才能把运行结果返回给调用程序。设置返回值的 setResultBoolean 等方法都包括两个参数 resultCode 和 resultValue,参数 resultCode 表示脚本的结束状态,其为整数类型,0 表示脚本被取消运行,-1 表示脚本正常结束。参数 resultValue 表示返回给原活动的值,可以是布尔型、字符串、整数、浮点数和数组等类型。这两个参数会以意图对象的形式封装在 extras 属性中,并作为返回值返回给调用程序。表 8-3 列出了活动返回值方法。

表 8-3　活动返回值方法

活动返回值方法
setResultBoolean(IntegerresultCode, BooleanresultValue)
setResultBooleanArray(IntegerresultCode, BooleanresultValue)
setResultByte(IntegerresultCode, Byte resultValue)
setResultByteArray(IntegerresultCode, Byte resultValue)
setResultChar(IntegerresultCode, Character resultValue)
setResultCharArray(IntegerresultCode, Character resultValue)
setResultDouble(IntegerresultCode, Double resultValue)
setResultDoubleArray(IntegerresultCode, Double resultValue)
setResultFloat(IntegerresultCode, Float resultValue)
setResultFloatArray(IntegerresultCode, Float resultValue)
setResultInteger(IntegerresultCode, IntegerresultValue)
setResultIntegerArray(IntegerresultCode, IntegerresultValue)
setResultLong(IntegerresultCode, Long resultValue)
setResultLongArray(IntegerresultCode, Long resultValue)
setResultSerializable(IntegerresultCode,Serializable resultValue)
setResultShort(IntegerresultCode, Short resultValue)
setResultShortArray(IntegerresultCode, Short resultValue)
setResultString(IntegerresultCode, String resultValue)
setResultStringArray(IntegerresultCode, String resultValue)
setResultBoolean(IntegerresultCode, BooleanresultValue)

8.3 广　　播

8.3.1 广播是什么

Broadcast也称广播，它是Android系统中的重要组件，也是一种广泛运用的在应用程序之间传输信息的机制。广播到底有什么呢？笼统一点儿讲就是用来传输数据的。具体地讲有两大作用。一个作用是实现不同程序之间的数据传输与共享，因为只要接收者注册接收某项广播，接收者就能接收这项广播，无论这项广播来自任何播放者。另一个作用是通知作用，例如，插拔耳机、按音量键和系统来电等行为会产生广播，广播会通知音乐系统等应用调整音量大小和关闭音乐。

日常生活中收听收音机就是一种广播通信机制，在收音机中有很多个广播电台，每个广播电台播放的内容都不相同，广播电台(发送方)并不在意听众(接收方)接收到广播时如何处理广播内容。例如，广播电台会广播当前的交通状况，但它并不关心司机等听众接收到广播时如何做出处理，这不是广播应该关心的问题。Android系统中的广播机制和日常生活中的广播非常类似。Android系统的广播系统由发送广播的应用程序、接收广播的应用程序和意图组成。意图是广播的内容，尽管每条广播的内容各异，但却可以将不同广播划分成各个类别，这个类别用意图对象的动作属性表示，具有相同动作属性值的意图属同一类广播。发送广播的程序只关心发送什么内容，它不关心谁会处理和如何处理这个广播内容，接收广播的程序只关心广播内容，它不关心是哪个应用程序发送的广播，两者互相不需要知道对方的存在的。

Android系统的广播种类众多，广播发送者是如何发送广播以及广播接收者是如何接收自己关心的广播呢？脚本应用发送广播相对简单些，只需要调用SL4A提供的广播方法就可把广播发送出去。而脚本应用要接收广播首先需要注册广播，只有注册某类广播才能接收此类广播，否则即使系统发送了此类广播，但脚本应用仍然会接收不到此类广播。由于广播由意图对象表示，因此注册某类广播时需要指定广播意图对象的动作值，这个动作值代表此类广播。其次，脚本应用还要经常主动监听事件，当监听到“自己关心”的广播事件时，就从广播事件中解析和操纵广播数据。脚本应用如果不再关心某类广播，就应该及时注销广播。最后脚本应用要注销广播以此避免接收到自己不关心的广播。

8.3.2 广播的注册和启动

下面是广播发送、注册、注销和监听等方法的具体定义。

```
sendBroadcast ((String action, String uri (optional), String type (optional),
JSONObject extras (optional), String packagename (optional), String classname
(optional)))
```

其作用是发送广播，这些参数表示广播的内容，分别表示广播的动作、数据、数据类型、附加数据、包名和类名。

```
sendBroadcastIntent(Intent intent)
```

其作用是用意图对象发送广播，参数 intent 表示广播的内容，用意图对象表示，可用方法 makeIntent 创建意图对象。

```
eventRegisterForBroadcast(String category,Boolean enqueue)
```

其作用是注册广播，参数 category 表示广播类别或名称，这个类别用字符串表示，可以是系统自定的意图动作字串符，也可以是用户自定义的字符串，其含义应该要明确，参数 enqueue 是布尔值，当值为 true 表示把广播立即进行分发，否则加到消息队列中，其默认值为 true，该参数是可选的。

```
eventUnregisterForBroadcast(String category)
```

其作用是停止监听广播，参数 category 表示停止监听广播的类别(或名称)。

```
eventGetBrodcastCategories()
```

其作用是列出所有监听的广播列表。

```
eventWait(Integer timeout[optional]: the maximum time to wait)
```

其作用是等待广播事件的到来，参数 timeout 表示等待的最大时间，单位为 ms，该参数可选，如果未指定该参数则永远等待直到有事件到来，方法会返回关联数组，数组包含事件，返回的事件将从事件队列中删除。

例 8-4 是广播范例，例中会监听分钟变化广播和显示广播的内容。例中先注册了广播“android. intent. action. TIME_TICK”，Android 系统每隔一分钟会发送一次这个广播；然后监听这个广播事件，由于监听的时间是 70s，所以在一分钟内一定会接收到这个广播，但广播在一分钟内的到来时间是不确定的；最后显示广播的内容。

【例 8-4】 (代码位置：\8\testBroadcast. js)

```
load("/sdcard/com.googlecode.rhinoforandroid/extras/rhino/android.js");
var android=new Android();
/*注册广播或插拔耳机时触发,事件中的 data 数据是对象,
对象包括 state、action、microphone 和 name 等属性
category="android.intent.action.HEADSET_PLUG";
*/
//category="android.intent.action.SCREEN_OFF";          //关闭屏幕时触发
//category="android.intent.action.SCREEN_ON";           //打开屏幕时触发
//分钟发生变化时触发,
var category="android.intent.action.TIME_TICK" ;
var ret=android.eventRegisterForBroadcast(category ,false);  //注册广播
```

```
//java.lang.Thread.sleep(1000);;
var ret=android.eventWait(70000 ) ;             //70 秒内一定会产生一个分钟变换事件
android.eventUnregisterForBroadcast(category) ;    //注销广播

ret=ret.data;                                       //获取广播数据
android.dialogCreateAlert("参数 data",ret );         //显示广播内容
android.dialogSetPositiveButtonText("OK");
android.dialogSetNegativeButtonText("CANCEL");
android.dialogShow();
android.dialogGetResponse();
```

图 8-1　广播内容

图 8-1 是运行结果，结果显示广播携带的动作值为“android. intent. action. TIME_TICK”，携带的 extras 包括一个键值对，键名为“android. intent. extra_ALARM_COUNT”，键值为 1。例中还提供了耳机、关开屏幕广播，读者可行修改代码进行测试，但耳机应该要监听两次事件，因为耳机广播在注册时就会产生事件，插拔耳机时也会产生事件。

8.3.3　常见系统广播

Android 系统提供了很多标准的系统广播，比如屏幕关闭和电池电量低等广播。广播类别用意图对象的动作属性值表示，表 8-4 列出了系统定义的广播意图类别。

表 8-4　系统广播类别

广播动作字符串(action 属性值)	广 播 含 义
android. intent. action. SERVICE_STATE	电话服务的状态已经改变
android. intent. action. TIMEZONE_CHANGED	时区已经改变
android. intent. action. TIME_SET	时间已经改变(重新设置)
android. intent. action. TIME_TICK	当前时间已经变化(正常的时间流逝)
android. intent. action. UMS_CONNECTED	设备进入 USB 大容量存储模式
android. intent. action. UMS_DISCONNECTED	设备从 USB 大容量存储模式退出
android. intent. action. WALLPAPER_CHANGED	系统的墙纸已经改变
android. intent. action. XMPP_CONNECTED	XMPP 连接已经被建立
android. intent. action. XMPP_DI	XMPP 连接已经被断开
android. intent. action. SIG_STR	电话的信号强度已经改变
android. intent. action. BATTERY_CHANGED	充电状态，或者电池的电量发生变化
android. intent. action. BOOT_COMPLETED	在系统启动后，这个动作被广播一次(只有一次)
android. intent. action. DATA_ACTIVITY	电话的数据活动(data activity)状态已经改变

续表

广播动作字符串(action属性值)	广播含义
android.intent.action.DATA_STATE	电话的数据连接状态已经改变
android.intent.action.DATE_CHANGED	日期被改变
android.server.checkin.FOTA_CANCEL	取消所有被挂起的(pending)更新下载
android.server.checkin.FOTA_INSTALL	更新已经被确认,马上就要开始安装
android.server.checkin.FOTA_READY	更新已经被下载,可以开始安装
android.server.checkin.FOTA_RESTART	恢复已经停止的更新下载
android.server.checkin.FOTA_UPDATE	通过OTA下载并安装操作系统更新
android.intent.action.MEDIABUTTON	用户按下了Media Button
android.intent.action.MEDIA_BAD_REMOVAL	扩展卡从SD卡插槽拔出,但是挂载点还没被解除(unmount)
android.intent.action.MEDIA_EJECT	用户想要移除扩展介质(拔掉扩展卡)
android.intent.action.MEDIA_MOUNTED	扩展介质被插入,而且已经被挂载
android.intent.action.MEDIA_REMOVED	扩展介质被移除
android.intent.action.MEDIA_SCANNER_FINISHED	已经扫描完介质的一个目录
android.intent.action.MEDIA_SCANNER_STARTED	开始扫描介质的一个目录
android.intent.action.MEDIA_SHARED	扩展介质的挂载被解除(unmount)
android.intent.action.MEDIA_UNMOUNTED	扩展介质存在,但是还没有被挂载(mount)
android.intent.action.MWI	电话的消息等待(语音邮件)状态已经改变
android.intent.action.PACKAGE_ADDED	设备上新安装了一个应用程序包
android.intent.action.PACKAGE_REMOVED	设备上删除了一个应用程序包
android.intent.action.PHONE_STATE	电话状态已经改变
android.intent.action.PROVIDER_CHANGED	更新将要(真正)被安装
android.intent.action.PROVISIONING_CHECK	要求provisioning service下载最新的设置
android.intent.action.SCREEN_OFF	屏幕被关闭
android.intent.action.SCREEN_ON	屏幕已经被打开
android.intent.action.NETWORK_TICKLE_RECEIVED	设备收到了新的网络tickle通知
android.intent.action.STATISTICS_REPORT	要求receivers报告自己的统计信息
android.intent.action.STATISTICS_STATE_CHANGED	统计信息服务的状态已经改变
android.intent.action.CFF	语音电话的呼叫转移状态已经改变
android.intent.action.CONFIGURATION_CHANGED	设备的配置信息已经改变

8.4 内　　容

8.4.1 内容是什么

Content 中文翻译为“内容”,它是 Android 系统 4 大组件之一,也是一种数据通信机制。Content 的一个主要作用是提供统一的方法在不同应用之间存储和共享数据。在 Android 系统中,不存在一个公共的数据存储区供所有的应用程序访问,也就是说数据在各个应用程序中是私有的。尽管 Android 系统提供了首选项、文件、SQLite 数据库和网络等数据存储技术,但 Android 应用数据的私有性决定了这些存储技术不可以在应用程序之间存储和共享数据。就算使用其他方法也可以对外共享数据,但数据访问方式也会因数据存储的方式而不同。例如,文件共享数据需要文件 I/O 方法操作,采用首选项共享数据需要使用首选项方法读写数据。而使用 Content 共享数据可以统一数据访问方法。

如何使用 Content 在一个应用程序中访问另一个应用程序中的数据呢? Content 通信由内容提供者和内容使用者组成,作为内容提供者的应用程序负责暴露自己的数据供其他应用程序使用,作为内容使用者的其他应用程序通过统一的方法使用暴露的数据,没有暴露的数据是不可以访问的。无论暴露的数据是什么,都可以使用统一的 URI 描述数据。内容使用者可以通过这个 URI 来寻址访问内容。内容请求数据的 URI 形式如下所示。

```
content://authority/path/id
```

其中,“content://”是内容的标准前缀。authority 是主机名或提供者名称,建议使用完整的包名称,避免出现内容提供者的名称冲突。path 是提供者内部的一个路径名,为了安全使用的是虚拟路径名,它用于标识请求数据的存储区域。id 是请求数据的主键。例如“content://media/internal/images”这个 URI 表示返回设备上的所有联系人信息,其中“content://”是前辍,“media”是包名,“internal/images”是虚拟目录。再例如,“content://contacts/people/45”表示返回联系人应用中 id 为 45 的联系人信息。需要注意的是,这里并没有使用标准的 authority 结构,因为“contacts”和“media”并不是第三方的内容提供者,而是由 Android 内置的提供者。

8.4.2 内容的查询

关于内容,SL4A 并没有提供暴露数据和访问暴露数据的方法。但通过意图,应用程序可以查询应用程序已暴露的数据。具体查询的方法是在原应用中设置意图动作值为“android. intent. action. GET_CONTENT”,这类意图会启动提供内容的应用,用户选择具体的内容之后,提供内容的应用会以“content://”等形式把数据返回给原应用。下面是关于内容的实例,例中通过意图访问“content://media/external/audio/media/96039”,这个 URI 指明提供者是第三方应用 media 程序,音频文件存储在虚拟路径“external/

audio/media",id 是音频文件的标识符,此处其值为 96039,这个值需要根据实际的值设置。如果 id 值正常,则程序运行后会提示用户选择播放器程序播放对应的音频文件,否则不能正常播放音频文件。为便于测试,可以另写程序设置意图动作值为"android. intent. action. GET_CONTENT"启动音乐内容提供应用程序查看音频文件的 id 值。

【例 8-5】 (代码位置:\8\testContent. php)

```
load("/sdcard/com.googlecode.rhinoforandroid/extras/rhino/android.js");
var android=new Android();
var action="android.intent.action.VIEW";
var uri="content://media/external/audio/media/96039";    //播放暴露出来的音乐文件
var ret=android.startActivityForResult(action ,uri );
```

8.4.3 联系人内容

为了阐明文件、首选项和网络等方式存储的数据可以通过统一的 Content 方法暴露和访问数据,在此以联系人应用为例讲述其数据库存储方式和对应的 Content 读取方式。系统联系人应用会把联系人数据存储在指定的数据库文件中,这个文件一般存放在路径"/data/data/com. android. providers. contacts/databases/contacts2. db"中。先通过命令把这个 contacts2. db 文件导出到 PC 端,再通过 SQLite 工具来查看数据库,最后根据查看到的数据设置 Content 的 URI,应用程序通过这个 URI 访问数据库中的数据。数据库导出命令如下所示。

```
adb pull /data/data/com.android.providers.contacts/databases/contacts2.db
contacts2.db
```

这个库文件中含有多个和联系人相关干的数据库表,表 8-5 和表 8-6 列出了表 data 和表 raw_contacts 的主要字段。

表 8-5 表 data 主要字段

raw_contact_id	通过 raw_contact_id 可以找到 raw_contact 表中相对的数据
data1~data15	字段里保存着联系人的信息、联系人名称、联系人电话号码、电子邮件和备注等信息,其中,字段 data4 对应电话号码

表 8-6 表 raw_contacts 主要字段

字　段	含　义
version	联系人修改次数
deleted	删除标志,0 为默认,1 表示这行数据已经删除
display_name	联系人名称
last_time_contacts	最后联系的时间

通过 SQLiteManager 等工具打开 PC 端的数据库文件 contacts2. db，会发现存在 contacts、data 和 raw_contacts 等 20 张表格。contacts 是联系人表，data 是联系人子表，raw_contacts 是原始联系人表。打开表 raw_contacts 和表 data 观察里面的数据项值，然后把下列代码中的“1”修改为表 raw_contacts 中的_id 字段值。运行本例程序后会自动打开联系人应用和显示联系人信息。比较联系人应用显示的联系人信息和数据库中对应的联系人信息，比较后会发现两者信息一致。这表明通过 Content 可以访问联系人数据库中的数据。

```
load("/sdcard/com.googlecode.rhinoforandroid/extras/rhino/android.js");
var android=new Android();
var action="android.intent.action.VIEW";
var uri="content://contacts/people/1";  //设置为表 raw_contacts 中的"_id"字段值
var ret=android.startActivityForResult(action ,uri );
```

8.4.4 系统提供的内容

Android 系统是标准内容提供者，提供者类包含在包 android. provider 中。尽管 SL4A 并不能够直接访问提供者类，但通过格式为“content:\\”的意图可以访问提供者对外暴露的数据。表 8-7 列出了部分标准内容提供者。

表 8-7 内容提供者

提供者类	content 格式	说 明
Browser	content://browser	例如书签内容 content://browser/bookmarks
Contacts	content://contacts	联系人 content://contacts/people
MediaStore	content://media	存储在 SD 扩展卡上的图片、视频和音频内容。 图片 content://media/external/images/media/id 值； 视频 content://media/external/video/media/id 值； 音频 content://media/external/audio/media/id 值
Settings	content://settings	
CallLog	content://call_log/	拨打电话 content://call_log/calls
CalendarContract		
UserDictonary		

8.5 后台服务

Service 中文翻译为服务，服务是指在 Android 系统后台中运行的组件，它通常没有用户界面。后台服务主要用来处理一些不干扰用户使用的后台操作，例如下载文件和播放音乐等。如果后台服务要和具有 UI 界面的活动进行交互，那么它们需要通过发送广播等方式进行通信。后台服务会一直保持可用状态,但它无须主动执行后台服务操作。如果要启动后台服务提供的操作,通常需要通过发送意图来实现。例如,音乐播放器可以有界面也可以在没有界面状态下播放音乐,播放音乐由后台服务实现,通过播放器界面可以控制停放音乐,播放器通过意图向后台服务发送消息通知其停放音乐。由于 SL4A 没有提供后台服务支持,本文在此不深入阐述此服务,有兴趣的读者请参看 Android Java 相关资料。

通用任务、应用管理和系统设置

9.1 通用任务

9.1.1 一维码和二维码扫描

为快速识别物品的重要信息，条形码被广泛应用于商业、邮政、图书管理、仓储、工业生产过程控制和交通等领域，包括仓库管理系统、物流配送系统、商业 POS 系统、药品监管系统、图书管理系统、图书采购软件、生产现场管理系统和食品溯源系统等。条形码英文名为 Barcode，其起源于 20 世纪 40 年代，应用于 20 世纪 70 年代，普及于 20 世纪 80 年代。条形码可分为一维条码（One Dimensional Barcode，1D）和二维码（Two Dimensional Code，2D）两大类。

由于商品中的条形码以一维条码为主，所以一维条码又被称为商品条码。一维条码由一组纵向的黑条（简称条）和白条（简称空）组成，每组黑白条间隙宽度和黑白条粗细宽度是不同的，黑白条按照一定的编码规则排列，用以表达一组信息的标识符。也可以这样理解，一维条码是利用黑白条的宽窄和黑白条间隔宽窄构成二进制的“0”和“1”，并用“0”和“1”的组合来表示某个数字或字符，以此来反映某种信息。通常一维条码下方还会有英文字母或阿拉伯数字。一维条码只可表示英文、数字和简单符号等字符，而且其所携带的信息量非常有限，并不能提供商品更详细的信息，要查询更多的商品信息，需要把一维条码所携带的信息传递给计算机，由计算机在预先建立的商品数据库中查询商品信息。一维条码之所以由黑条和白条组成图案，这是因为黑白条的反射率相差很大有助于提高识别率。

二维码也叫二维条码或二维条形码。二维码是一种用某种特定的几何图形在平面（二维方向上）按一定规律摆放的黑白相间方阵图形，方阵图形记录了数据符号信息。二维码可以印刷在报纸、杂志、广告、图书、包装以及个人名片等多种载体上，用户通过手机摄像头扫描二维码即可实现快速手机上网和便捷地浏览网页、下载图文、音乐、视频、获取优惠券、参与抽奖和了解企业产品信息，省去了在手机上输入 URL 的烦琐过程。常用的二维码码制有 PDF417 二维条码、Datamatrix 二维条码、Maxicode 二维条码、QR Code、Code 49、Code 16K 和 Code one 等。QR Code 码是由日本丰田子公司 Denso Wave 于 1994 年 9 月研制的一种矩阵二维码符号，QR 是英文 Quick Response 的缩写，即快速反应的意思，源自发明者希望QR码可让其内容快速被解码。QR码比普通条码可储存更多资料，也无须像普通条码般在扫描时需直线对准扫描器。QR码所携带的数据量较大，参照最大规格符号版本40-L级，QR码可容纳多达4292个大小写英文字母或7089个数字或2953个字节或1817个汉字。QR码有L、M、Q和H 4个容错级别，L级为7%容错，M级为15%容错，Q级为25%容错，H级为75%容错。QR用深色模块表示二进制"1"，用浅色模块表示二进制"0"。QR码支持的信息格式有文本、电话号码、短信、名片、电子邮件、网址、无线网络、日程安排等。为何用手机扫描一个网址二维码后会先跳出一个网址对话框呢？这是出于扫描软件对用户的保护所导致的，它会先让用户判断这个网址是否安全，由用户决定是否继续访问网址。随着智能手机的普及，QR码成为一个快速、高效的URL连接器，被称为移动互联网的"入口"。尽管QR码作为目前被广泛使用的二维码，但它为用户带来便捷的同时，也成为恶意软件、网络钓鱼等攻击的携带者和传播者。

一维码和二维码相比较，一维码具有关技术成熟、使用广泛、携带信息量少、只支持英文或数字和设备成本低廉等优点，但需与计算机数据库结合才能发挥作用，否则所携带的数据将没有意义。二维码具有信息容量大、保密性高、编码范围广、译码可靠性高、纠错能力强、成本便宜等特性，但目前也暴露出安全性等问题。SL4A提供scanBarcode接口用来扫描一维和二维码，下面是接口定义。

```
scanBarcode()
```

其功能是扫描一维和二维码，并以意图对象数据类型返回扫描结果，意图对象包括action、categories、flags和extras属性，其中，extras是对象数据类型，其他为字符串数据类型。action是扫描一维码和二维码应用的包名。如果扫描图书一维码，那么对象extras将带有SCAN_RESULT_FORMAT和SCAN_RESULT属性，分别表示书一维码的编码和书的ISBN。如果扫描的是二维码，那么对象extras将带有SCAN_RESULT_BYTE_SEGMENTS_0、SCAN_RESULT_FORMAT、SCAN_RESULT_ERROR_CORRECCTION_LEVEL、SCAN_RESULT_BYTES和SCAN_RESULT等属性。SCAN_RESULT表示扫描到的内容，内容类型和内容格式如表9-1所示。SCAN_RESULT_FORMAT表示二维码编码，值QR_CODE表示QR编码。SCAN_RESULT_ERROR_CORRECCTION_LEVEL表示容错级别，它有L、M、Q和H 4个容错值。

表9-1 SCAN_RESULT数据格式

内容类型	数据格式	实　例
手机	tel:手机号	tel:13912345678
文本	没有格式	HELLO

续表

内容类型	数据格式	实　　例
联系人	BEGIN:VCARD 属性 1：属性值 属性 2：属性值 属性 3：属性值 END：VCARD	BEGIN：VCARD N：张三 ORG：北京 XX 公司 TITLE：销售经理 TEL：13911111111 URL：http://www.xxx.com EMAIL：zs@xxx.com ADR：北京市海淀区 TT 路 NOTE：无备注 END：VCARD
	MECARD：属性 1：属性值;属性 2：属性值;属性 n：属性值	
WiFi	WIFI：S：网络名称;T：密钥类型;P：密码	WIFI：S：mywifi;T：WPA;P：123456
邮箱	mailto：邮箱	mailto:no@baidu.com
网址	URL	http://www.baidu.com
日历	BEGIN：VEVENT 属性 1：属性值 属性 2：属性值 属性 n：属性值 END：VEVENT	BEGIN:VEVENT SUMMARY：周例会 DTSTART：20151010T080000Z DTEND：20151010T170000Z LOCATION：会议室 DESCRIPTION：组织改选 END:VEVENT
短消息	smsto：手机号码：短消息内容	smsto：13911111111：这是短消息
地理坐标	geo：纬度;经度	geo：1：0

例 9-1 是扫描图书一维码的应用，它会以列表呈现一维码扫描结果。

【例 9-1】 （代码位置：\9\testScanBarcode.js）

```
load("/sdcard/com.googlecode.rhinoforandroid/extras/rhino/android.js");
var droid=new Android();
var obj=droid.scanBarcode();
var items=new Array();
items[0]="action属性:\n"+obj.action;
items[1]="categories属性:\n"+obj.categories;
items[2]="flags属性:\n"+obj.flags;
items[3]="[extras]SCAN_RESULT属性:\n"+obj.extras.SCAN_RESULT;
items[4]="[extras]SCAN_RESULT_FORMAT属性:\n"+obj.extras.SCAN_RESULT_FORMAT;
droid.dialogCreateAlert("列表");
droid.dialogSetItems(items);
```

```
    droid.dialogShow();
    var response=droid.dialogGetResponse();
```

运行程序之前先确保手机已连接好 WiFi 网络和已安装好 BarcodeScanner 类应用。程序运行时会自动启动 BarcodeScanner 类应用，用 BarcodeScanner 类应用扫描图书的一维码，程序会显示出一维码的相关信息。图 9-1 是扫描图书一维码的运行结果，其中，图 9-1(a)是图书一维码，图 9-1(b)是扫描结果。action 值表明扫描一维码的 BarcodeScanner 类应用是软件 zxing，书的 ISBN 是“9787302364580”，这个 ISBN 就是一维码呈载的信息，一维码的码制是“EAN_13”。

(a)

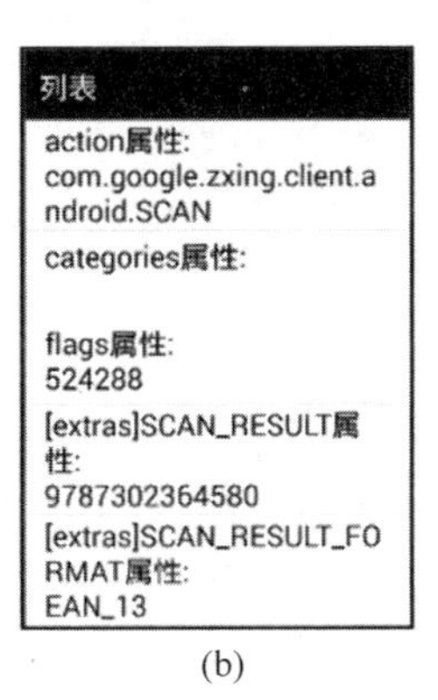

(b)

图 9-1　图书一维码

9.1.2　浏览任务

尽管 Android 的资源类型各式各样，但都可以使用统一的 URI 进行描述。有了统一的 URI，用户只需通过 URI 告诉 Android 系统要浏览资源，Android 系统会智能地为用户选择适当的应用打开资源进行浏览，而无须事先打开应用再打开资源进行浏览。如果 URI 无法描述资源的类别，则需声明资源的 MIME 类别，Android 系统会根据这个 MIME 类别使用合适的应用打开资源。如果打开的资源可以附带数据，则需指定 extras 值，例如，发送邮件可以附加附件，再比如发短消息可以附加短信内容。表 9-2 列出了一些常用资源的 URI。

表 9-2　常用资源 URI 描述

资源名称	URI 格式	MIME 类型	extras	实　　例
网站	URL			http://www.baidu.com/
地图经纬度	geo:纬度,经度			geo:52.76,-79.0342
电话号码	tel:电话号码			tel:10086
邮件	mailto:邮箱			
短消息	smsto:手机号码	vnd.android-dir/mms-sms		

续表

资源名称	URI 格式	MIME 类型	extras	实　例
播放音频文件	file://本地文件	audio/mp3		file:///sdcard/download/everything.mp3
文本文件		text/plain		
vmv 文件		audio/x-ms-wmv		
vma 文件		audio/x-ms-wma		
jpeg 文件		image/jpeg		
html 文件		text/html		
3gp 文件		video/3gpp		
avi 文件		video/x-msvideo		
doc 文件		application/msword		
docx 文件		pplication/vnd.openxml formats-officedocument.wordprocessingml. document		
xls 文件		application/vnd.ms-excel		
js 文件		application/x-javascript		
ppt 文件		application/vnd.ms-powerpoint		
pptx 文件		application/vnd.openxmlformats-officedocument.presentationml.presentation		

SL4A 提供了统一的方法 view 用于浏览资源，下面是 view 方法的定义。

```
view(String uri,String type,JSONObject extras)
```

其作用是使用意图启动应用打开指定资源，参数 uri 是资源的 URI，参数 type 是资源的 MIME 类型，该参数可选，参数 extras 是指附加到意图中的 extras 属性，是意图传递给应用的附加数据。

9.1.3 联系人列表浏览

尽管随着科技的进步，智能手机的功能越来越强大，但智能手机最常用最重要的仍然是电话、联系人和短信功能。Android 获取手机电话簿中的联系人列表有两种常用的方法，第一种方法是直接操作电话簿中的联系人数据库，第二种方法是通过应用操作联系人。联系人电话簿应用的安全性、便捷性和高效性等是影响手机用户是否继续使用手机设备的重要因素。如果要开发一个具有安全性、便捷性和用户体验良好的联系人应用，就可以选用第一种方法对联系人数据库里的数据进行加密等操作。如果 Android 应用仅仅是提供联系人查看功能，可以把 Android 内置的联系人应用集成进来，这样 Android 应用就拥有了一个联系人相关的功能，这种方法的特点是比较简单，但功能等会受内置联系人应用的限制。SL4A 提供了联系人列表浏览方法 viewContacts，方法被调用后会打开手机联系人应用，这个应用提供显示、排序、查找、添加、删除和更新联系人等功能，方法 viewContacts 定义如下所示。

```
viewContacts()
```

该方法的作用是打开内置电话簿应用供用户浏览联系人列表。

9.1.4　地图浏览

显示地图前需要对地图进行定位，IP 地址、地理名称（即城市地址）和经纬度是三种常见的地图定位方法。当用户使用计算机上网时使用 IP 地址对地图进行定位是一种比较好的选择，这种方法可以根据 IP 地址快速识别用户地理位置，但这种方法的缺点是定位精度不够精确，而且不能够移动定位。在野外出行的人员可能对所处地并不熟悉，快速熟悉所处地的一个做法是利用 GPS 和手机基站检测到的经纬度对地图进行定位，这种方法的优点是实时和便捷，但缺点是比较耗电。如果用户已知某地的城市地址，输入该地的城市地址对地图进行定位是比较便捷的方法。这种根据城市地址对地图进行定位的好处是具有较好的用户体验，用户可以不用记住难以记住的经纬度值，只需知道城市地址甚至只需知道地址关键词就可以在移动中快速定位地图。SL4A 提供了根据地址定位地图的接口，下面是接口定义。

```
viewMap(String query)
```

其作用是根据城市地址对地图进行定位，参数 query 表示城市地址，城市地址可以是完整的地址，也可以是城市地址的关键词，其为字符串数据类型。该方法会调用第三方地图应用对城市地址进行地图定位。

例 9-2 是地图浏览实例，该实例会启动第三方地图应用对城市地址"北京天安门"自动进行地图定位。

【例 9-2】（代码位置：\9\testViewMap.js）

```
load("/sdcard/com.googlecode.rhinoforandroid/extras/rhino/android.js");
var droid=new Android();
var query="北京天安门";
var ret=droid.viewMap(query);
```

程序运行后会启动地图应用并把地图定位到"北京天安门"所在地。如果手机上安装多个不同的地图应用，则会提供用户选择一个地图应用。图 9-2 是运行结果，其中图 9-2(a)提示用户可以选用"高德"和"腾讯地图"地图应用（需在系统中先安装这两个应用），图 9-2(b)是高德应用定位到的"北京天安门"地图。

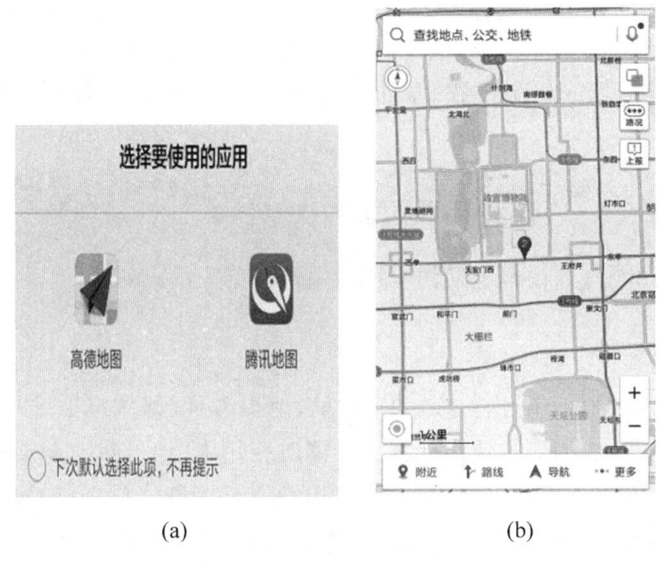

(a) (b)

图 9-2 地图定位

9.1.5 HTML 浏览

本地 HTML 文件可以使用文件管理器、浏览器和文字编辑器等应用打开。不同类型的应用打开 HTML 文件时，会有不同的解析方式。用文件管理器打开 HTML 文件会显示文件的大小和创建时间等相关信息，用文字编辑器打开 HTML 文件会显示 HTML 源代码，用浏览器打开 HTML 文件会显示 HTML 页面。尽管浏览本地 HTML 文件的方法众多，但 SL4A 还是为浏览 HTML 文件提供了统一的方法 viewHTML，方法具体定义如下所示。

```
viewHtml(String path)
```

其作用是打开本地 HTML 文件，参数 path 表示本地 HTML 文件，可以是文件名或带有路径的文件名字符串。方法被调用后，系统会提示用户选择一个浏览 HTML 文件的应用，之后会使用该应用打开 HTML 文件。

9.1.6 查询任务

用户在使用 Android 系统过程中会经常碰到查询任务，例如，通过手机号码查找联系人，通过浏览器查找指定关键字相关信息，通过美团网查找饭店，这些都是查询任务的典型应用。SL4A 提供了 search 方法用于启动查询任务，方法如下所示。

```
search(String query)
```

其作用是启动一个搜索活动，参数 query 表示搜索活动所接受的查询串。调用该方法后，系统会先提示用户选择一个搜索应用，之后启动该搜索应用并按查询串 query 进行查询。

9.2 应用管理

9.2.1 启动应用

Launcher是Android系统的桌面应用，这个应用用来加载所有已安装的应用列表，当单击程序列表中的图标时则会启动和这个图标对应的一个应用，或者说，用户从Launcher应用中启动了另一个应用。在一个应用中启动另一个应用是比较常见的情况，例如，在电话应用中可以单击联系人列表项启动短消息应用向联系人发送短消息。

在Java中，通常把含有main函数的类称为主类，主类只能拥有一个main函数，这个main是程序执行的入口，Java虚拟机规定可以通过主类启动应用。Android沿袭了Java的做法，应用程序A只要给出应用程序B的主类名就可以启动应用程序B。表9-3列出了常见的Android内置应用程序主类。

表9-3 Android内置应用的主类

应用名称	应用主类
音乐播放器	com.android.music.MusicBrowserActivity
视频播放器	com.android.music.VideoBrowserActivity
录音机	com.android.music.MediaPlaybackActivity
相机	com.android.camera.Camera
浏览器	com.android.browser.BrowserActivity
闹钟	com.android.alarmclock.AlarmClock
日历	com.android.calendar.LaunchActivity
计算器	com.android.calculator2.Calculator

SL4A提供了launch接口，通过它应用程序可以启动另一个应用程序，该接口带有一个参数className，该参数表示主类名，下面是接口launch的定义格式。

```
launch(String className)
```

例9-3是通过主类启动计算器应用的实例，运行结果如图9-3所示。

【例9-3】 代码位置：\9\testLaunchPackage.js)

```
load("/sdcard/com.googlecode.rhinoforandroid/extras/rhino/android.js");
var android=new Android();
myclass="com.android.calculator2.Calculator";
android.launch(myclass);
```

图 9-3　启动计算器

9.2.2　停止应用

包是 Android 应用的唯一身份标识，不论应用的名称如何改变，只要应用的包名相同，Android 系统就认为是同一个应用。如果两个应用的包名相同，那么就认为是同一个应用，后安装的应用会替代先前安装的应用。包名是开发者为 Android 应用定义的名字，尽管包名可由开发者任意预定义，但包名还是有命名规范的，它采用反域名命名规则，全部使用小写字母，一级包名为 com，二级包名为 xx(可以是公司域名或者个人姓名)，三级包名根据应用进行命名。例如，"com. tencent. mobileqq"表示腾讯公司 QQ 应用的包名。表 9-4 是 Android 自带应用的包名。

表 9-4　Android 自带应用包名

应 用 包	包　　名	应 用 包	包　　名
软件包访问帮助程序	com. android. defcontainer	信息	com. android. mms
启动器	com. android. launcher	媒体储存	com. android. providers. media
搜索	com. android. quicksearchbox	设置	com. android. setting
通讯录	com. android. contacks	拨号器储存	com. android. providers. telephony
拨号器	com. android. phone	账户与同步设置	com. android. providers. telephony
浏览器	com. android. browser	发送邮件	com. android. email
音乐	com. android. music	录音机	com. android. soundrecorder
虚拟专用网络服务	com. android. server. vpn	Android 键盘	com. android. inputmethod. latin
相机	com. android. gallery	状态栏	com. android. systemui

SL4A 提供方法 forceStopPackage 用来停止应用，它的定义格式如下所示。

```
forceStopPackage(packageName)
```

packageName 是应用的包名，其为字符串数据类型。例 9-4 是停止应用的实例，例中关闭了包名为 com. android. music 的应用，运行应用前先运行 DDMS 程序，图 9-4 是运行应用前的 DDMS 界面，注意观察图中画横线包名 com. android. music 在应用运行前后的变化，会发现运行应用后包名消失，这是因为包对应的应用被停止了。

Name				
com.android.launcher	160			8604
android.process.acore	201			8606
android.process.media	225			8607
com.android.mms	242			8608
com.android.deskclock	262			8605
com.android.email	277			8609
com.android.quicksearchbox	288			8610
com.android.music	300			8611
com.android.protips	310			8612

图 9-4　停止内带应用前的 DDMS

【例 9-4】（代码位置：\9\testStopPackages. js）

```
load("/sdcard/com.googlecode.rhinoforandroid/extras/rhino/android.js");
var droid=new Android();
var mypackage="com.android.music";
var ret=droid.forceStopPackage(mypackage);
```

9.2.3　应用的包列表

SL4A 提供方法 getRunningPackages 用来返回系统当前正在运行的应用和服务的包列表，列表用数组表示，每个数组元素代表一个包，方法的定义如下所示。

```
getRunningPackages()
```

例 9-5 是 getRunningPackages 方法示例，程序以控制台方式运行，图 9-5 是程序运行结果，它列出了系统当前运行的应用和服务的包名，每行表示一个包名。

图 9-5　应用程序的包列表

【例 9-5】（代码位置：\9\testRunPackages. js）

```
load("/sdcard/com.googlecode.rhinoforandroid/extras/rhino/android.js");
var droid=new Android();
var ret=droid.getRunningPackages();
for(var i=0,a;a=ret[i++];){
    print(a);
}
```

9.2.4 应用的类列表

Android 绝大多数应用是使用 Java 语言来开发的，使用 Java 便意味着使用了面向对象思想。面向对象思想使用对象描述系统功能特性，使用类抽象出对象的结构和行为。可以把一台实实在在的电视机理解为对象，而电视机设计和原理图理解为类，它对电视机的外观特性和工作原理进行了描述。类是对象的抽象数据结构，它由属性和方法组成，属性代表对象的静态状态，方法代表对象的动态行为。对象由类创建，对象和对象交互构造出了整个系统。类有自己的命名法和英文缩写规则。驼峰(Camel)命名法、下画线命名法和匈牙利命名法是常见的类命名法。Android 中的类通常采用驼峰命名法。驼峰法指混合使用大小写字母来为变量、类和函数等命名的规则。驼峰法又分为小驼峰和大驼峰法。小驼峰法除第一个单词之外，其他单词首字母大写，常用在变量命名，譬如变量 myStudentNo。大驼峰法把第一个单词的首字母也大写了，常用于类名、函数名、属性和命名空间，例如类名 UserInfo。类名尽量避免缩写，除非该缩写是众所周知的，例如 HTML 和 URL，如果类名称中包含单词缩写，则单词缩写的每个字母均应大写。驼峰法的标识符看上去就像骆驼峰一样此起彼伏，故此得名。下划线命名法中的单词与单词间用下画线作间隔。匈牙利命名法被广泛应用于微软的 VC 等编程语言中。

SL4A 提供方法 getLaunchableApplications 用来返回当前应用类列表，列表用数组表示，每个数组元素代表一个类，方法定义如下所示。

```
getLaunchableApplications()
```

例 9-6 是查询可被启动的应用主类，图 9-6 是运行结果，图中 result 以下内容是可启动的应用和应用主类，符号“＝＞”左边是应用名称，右边是应用主类名。

【例 9-6】（代码位置：\9\testLaunchableApps. js)l

```
load("/sdcard/com.googlecode.rhinoforandroid/extras/rhino/android.js");
var android=new Android();
var myObject=android.getLaunchableApplications();
    var s="";
    for (var property in myObject) {
  s=s+"\n "+property+": "+myObject[property] ;
    }
    print(s);
```

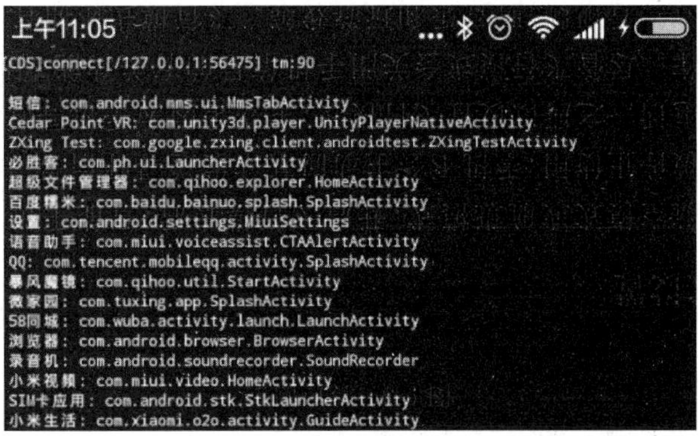

```
上午11:05
[CDS]connect[/127.0.0.1:56475] tm:90

短信: com.android.mms.ui.MmsTabActivity
Cedar Point VR: com.unity3d.player.UnityPlayerNativeActivity
ZXing Test: com.google.zxing.client.androidtest.ZXingTestActivity
必胜客: com.ph.ui.LauncherActivity
超级文件管理器: com.qihoo.explorer.HomeActivity
百度糯米: com.baidu.bainuo.splash.SplashActivity
设置: com.android.settings.MiuiSettings
语音助手: com.miui.voiceassist.CTAAlertActivity
QQ: com.tencent.mobileqq.activity.SplashActivity
暴风魔镜: com.qihoo.util.StartActivity
微家园: com.tuxing.app.SplashActivity
58同城: com.wuba.activity.launch.LaunchActivity
浏览器: com.android.browser.BrowserActivity
录音机: com.android.soundrecorder.SoundRecorder
小米视频: com.miui.video.HomeActivity
SIM卡应用: com.android.stk.StkLauncherActivity
小米生活: com.xiaomi.o2o.activity.GuideActivity
```

图 9-6 launch 的应用主类

9.3 唤 醒 锁

9.3.1 什么是唤醒锁

智能手机的一个特点是外形较小,这大大地限制了可容纳的电池尺寸。要求智能手机具备超强的计算能力,同时又要求其具备超长的电池续航能力是难以实现的。没电的智能手机和一块砖块是没什么差别的。Android 系统为了省电以及减少 CPU 消耗,在锁屏一段时间后会使系统进入睡眠状态,这时,Android 系统会保持在一个相对较低的功耗状态(屏幕关闭和 CPU 进入深度节能状态等)。这就是智能手机充满一次电便能持续使用和待机的原因。当智能手机处于睡眠状态时,类似微信和 QQ 之类的软件会有新消息到达,新消息到来意味着有网络请求,而网络请求需要 CPU 响应和处理,如何在锁屏状态乃至系统进入睡眠状态后,仍然保持系统的网络状态以及通过程序唤醒智能手机呢?出于此原因,Android 系统的开发商 Google 公司在其 PowerManager API 中增加了唤醒锁,应用程序通过唤醒锁可以阻止设备进入睡眠状态。只要 Android 系统上有活动的唤醒锁,设备便无法进入挂起模式,除非释放唤醒锁。使用唤醒锁时,应用必须将其正确释放,因为未释放的唤醒锁无法进入默认的节能状态,从而很快会使设备电源耗尽。看视频、听音乐、使用 GPS 以及玩游戏时可以使用唤醒锁阻止应用所需的设备部件(屏幕、键盘和 CPU 等)进入睡眠状态不能继续为用户服务,同时,其他设备部件可以继续睡眠进入节能状态。SL4A 提供了 4 种类型的唤醒锁,具体如表 9-5 所示。

表 9-5 唤醒锁类型

唤醒锁类型	设 备 状 态
a bright wake lock	CPU 开启;屏幕变亮;键盘关闭
a dim wake lock	CPU 开启;屏幕暗淡;键盘关闭
a full wake lock	CPU 开启;屏幕变亮;键盘变亮
a partial wake lock	CPU 开启;屏幕关闭;键盘关闭

下面是 SL4A 提供的唤醒锁相关函数，其用来申请和释放唤醒锁，具体如下所示。

```
wakeLockAcquireBright()
```

其功能是向系统申请 bright 唤醒锁，系统接受锁申请后会阻止 CPU 和屏幕进入睡眠状态，继续让 CPU 开启和屏幕变亮。

```
wakeLockAcquireDim()
```

其功能是向系统申请 dim 唤醒锁，系统接受锁申请后会阻止 CPU 和屏幕进入睡眠状态，继续让 CPU 开启和屏幕变暗淡。

```
wakeLockAcquireFull()
```

其功能是向系统申请 full 唤醒锁，系统接受锁申请后会阻止 CPU、键盘和屏幕进入睡眠状态，继续让 CPU 开启、屏幕变亮和键盘变亮。

```
wakeLockAcquirePartial()
```

其功能是向系统申请 partial 唤醒锁，系统接受锁申请后会阻止 CPU 进入睡眠状态，继续让 CPU 开启。

```
wakeLockRelease()
```

释放唤醒锁。

9.3.2 唤醒锁申请和睡眠检测

例 9-7 是唤醒锁例子，程序可以申请 a bright wake lock、a dim wake lock、a full wake lock 和 a partial wake lock"唤醒锁，程序由文件 WakeLock. xml 和 WakeLock. php 组成，前者负责设计 UI，后者负责申请唤醒锁。

【例 9-7】（代码位置：\9\WakeLock）

文件 WakeLock. xml：

```
<?xml version="1.0" encoding="utf-8"?>
<LinearLayout xmlns:android="http://schemas.android.com/apk/res/android"
        android:id="@+id/background"
        android:orientation="vertical" android:layout_width="match_parent"
        android:layout_height="match_parent" android:background="#ff000000">

<Button android:id="@+id/button1"
                    android:layout_width="match_parent"
                    android:layout_height="wrap_content"
```

```
                    android:text="唤醒锁 Bright">
</Button>
<Button android:id="@+id/button2"
                    android:layout_width="match_parent"
                    android:layout_height="wrap_content"
                    android:text="唤醒锁 Dim">
</Button>
<Button android:id="@+id/button3"
                    android:layout_width="match_parent"
                    android:layout_height="wrap_content"
                    android:text="唤醒锁 Full">
</Button>
<Button android:id="@+id/button4"
                    android:layout_width="match_parent"
                    android:layout_height="wrap_content"
                    android:text="唤醒锁 Partial">
</Button>
<Button android:id="@+id/button5"
                    android:layout_width="match_parent"
                    android:layout_height="wrap_content" android:text="退出">
</Button>
</LinearLayout>
```

文件 WakeLock.js：

```
load("/sdcard/com.googlecode.rhinoforandroid/extras/rhino/android.js");
var droid=new Android();

var ret=null;
var layout=file_get_contents("/sdcard/sl4a/scripts/WakeLock.xml");
droid.fullShow(layout);
while (true)
{
    var event=droid.eventWait();                    //等待用户单击按钮

    var id=-1;
    if ( event.name=="click" )
      id=event.data.id;
      //退出程序
    if ( id=="button5" )
    {
        ret=droid.wakeLockRelease();
        break;
```

```
    }

    if ( id=="button1" )          ret=droid.wakeLockAcquireBright();

    if ( id=="button2" )
        ret=droid.wakeLockAcquireDim();

    if ( id=="button3" )
        ret=droid.wakeLockAcquireFull();

    if ( id=="button4" )
        ret=droid.wakeLockAcquirePartial();
}


function file_get_contents(fileName) {
    var file=new java.io.File(fileName);
    var reader=new java.io.BufferedReader(new java.io.FileReader(file));
    var tempString=null;
    var fileString="";
    // 一次读入一行,直到读入 null 为文件结束
    while ((tempString=reader.readLine()) !=null) {
        fileString=fileString+tempString ;
    }
    reader.close();
    return fileString;
}
```

运行程序前,先在 Android 系统"设置"→"锁屏和密码"处设置自动锁屏时间,本书自动锁屏时间为 30s。程序运行前,先对 Android 系统进行任意操作,然后等待 30s(不要进行单击屏幕和按下按钮等操作),最后会发现屏幕黑屏进入锁屏状态,之后系统进入睡眠状态,直至再次按下电源按钮或电话来电等事件的出现才从睡眠状态转换到运行状态,屏幕再次点亮。运行程序后,单击按钮"唤醒 Dim",继续等待 30s,会发现屏幕并不会黑屏而是变暗淡,说明系统已经申请了唤醒锁阻止屏幕进入睡眠状态。其他几个按钮会阻止屏幕、CPU 和键盘进入睡眠状态。图 9-7 是运行结果。

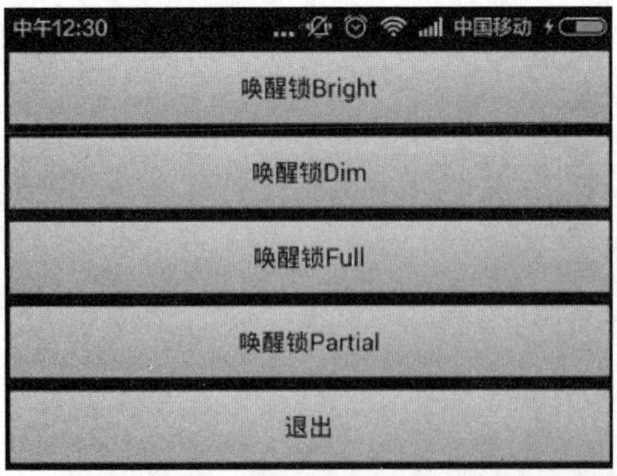

图 9-7 唤醒锁应用运行结果

9.4 系统设置

9.4.1 声音和震动设置

Android系统可以分别自定义手机铃声、通知栏(Notification)提示音、闹钟、语音、媒体和蓝牙等声音的音量。Android手机可以将声音模式设置成声音、静音和震动模式。SL4A提供了和铃声、通知栏和媒体相关的声音函数,主要用于打开/关闭声音模式和设置音量等,具体如下所示。

```
checkRingerSilentMode()
```

检测铃声是否为静音模式,如返回值为true则为静音模式。

```
toggleRingerSilentMode(Boolean enabled)
```

打开或关闭铃声静音模式,如参数enabled为true则打开静音模式,否则关闭静音模式。

```
getMaxRingerVolume()
```

获取铃声最大音音量,默认值为15。

```
getRingerVolume()
```

获取当前铃声音量,返回值为整数,值越小表示音量越小,值越大表示音量越大。

```
setRingerVolume(Integer volume)
```

设置铃声音量,参数volume表示音量,整数数据类型,0表示静音。

```
getMaxMediaVolum()
```

获取媒体最大音量。

```
getMediaVolume()
```

获取当前媒体音量,返回值为整数。

```
setMediaVolume(Integer volume)
```

设置当前媒体音量,参数volume表示音量,整数数据类型,0表示静音。

```
toggleVibrateMode(Boolean enabled, Boolean ringer)
```

打开或关闭震动模式；如果参数 enabled 为 true 则表示设置为震动模式；如果参数 ringer 值为 true 则设置铃声的震动模式；如果参数 ringer 为 false 表示设置通知(Notification)的震动模式。

```
getVibrateMode(Boolean ringer)
```

检测是否为震动模式，如果参数 ringer 为 true 则表示检测铃声的震动模式，如果参数 ringer 为 false 则表示检测通知(Notification)的震动模式。如果返回值为 true 则表示为震动模式。

```
vibrate(Integer duration[optional, default 300]: duration in milliseconds)
```

用于设置震动，参数 duration 表示震动时间，单位是 ms，默认是 300ms，该参数是可选的。

例 9-8 是铃声测试程序，程序可以实现设置静音模式、获取最大音量、获取当前音量和设置音量等功能。

【例 9-8】 (代码位置：\9\Ringer.js)

```
load("/sdcard/com.googlecode.rhinoforandroid/extras/rhino/android.js");
var droid=new Android();
droid.dialogCreateAlert("铃声测试");
var items=new Array();
var ret=null;
items[0]='开始震动';
items[1]='设置铃声静音模式';
items[2]='获取铃声最大音量';
items[3]='获取当前铃声音量';
items[4]='设置铃声音量为 3';
items[5]='退出应用';
droid.dialogSetItems(items);
droid.dialogShow();
var response=droid.dialogGetResponse();
switch ( response.item  )
{
    case 0:
        ret=droid.vibrate(1000);
        break;
    case 1:
        ret=droid.setRingerVolume(0);
        break;
    case 2:
        ret=droid.getMaxRingerVolume();
        var maxvol=ret;
```

```
        droid.dialogCreateAlert("铃声最大音量","最大值: "+maxvol);
        droid.dialogShow();
        droid.dialogGetResponse();
        break;
    case 3:
        ret=droid.getRingerVolume();
        var volume=ret;
        droid.dialogCreateAlert("当前铃声音量","当前值: "+volume);
        droid.dialogShow();
        droid.dialogGetResponse();
        break;
    case 4:
        ret=droid.setRingerVolume(3);
        break;
    default:
        break;
}
```

运行程序,用户有 6 个选择项,分别是"开始震动""铃声静音设置""铃声最大音量""铃声当前音量""设置铃声音量"和"退出应用"。如果单击"开始震动"按钮则手机会震动。如果单击"铃声静音设置"按钮则铃声音量为零。如果单击"铃声最大音量"按钮则显示最大音量值。如果单击"铃声当前音量"按钮则显示当前铃声音量。如果单击"设置铃声音量"按钮则设置当前系统的铃声为 3。如果单击"退出应用"按钮则退出程序。图 9-8 是应用运行结果,其中,图 9-8(a)是主界面,图 9-8(b)是单击"铃声当前音量"按钮后显示的当前铃声音量值 5。

9.4.2 屏幕设置

用户在指定时间内可能没有任何操作,为了节省电量,系统就会自动锁屏关闭掉屏幕背景灯。有些应用可以感应外界光线,根据外界光线亮度智能设置屏幕背光亮度,以此达到省电或保护眼睛等目的。系统闹钟到来的时候,需要保持亮屏,之后又需要保持熄屏。SL4A 可以让应用拥有检测屏幕锁屏状态、指定超时自动锁屏时间和设置获取屏幕亮度等功能,下面是 SL4A 屏幕设置相关函数。

```
checkScreenOn()
```

检测屏幕是否锁屏,返回值为 true 表明屏幕未锁屏,否则表明屏幕已锁屏。

```
setScreenTimeout(Integer value)
```

设置屏幕超时锁屏时间,以 s 为单位,其返回值是之前设置的锁屏时间。

```
getScreenTimeout()
```

获取当前锁屏时间，以 s 为单位。

```
setScreenBrightness(Integer value)
```

设置屏幕背光亮度，参数 value 表示亮度值，其值范围为 0～255，值越小屏幕越暗，值越大屏幕越亮。

```
getScreenBrightness()
```

获取当前屏幕亮度，返回值范围为 0～255，返回值越小表明屏幕越暗，值越大表明屏幕越亮。

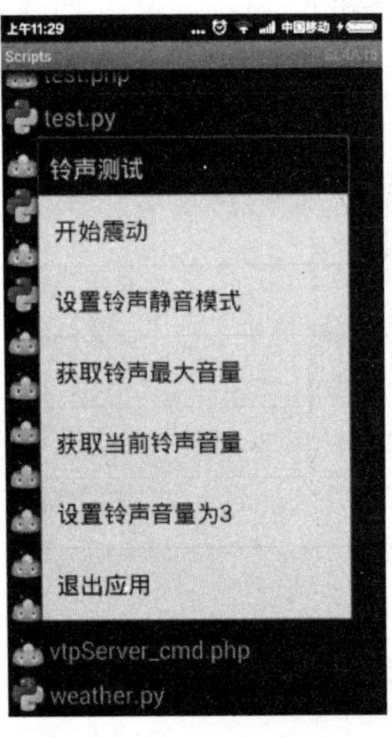

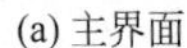
(a) 主界面　　(b) 当前铃声音量

图 9-8　铃声测试

9.4.3　飞行模式设置

飞行模式又叫航空模式或航班模式，开启飞行模式后，智能手机的 GSM/GPRS/4G 等电话通信模块将被停止使用，手机不会主动向基站发送寻呼信号，即不试图联系基站，但一般可拨打紧急电话。之所以设置飞行模式，主要是因为手机寻呼信号会干扰飞机上的电子设备正常工作。尽管飞行模式会关闭手机信号的有关功能，但手机可以继续使用其他功能，如阅读小说、看视频、听音乐和玩游戏等。飞行模式还拥有其他好处，如减少对身体的辐射和节省电量等。下面是 SL4A 飞行模式相关函数。

```
checkAirplaneMode()
```

检测系统是否处于飞行模式，如果返回的值是 true 则表示系统处在飞行模式。

```
toggleAirplaneMode(Boolean enabled [optional])
```

打开或关闭系统飞行模式，参数 enabled 表示打开或关闭飞行模式，其为布尔数据类型，可选，如果为 true 则表示打开飞行模式，否则关闭飞行模式。

通信与传感器

10.1 电话通信

10.1.1 手机基本概念

1G(第一代)移动通信技术是指使用模拟技术且仅限语音的蜂窝电话标准。2G(第二代)手机通信技术以数字语音传输技术为核心。GSM(Global System for Mobile Communication)中文名为全球移动通信系统,它属于第二代蜂窝移动通信技术,它是当前应用最为广泛的移动电话标准。2.5G是一种介于2G和3G之间的无线技术,蓝牙(Bluetooth)等属2.5G技术。3G(第三代)是第三代移动通信技术,是指支持高速数据传输的蜂窝移动通信技术,CDMA2000、WCDMA和TD-SCDMA等属3G技术,3G下行速度峰值理论可达3.6Mb/s(一说2.8Mb/s),上行速度峰值也可达384Kb/s。4G(第4代)是第四代移动通信技术的简称,它是支持高速数据率连接的理想模式,对于大范围高速移动用户(230km/h),数据率可达2Mb/s;对于中速移动用户(60km/h)数据率可达20Mbit/s;对于低速用户(室内或步行)数据率可达100Mbit/s。

IMEI(International Mobile Equipment Identity,国际移动设备识别码)俗称"串号"。IMEI在全世界是唯一的,它是手机设备的唯一识别码,每部手机在生产时就被赋予一个IMEI码。IMEI码由GSM(Global System for Mobile Communications,全球移动通信协会)统一分配。IMEI由15位数字组成,前6位数是"型号核准号码(Type Approval Code,TAC)",一般代表机型;接着的两位数是"最后装配号(Final Assembly Code,FAC)",一般代表产地;之后的6位数(SNR)是"串号",一般代表生产顺序号;最后一位数(SP)通常是"0",其为检验码,目前暂备用。在刷机时,手机IMEI码可能会丢失,通过"MTK大师"和"移动叔叔"等软件可刷写恢复手机IMEI码。手机IMEI码可以在包装盒、机身和保修卡上查询,也可以在手机电话软件中输入"*#06#"查询。如果手机丢失,通过运营商将该手机的IMEI列入黑名单,丢失的手机将被禁止使用。目前GSM和WCDMA手机终端需要使用IMEI号码。MEID(Mobile Equipment IDentifier)是全球唯一的移动终端标识号,标识号会被烧入终端里,并且不能被修改,可用来对移动式设备进行身份识别和跟踪,MEID主要分配给CDMA制式的手机。MEID号码由Telecommunications Industry Association(TIA)分配管理。MEID号码的查看,目前没有一个通用的方法，由各手机制造商自己设置。MEID由14个十六进制数字组成，其格式为“RRXXXXXXZZZZZZCD”，RR也叫区域码，取值为A0～FF；XXXXXX由制造商号码管理机构统一分配，取值范围为000000～FFFFFF；ZZZZZZ是厂商分配给每台终端的流水号，取值范围为000000～FFFFFF。CD是校验码。CD不参与传输，或者说最终获取到的MEID不包括CD校验码。

IMSI(International Mobile Subscriber Identification Number)中文翻译为国际移动用户识别码，是区别移动用户的标志，储存在SIM卡中，可用于区别移动用户的有效信息。IMSI共有15位，其结构是：MCC+MNC+MSIN。MCC(Mobile Country Code)中文翻译为移动国家码，MCC的资源由国际电联(ITU)统一分配和管理，唯一识别移动用户所属的国家，共三位，中国为460；MNC(Mobile Network Code)中文翻译为移动网络码，共两位，中国移动TD系统使用00，中国联通GSM系统使用01，中国移动GSM系统使用02，中国电信CDMA系统使用03。MSIN(Mobile Subscriber Identification Number)是移动用户识别号码，共有10位，用来标识一个移动网络中的移动用户身份。一个典型的IMSI号码为460030912121001。MSISDN(Mobile Subscriber International ISDN/PSTN number)是主叫用户呼叫GSM PLMN中的一个移动用户所需拨的号码，它由CC+NDC+SN组成。CC(Country Code)是国家码，例如，中国的国家码为86。NDC(National Destination Code)是国内接入号，如中国的NDC目前有139、138、137、136和135等。SN(Subscriber Number)是客户号码，在中国，该码长度为8。NDC+SN就是通常所说的手机号，例如，139XXXXXXXX。IMSI和MSISDN的作用是相同的，它们都是用来识别移动用户的，不同的是，MSISDN用手机号识别移动用户，IMSI从物理上识别移动用户，说白了，移动网络运营商使用IMSI识别移动用户，而普通人是使用MSISDN来识别移动用户。

SIM卡是Subscriber Identity Module的缩写，也称为用户身份识别卡或智能卡。它是一种带微处理器的封装在塑料中的智能IC卡。它包含用户识别信息、辅助业务信息、短消息和用户电话簿等数据。在GSM系统中，移动终端出厂后是不能直接使用的，用户必须在网络运营部门注册一张SIM卡方可电话通信。

10.1.2 电话API

手机API提供有拨打电话以及查询移动网络、基站、移动设备和SIM卡信息等功能。开发人员可以借助手机API轻易地实现手机定位和手机通话监控等功能。

```
checkNetworkRoaming()
```

其作用是检测移动设备在GSM网络中是否处于漫游状态。它会返回一个布尔值，true值表示处于漫游状态，false值表示处于非漫游状态。该方法需要物理设备支持。

```
getCellLocation()
```

其作用是获取当前移动终端的地理位置。它的返回值是对象，对象包括 cid 和 lac 两个属性，cid 表示基站编号，lac 表示位置区域码。这两个属性值可以确定移动终端的地理位置，例如，cid 值为 60541 和 lac 值为 14608 表示中国福建省厦门市思明区中华路，可以在基站查询网站 http://www.cellid.cn 验证此值。该方法需要物理设备支持。

```
getDeviceId()
```

返回当前移动终端的唯一标识，例如，GSM 网络返回 IMEI 码，CDMA 网络返回 MEID 码。当移动终端的标识不可获得时，返回 null。该函数需要在真实设备下运行才有效，如果在模拟器下运行将返回 15 个 0。

```
getDeviceSoftwareVersion()
```

返回移动终端的软件版本，例如，GSM 手机的 IMEI/SV 码。如果软件版本不可获得，则返回 null。该函数需要在真实设备下运行才有效。

```
getLine1Number()
```

在一行中返回手机号码，例如，返回 GSM 的 MSISDN 号。如果获取不到则返回 null。

```
getNeighboringCellInfo()
```

其作用是返回当前移动终端附近基站信息。其返回值是对象数组结构，每个对象包括 cid 和 rssi 两个属性，cid 表示基站编号，rssi 表示移动终端到基站的信号强度，此值越大表示信号越强。

```
getNetworkOperator()
```

返回移动终端注册的网络运营商数字编号，该数值是由移动国家码＋移动网络码(MCC＋MNC)构成，该值长度为 5，前三位是 MCC，后两位是 MNC。例如，46000 和 46002 表示中国移动，46001 表示中国联通，46003 表示中国电信。

```
getNetworkOperatorName()
```

返回移动终端当前注册网络运营商的字母名称，例如，如果手机注册的是中国移动 GSM 网则返回“中国移动”。

```
getNetworkType()
```

返回移动终端当前使用的无线技术(网络类型)。如果移动终端接入的是中国移动

GSM 移,则返回字符串"edge"。如不能识别或没有网络则返回"unknown"。

```
getPhoneType()
```

返回移动终端的类型。如果终端设备是 GSM 手机将返回字符串"gsm"。

```
getSimCountryIso()
```

返回符合 ISO 标注的国家码,等同于 SIM 卡提供商的国家码,中国国家码是 cn。

```
getSimOperator()
```

返回 SIM 卡的 MCC+MNC 组合,组合由 SIM 提供商的移动国家码和移动网络码组合,组合是一个 5 或 6 位的数字。

```
getSimOperatorName()
```

返回 SIM 卡的服务运营商的名称,中国移动的名称是 CMCC,中国联通的是 ChinaUnicom,中国电信的是 ChinaNet。

```
getSimSerialNumber()
```

返回 SIM 卡的序列号,如果无法获得则返回 null。该序列号是 20 位数码。前面 6 位网络运营商的代号,898600 是中国移动的代号;898601 是中国联通的代号;898603 是中国电信的代号;第 7 位是业务接入号,5、6、7、8、9 分别表示 135、136、137、138 和 139 手机号;第 8 位是 SIM 卡的功能位,一般为 0,现在的预付费 SIM 卡为 1;第 9、10 位是各省的编码;01 北京,02 天津,03 河北,04 山西,05 内蒙古,06 辽宁,07 吉林,08 黑龙江,09 上海,10 江苏,11 浙江,12 安徽,13 福建,14 江西,15 山东,16 河南,17 湖北,18 湖南,19 广东,20 广西,21 海南,22 四川,23 贵州,24 云南,25 西藏,26 陕西,27 甘肃,28 青海,29 宁夏,30 新疆,31 重庆,第 11、12 位是年号;第 13 位是供应商代码;第 14~19 位则是用户识别码;第 20 位是校验位。

```
getSimState()
```

返回 SIM 卡状态,SIM 可分为"无卡"、"未知"、"需要网络 PIN 解锁""需要 PIN 解锁""需要 PUK 解锁"和"良好"状态。值"ready"表示良好状态,"absent"表示无卡状态,"uknown"表示未知状态。

```
getSubscriberId()
```

返回用户唯一标识,例如,GSM 网络的 IMSI 编号。如果不可获得则返回 null。

```
getVoiceMailAlphaTag()
```

获取语音信箱号码关联的字母标识，中国移动 GSM 号码返回的字母标识是“语音信箱”。

```
phoneCall(String uri)
```

通过 uri 调用一个联系人或电话号码，例如，phoneCall("tel:10086")表示向 10086 拨打电话。

```
phoneCallNumber(String phonenumber)
```

拨打一个电话，参数 phonenumber 表示电话号码。执行该方法会触发电话软件直接拨打电话。

```
phoneDial(sring uri)
```

通过 uri 调用一个联系人或拨号。

```
phoneDialNumber(String phonenumber)
```

拨一个电话号码，参数 phonenumber 表示电话号码。执行该方法会弹出已输好电话号码的电话软件界面，用户只需单击拨打按钮即可拨打电话。

```
readPhoneState()
```

以对象形式返回当前移动终端状态和呼叫号码，对象包括 incomingNumber 和 state 属性，属性 incomingNumber 表示来电电话号码，属性 state 表示来电状态。当属性 state 的值为 idle 时表示空闲状态；值 offhook 表示摘机状态，说明至少有一个电话在活动中，这个活动或是拨打(dialing)，或是通话，或是 on hold，并且没有电话在 ringing 或 waiting；值 ringing 表示来电状态，电话铃声响起的那段时间或正在通话又来新电，新来电话不得不等待。

```
startTrackingPhoneState()
```

其作用是开始追踪移动终端状态，当电话状态发生变化时就会产生跟踪移动端状态的事件，事件名为 phone，事件附加的数据是对象，对象包含 state 和 incomingNumber 两个属性，其含义同上。

```
stopTrackingPhoneState()
```

停止追踪移动终端状态。

10.1.3 手机开发

Android 为电话提供了 IDLE(待机)、ACTIVE(通话)、HOLDING(挂断通话)、

DIALING（响铃）、ALERTING（提醒）、INCOMING（来电）、OFFHOOK（摘机）、WAITING（等待接通）、DISCONNECTED（连接断开后）、DISCONNECTING（连接断开中）等状态。当电话来电和去电时，这些状态会根据用户的接听和挂机等动作发生转换。来电状态转换：空闲状态（IDEL）＝＞响铃状态（RINGING）＝＞接听状态（OFFHOOK）＝＞挂断进入空闲（IDEL），或者从空闲状态（IDEL）＝＞响铃状态（RINGING）＝＞拒接进入空闲（IDEL）。去电状态转换：空闲（IDEL）＝＞响铃或接听状态（OFFHOOK）＝＞挂机进入空闲状态（IDEL）。

下面是电话范例，电话会根据电话状态决定是否录制电话通话。当电话处于 offhook 状态且还未启动录音时则启动录音。当发现电话处于 idel 空闲状态且已启动录音时，表明通话已结束，则停止录音退出应用。电话录音最长录音时间是 60s。

【例 10-1】（代码位置：\10\phoneRec.js）

```
load("/sdcard/com.googlecode.rhinoforandroid/extras/rhino/android.js");
var droid=new Android();
droid.startTrackingPhoneState();                          //开始监听电话状态
var d=new Date()
var day=d.getDate();
var month=d.getMonth()+1;
var year=d.getFullYear();
var file="/sdcard/"+day+""+month+""+year+".wma";        //录制的音频文件
var isRec=false;                                          //录制电话通话标志
sleep(1);
var timer=60;                                             //最长录制 60s
while (  timer>=0 )
{
    var status=droid.readPhoneState();                    //读取电话状态
    if ( ( status.state=="offhook") && ( isRec==false) )
    {
        isRec=true;                                       //设置正在录音
        droid.recorderStartMicrophone(file);
    }
    if ( ( status.state=="idle") && ( isRec==true) )
    {
        timer=-1;                   //如电话空闲而且又在录音之中,则结束录音和结束程序
    }
    sleep(1);
    timer--;
}
if (  isRec==true )
    droid.recorderStop() ;
droid.stopTrackingPhoneState();
```

10.2 短信通信

10.2.1 短消息 API

开发人员借助 SL4A 提供的短消息 API 可以发送短消息、标识短消息阅读状态、查看短消息数量和查看短消息服务中心等。下面是短消息 API 说明。

```
smsDeleteMessage(Integer id)
```

删除指定短消息，如果短消息被成功删除则返回 true，参数 id 是短消息标识符。

```
smsGetAttributes()
```

查询所有可能的短消息属性列表。表 10-1 列出了短消息所有可能的属性。

表 10-1 短消息属性

属性名	含义
_id	短消息序号，用于标识短消息，是自增字段，从 1 开始自增
thread_id	对话的序号，同一个发信人的对话序号相同
address	发件人地址，即手机号，例如，139XXXXXXXX
person	联系人在联系人列表中的序号，如果为 null 则是陌生人
date	发件日期，单位是 ms，从 1970/01/01 至今所经过的时间是 long 型，如 1 443 408 105 271
date_sent	
protocol	协议，值 0 表示 SMS_RPOTO，1 表示 MMS_PROTO
read	是否已阅读，值 0 表示未读，值 1 表示已读
status	状态，－1 表示已接收，0 表示完成，64 表示未定，128 表示失败
type	消息的类型，0 表示 all 消息，1 表示 inbox 消息，2 表示 sent 消息，3 表示 draft 消息，4 表示 outbox 消息，5 表示 failed 消息，6 表示 queued 消息
reply_path_present	TP-Reply-Path 位的值 0/1
subject	主题，默认为空
body	短消息内容
service_center	短信服务中心号码，例如，＋8613800755500
locked	是否锁住短消息标记，0 表示未锁定，1 表示已锁定
error_code	错误代码
seen	短消息是否已查看(非阅读，是指用短消息程序显示短消息标题及简要内容)，0 表示未查看过，1 表示已查看过

续表

属性名	含　义
timed	
deleted	表示短消息是否已删除,0 表示未删除,1 表示已删除
syc_state	
marker	
source	
bind_id	
mx_status	
mx_id	
out_time	
account	
sim_id	
block_type	
advanced_seen	

```
smsGetMessageById(Integer id, JSONArray attributes)
```

查询指定短消息的属性。参数 id 表示短消息标识符,参数 attributes 表示属性列表,该参数可选,可以通过设置该参数读出短消息的指定属性值。如果不指定 attributes 值,则默认返回的是 date、_id、read 和 body 属性值。返回值是对象,对象属性就是查询得到的短消息属性。系统把每条短消息视为一条数据库记录,短消息由若干属性组成,它存储在数据库/data/data/com. android. providers. telephony/mmssms. db 中。

```
smsGetMessageCount(Boolean unreadOnly, String folder)
```

返回短信息的数目,参数 unreadOnly 是布尔值,表示是否读取已阅读的短信息,值 false 表示未阅读,值 true 表示已阅读;参数 folder 表示信息存储目录,该参数可选,默认值是 inbox。Android 提供的短消息目录有 inbox、sent、draft、outbox、failed 和 queued,分别表示收信箱、已发送、草稿、发件箱、发送失败和待发送列表目录。

```
smsGetMessageIds(Boolean unreadOnly, String folder)
```

返回所有短信息的 id,参数 unreadOnly 是布尔值,表示是否读取已阅读的短信息,值 false 表示已阅读,值 true 表示未阅读;参数 folder 表示短消息目录,该参数可选,默认值是 inbox。

```
smsGetMessages(Boolean unreadOnly, String folder, JSONArray attributes)
```

返回所有短信息的列表，参数 unreadOnly 是布尔值，表示是否读取已阅读的短信息，值 false 表示未阅读，值 true 表示已阅读；参数 folder 表示信息存储目录，该参数可选，默认值是 inbox。

```
smsMarkMessageRead(JSONArray ids, Boolean read)
```

将短信息标记为已读，参数 ids 表示短消息标识符列表，参数 read 是布尔值，表示是标识短消息为已读或未读，其返回值是被标记为已读的短消息的序号。

```
smsSend(String destinationAddress, String text)
```

发送一条短信，参数 destinationAddress 表示收件人地址，通常是电话号码，参数 text 是短信内容。需要注意的是，要控制短消息长度和获取短消息的发送状态。

10.2.2 短消息系统开发

很多公司在员工生日当天都会发送短消息祝福。例 10-2 在日期发生变化时会检测当天日期是否是员工生日日期，如果是员工生日就发送短信。

【例 10-2】（代码位置：\10\timeShortMsg.js）

```
load("/sdcard/com.googlecode.rhinoforandroid/extras/rhino/android.js");
var droid=new Android();
var destinationAddress="10086";          //改为发送手机号码
var text="今天是您的生日,公司全体员工祝您生日快乐！ XXX 公司";
//设备日期发生改变时会发出此广播
var category="android.intent.action.DATE_CHANGED";
droid.eventRegisterForBroadcast(category ,true);
var birthday="2016/6/13";                //员工生日日期
while ( true )
{
    droid.eventWait() ;
    var d=new Date();
    var today=d.toLocaleDateString();    //获取当天的日期
    if ( birthday==today )
    {
        droid.smsSend(destinationAddress,text);
        break;
    }
}
droid.eventUnregisterForBroadcast(category);
```

为了便于测试，开发人员运行此范例后，可在设置中手工改变日期或把时间设置成 23:59 等待日期变化观察接收短信的手机是否收到短信。

需要注意，有时候尽管日期发生变化了，但广播 android. intent. action. DATE_

CHANGED是不会发送出去的，因为要广播的日期比已经广播过的日期还要旧。例如，在模拟器上设置了2016-06-12 23:59，到了2016-06-21 00:00的时候"日期发生变化"被广播了一次，如果再把时间调回到2016-06-20 23:59甚至是更早的时间，那么日期发生变化这一信息就不会再广播了，除非把时间调到2016-06-21 23:59或更新的时间，日期发生变化这一信息才会继续广播出去。

10.3 WiFi无线通信

10.3.1 什么是WiFi及WiFi工作过程

WiFi的全称是Wireless Fidelity，其意是无线保真技术，也可称为无线宽带。其实WiFi是IEEE 802.11b的代称，而现在它已是IEEE 802.11X系列无线通信标准的统称。AP(Access Point)称为接入点，通过它可以把移动设备带入互联网，简单地说，AP就是WiFi共享上网中的无线交换机，它是移动设备进入互联网的接入点。没有接入AP或者有接入AP但是没有这个接入热点的密码，WiFi设备是无法使用这个接入AP上网的。连接到AP后，带WiFi功能的手机、笔记本和平板电脑等移动设备就可以高速地接入互联网从事收发邮件、上网查资料、通讯交流和在线看电影等活动了。

Android对WiFi有较好的支持，应用可以通过WiFi上网从而节省流量。但由于WiFi非常耗量，为了省电，Android的WiFi加了一个休眠策略，可以设置永远不断开、充电时不断开和锁屏时断开。默认情况下当屏幕被关掉以后，如果没有应用程序在使用WiFi，WiFi会在两分钟后进入睡眠状态。如果应用程序想在屏幕被关掉后继续使用WiFi则需要锁住WiFi，该操作会阻止WiFi进入睡眠状态，当应用程序不再使用WiFi时应该释放WiFi让WiFi可以进入睡眠状态以节省电源。要在应用中使用WiFi功能，开发人员需要掌握WiFi API。

10.3.2 WiFi API

```
checkWifiState()
```

检测WiFi状态，如果WiFi可用则返回true。

```
toggleWifiState(Boolean enabled[optional])
```

打开或者关闭WiFi，如果WiFi可用则返回true。

```
wifiDisconnect()
```

从当前连接的WiFi网络断开，操作成功则返回true。

```
wifiGetConnectionInfo()
```

其作用是返回当前连接点的信息。返回值是对象，对象包含mac_address、bssid、ip_

address、hidden_ssid、network_id、link_speed、supplicant_state、ssid 和 rssi 等属性，分别表示移动终端的本机 mac 地址、接入点 mac 地址、本机 IP(用整数表示)、ssid 隐藏标志、网络 ID、连接速度(单位为 Mb/s)、连接状态(scanning 和 completed 等值)、网络名称和信号强度(值为负数，最小值为－200，值越大信号越强)。

```
wifiGetScanResults()
```

其作用是返回附近连接点信息。返回值是对象数组，数组中的每个元素都是一个对象，每个对象表示一个连接点，每个对象包括 ssid、bssid、capabilities、level 和 frequency 等属性，分别表示连接点的网络名称、mac 地址、网络接入性能(加密方式)、信号强度(负数表示)和工作频率。

```
wifiLockAcquireFull()
```

获取一个完整的 WiFi 锁。

```
wifiLockAcquireScanOnly()
```

获取一个只搜索 WiFi 的锁。

```
wifiLockRelease()
```

释放一个之前获得的 WiFi 锁。

```
wifiReassociate()
```

重新与当前的接入点关联，操作成功则返回 true。

```
wifiReconnect()
```

重新连接到当前接入点，操作成功则返回 true。

```
wifiStartScan()
```

开始搜索 WiFi 接入点，如果扫描初始化成功则返回 true。

10.4 蓝牙无线通信

10.4.1 什么是蓝牙及蓝牙工作流程

Bluetooth 中文名为蓝牙，它是一种支持设备短距离通信(一般是 10～30m 之内)的无线电技术。蓝牙的发展经历了 1.1、1.2、2.0、2.1、3.0、4.0、4.1 和 4.2 等 8 个版本。有了蓝牙技术，笔记本电脑、移动电话和无线耳机等移动设备就能够无线互联交换数据。蓝牙适配器(Bluetooth Dongle)、蓝牙耳机(Bluetooth Headset)、蓝牙车载(Bluetooth Car Kit)、蓝牙GPS、蓝牙鼠标键盘(Bluetooth Mouse&Key)和蓝牙打印机等是常见的蓝牙设备。

蓝牙设备具有一个48位的设备地址,用来标识蓝牙设备。蓝牙基于跳频技术传输数据,它将传输的数据分割成数据包,通过指定的蓝牙频道分别传输数据包。蓝牙通常采用点对点配对连接方式通信,主动提出通信要求的是主设备,被动进行通信的是从设备。在蓝牙手机和蓝牙耳机通信中,因为耳机向手机发起连接请求,所以手机是主设备,耳机是从设备,但经过协议转换,手机和耳机的主从设备角色是可以互换的。微微网是一种常见的蓝牙网络拓扑结构,在一个微微网中,一个蓝牙主设备最多可连接7个蓝牙从设备,有且只有一个主设备,主设备控制整个微微网通信,主设备可以选择从设备通信。

Android从SDK 2.0开始支持蓝牙开发,但蓝牙应用须在设备上运行,不支持模拟器。蓝牙通信过程可分为4个步骤:启动蓝牙;发现已经配对或者可用的附近的蓝牙设备;连接设备;在不同设备之间传输数据。具体地说,就是蓝牙主设备向从设备发起呼叫时,主设备会先找出周围处于可被查找的蓝牙设备,此时从端设备需要处于可被查找状态。主设备找到从端蓝牙设备后,与从端蓝牙设备进行配对,此时需要输入从端设备的PIN码。配对完成后,从设备会记录主端设备的信任信息,此时主设备即可向从端设备发起连接呼叫。已配对的设备在下次呼叫时,不再需要重新配对。已配对的设备,从设备也可以发起连接呼叫。连接建立成功后,主从设备之间可进行双向通信。在通信状态下,主从设备随时都可以发出中断通信请求。UUID是Universally Unique Identifier的简称,中文名为全球唯一标识符,它是128位的长整数,用于标识蓝牙服务。蓝牙设备提供的服务必须有通用、独立、唯一的UUID与之对应。也就是说,在同一时间、同一地点,不可能有两个相同的UUID标识的不同蓝牙服务。当主从设备连接成功后,双方都有不同的UUID,分别用于标识各自的蓝牙服务,也可以理解UUID为连接id。

10.4.2 蓝牙API及其应用

```
bluetoothAccept(String uuid, Integer timeout)
```

监听并接收一个来自移动客户端的蓝牙连接,阻塞直到连接建立或者连接失败。如果成功接收一个蓝牙请求,则返回一个新的UUID。参数UUID是通用唯一认别码,该值可选,默认值是457807c0-4897-11df-9879-0800200c9a66。参数timeout表示监听超时时间,单位为ms,值0表示永远监听,该参数可选,默认值是0。

```
bluetoothActiveConnections()
```

其作用是返回活动的蓝牙连接。返回值是对象,该对象包括一个数组,数组的键名为ssid,数组的键值为另一连接方蓝牙设备的硬件地址,键名和键值对组成的数组元素构成一个蓝牙连接。

```
bluetoothConnect(string uuid, string address)
```

通过蓝牙与一个移动服务器端进行连接，阻塞直到连接建立或者连接失败，连接建立成功则返回一个新的 UUID。此处的 UUID 必须与移动服务器端使用的 UUID 相匹配，否则连接会失败。参数 address 是可选的，如果未提供此参数，将向用户显示一个已发现的可连接的设备列表供用户选择。

```
bluetoothDiscoveryCancel()
```

取消搜索蓝牙设备进程，也就是说当正在搜索设备时调用这个方法将不再继续搜索，成功取消则返回 true，否则返回 false。

```
bluetoothDiscoveryStart()
```

开始搜索蓝牙设备发现进程，成功则返回 true，否则返回 false。

```
bluetoothGetConnectedDeviceName(String connID)
```

获取已连接的设备名称(是指手机名而非蓝牙设备名称)，参数 connID 表示 ssid，该参数可选，默认值是 null。

```
bluetoothGetLocalAddress()
```

获取本地蓝牙设备的硬件地址，例如 00:00:66:55:82:02。

```
bluetoothGetLocalName()
```

获取蓝牙可见设备的名称(是指蓝牙名称，而非手机名称)。

```
bluetoothGetRemoteDeviceName(String address)
```

获取远程蓝牙设备的名称，参数 address 表示远程蓝牙设备地址。如果不能解析蓝牙地址则返回 null。

```
bluetoothGetScanMode()
```

获取蓝牙搜索模式，返回值－1 表示蓝牙不可用，0 表示蓝牙不可发现且不可连接，1 表示可连接但不可发现，3 表示可连接可发现。

```
bluetoothMakeDiscoverable(integer duration)
```

设置蓝牙连接在一段时间内为可搜索可见状态。参数 duration 是移动终端蓝牙可见时间，是可选的，默认值是 300，以 s 为单位。

```
bluetoothRead(integer buffersize, String connID)
```

读取指定长度的数据，长度由 buffersize 参数指定，该参数可选，默认值为 4096，参数

connID 是连接 id，函数返回 ASCII 编码的字符串。

```
bluetoothReadBinary(Integer bufferSize, String connID)
```

读取指定长度的数据，其编码是 base64，长度由 buffersize 参数指定，该参数可选，默认值为 4096，参数 connID 是连接 id。

```
bluetoothReadLine(String connID)
```

读取下一行数据，参数 connID 表示连接 id，参数可选，默认值为 null。

```
bluetoothReadReady(String connID[optional, default]: Connection id)
```

判断是否全部读取完成，如还有后续数据可供读取则返回 true。

```
bluetoothStop(String connID)
```

停止蓝牙连接，参数 connID 表示 SSID，可选，默认值为 null。

```
bluetoothWrite(String ascii, String connID)
```

通过当前打开的蓝牙连接传送 ASCII 编码数据，参数 ascii 表示要传送的数据，参数 connID 是 ssid，可选，默认值是 null。

```
bluetoothWriteBinary(String base64, String connID)
```

通过当前打开的蓝牙连接传送 base64 编码数据，参数 base64 表示要传送的数据，参数 connID 是 ssid，可选，默认值是 null。

```
checkBluetoothState()
```

检测蓝牙连接的状态。值－1 表示蓝牙已被禁止使用，值 0 表示蓝牙不可连接不可搜索，值 1 表示蓝牙可连接但不可搜索，值 3 表示蓝牙可连接可搜索发现状态。

```
toggleBluetoothState(Boolean enabled, Boolean prompt)
```

打开或者关闭蓝牙，如果蓝牙可用，则返回 true。参数 enabled 是布尔值，表示是否打开或关闭蓝牙，值 true 表示打开，值 false 表示关闭，该参数可选，默认值是 true。参数 prompt 是布尔值，表示是否提示用户当前蓝牙状态已改变，值 true 表示提示，值 false 表示不提示，该参数可选，默认值是 true。

例 10-3 是蓝牙点对点收发数据实例，该例由服务端（从设备）和客户端（主设备）组成，服务端监听客户端连接并发送 HELLO 字符串给客户端，客户端向服务端发起连接并显示服务器发送过来的字符串。实例由文件 btServer.js 和 btClient.js 组成，分别是服务端和客户端代码。

【例 10-3】（代码位置：\10\bluetooth\）

客户端文件 btClient.js：

```
load("/sdcard/com.googlecode.rhinoforandroid/extras/rhino/android.js");
var android=new Android();
android.toggleBluetoothState(true);
android.bluetoothConnect();
var message=android.bluetoothReadLine();
print(message);
android.toggleBluetoothState(false);
```

服务器端文件 btServer.js：

```
load("/sdcard/com.googlecode.rhinoforandroid/extras/rhino/android.js");
var android=new Android();
android.toggleBluetoothState(true);
android.bluetoothMakeDiscoverable();
android.bluetoothAccept();
var result="HELLO";
result=android.bluetoothWrite("result  \r\n");
android.toggleBluetoothState(false);
```

先在一台移动设备上启动服务端，再在另一台移动设备上启动客户端，最后字符串 HELLO 会显示在客户端。

例 10-4 是聊天室系统实例，聊天室系统能用两部手机点对点聊天，它是一个收发数据功能和显示数据功能相融合的程序。实际应用时，需设一部手机为服务器（从设备），另一部为客户端（主设备）。服务器监听连接，客户端发起连接，服务器和客户端采用双向同步通信，这意味两部手机都能收发聊天信息和显示聊天信息，但只能发完一条聊天信息才能接收下一条聊天信息。下面是聊天室系统的实现。

【例 10-4】（代码位置：\10\bluetooth\bluetoothChat.js）

```
load("/sdcard/com.googlecode.rhinoforandroid/extras/rhino/android.js");
var android=new Android();

android.toggleBluetoothState(true);
android.dialogCreateAlert('是否设为服务器?');
android.dialogSetPositiveButtonText('是');
android.dialogSetNegativeButtonText('否');
android.dialogShow();
var result=android.dialogGetResponse();
var is_server=result.which=='positive';

if ( is_server==true )
```

```
{
  android.bluetoothMakeDiscoverable();
  android.bluetoothAccept();
}
else
   android.bluetoothConnect();
if ( is_server==true )
{
  result=android.dialogGetInput('聊天', '请输入聊天信息');

  if ( (result==null) )
    die("服务器运行结束!");
  result=json_encode(result);
  android.bluetoothWrite("result \n");
}

while(true)
{
  var message=android.bluetoothReadLine();
  message=message;
  message=json_decode(message);
  android.dialogCreateAlert('聊天信息已收到', message);
  android.dialogSetPositiveButtonText('确认');
  android.dialogShow();
  android.dialogGetResponse();
  result=android.dialogGetInput('聊天', '请输入聊天信息');


  if ( (result==null)  )
    break;
  result=json_encode(result);
  android.bluetoothWrite("result \n");
}
```

程序启动后会提示用户选择角色,一个是服务器角色,另一个客户端角色,先启动的手机可设为服务器角色,后启动的手机可设为客户端角色。之后输入聊天信息和显示聊天信息功能会轮流切换,用户需要按输入聊天信息和显示聊天信息交替次序使用程序。图 10-1 是聊天室系统截图,其中,图 10-1(a)提示用户选择服务器和客户端角色,图 10-1(b)请求用户输入聊天信息,图 10-1(c)显示了对方发来的聊天信息。需要注意的是,蓝牙实例需要准备两部手机,而且这两部手机要支持蓝牙设备;为了便于开发,两部手机最好先进行配对,再运行蓝牙实例程序。

(a) 角色选择

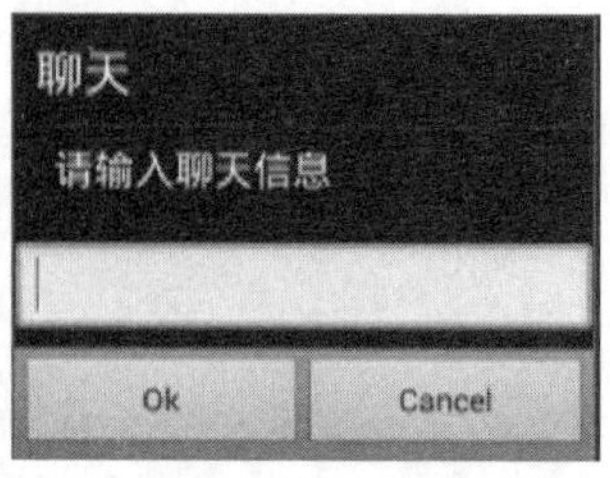

(b) 输入聊天信息

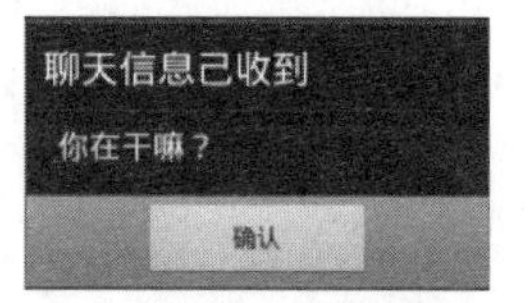

(c) 显示聊天信息

图 10-1　聊天室系统

10.5　传感设备

10.5.1　GPS概念和API

在地球仪上，可以看到一条条纵横交错的线，这就是经纬线。连接南北两极的线，叫经线，和经线相垂直的线叫纬线。赤道是最长的纬线，纬度为 0°，整个地球沿着赤道向南北各分为 90 份，每份为 1°。南纬 90°是南极，北纬 90°是北极，北纬为正数，南纬为负数。通过英国伦敦格林尼治天文台旧址的那条经线是零度经线，也叫本初子午线。整个地球由本初子午线向东和向西分别分成 180 份，每一根经线都有其相对应的数值，也就是经度，每条经线之间相差 1°，东经为正数，西经为负数。经纬度是经度与纬度的合称，由经纬度组成的坐标系统称为地理坐标系统。一个经度和一个纬度一起确定地球上一个地点的精确位置。

GPS 定位是目前最为精确、应用最为广泛的定位导航技术，以后将会成为每一个移动设备的标配之一。GPS 是英文 Global Positioning System（全球定位系统）的简称。GPS 起始于 1958 年美国军方的一个项目，1964 年投入使用，到 1994 年，全球覆盖率高达 98%的 24 颗 GPS 卫星星座已布设完成。GPS 系统包括三大部分：空间部分（GPS 卫星星座）；地面控制部分（地面监控系统）；用户设备部分（GPS 信号接收机）。GPS 系统的主要特点有：高精度、全天候、高效率、多功能、操作简便和应用广泛等。

运行于宇宙空间的每颗 GPS 卫星其位置是已知的，它们时刻不停地通过卫星信号向全球广播自身当前地理位置及发出时的时间戳信息。任何一个 GPS 接收器都可以接收到这些信息，GPS 接收器收到某卫星的地理位置和时间戳信息后，用当前时间（由 GPS 接收器确定）减去时间戳上的时间，这个时间差就是信息在空中传输所耗的时间。用这个时间差乘上卫星信号的传输速度，乘值就是信息在空中传输的距离，这也是该卫星到 GPS 接收器的距离。当获取多颗卫星（至少三颗）的距离后，通过计算就可确定 GPS 接收器的地理位置，获取卫星数越多，其计算结果就更精确，但运算速度也会随之下降。除了 GPS 可以定位，网络和基站也可实现定位，只是定位的精度会有所不同，一般说来，GPS 定位精度较高，网络定位精度次之，基站定位精度最低。

每一经度和纬度可以细分为 60 分，每一分可以再分为 60 秒以及秒的小数。经纬度可以用十进制浮点数表示，例如 116.397428。

```
startLocating(Integer minDistance,Integer minUpdateDistance)
```

开始采集地理信息数据，参数 minDistance 表示两次采集的时间差，单位为 ms，默认值为 60 000ms，即一分钟采集一次；参数 minUpdateDistance 表示两次采集最小的更新距离，以 m 为单位，默认值为 30m。

```
stopLocating()
```

停止采集地理信息数据。

```
readLocation()
```

以对象形式返回所有提供商提供的当前地理信息数据。返回的对象可能会包括 passive、gps、network 等属性（分别对应基站、GPS 和 WiFi 定位技术），实际上每个属性都是一个对象，这样的对象都包括 time、speed、altitude、bearing、provider、longitude、latitude 和 accuracy 等属性。time 表示时间戳；speed 表示速度，浮点数，以 m/s 为单位；altitude 表示海拔高度，浮点数，以 m 为单位，如果是网络定位则此值为零；bearing 表示方向，以度为单位，如果是基站或网络定位，此值为零；provider 表示提供者，字符串，如果是 GPS 定位，则 provider 值为 gps，如果是网络定位，值为 network；longitude 表示经度，浮点数，以度为单位；latitude 表示纬度，浮点数，以度为单位；accuracy 表示精度，浮点数，以 m 为单位，GPS 定位精度能达 5m。

```
locationProviders()
```

返回设备上所有有效的提供商。

```
locationProviderEnabled()
```

询问地理位置提供商是否使能。

```
getLastKnownLocation()
```

返回设备最近一次的地理信息数据，其数据格式同函数 readLocation 返回值相同。

```
geocode(Doublelatitude, Doublelongitude, IntegermaxResults)
```

以对象数组形式返回指定经纬度对应的地址列表。参数 latitude 是纬度，浮点数；longitude 是经度，浮点数；参数 maxResults 指定了地址列表的数容量（数组元素数），正整数。数组中的每个元素都是一个对象，是经纬度解析出的一个地址，对象由 locality、admin_area 和 thoroughfare 三个属性组成，分别表示市、省和街道名，字符串数据类型。

10.5.2 GPS测距和定位开发

对于两个点，在纬度相等的情况下：经度每隔 0.000 01°，距离相差约 1m；每隔 0.0001°，距离相差约 10m；每隔 0.001°，距离相差约 100m；每隔 0.01°，距离相差约 1000m；每隔 0.1°，距离相差约 10 000m。对于两个点，在经度相等的情况下：纬度每隔 0.00001°，距离相差约 1.1m；每隔 0.0001°，距离相差约 11m；每隔 0.001°，距离相差约 111m；每隔 0.01°，距离相差约 1113m；每隔 0.1°，距离相差约 11 132m。下面是 GPS 计算两点距离的实例，其例由文件 gpsDist.xml 和 gpsDist.php 组成，前者显示 UI，后者计算距离。

【例 10-5】（代码位置：\10\gps）

界面文件 gpsDist.xml：

```
<?xml version="1.0" encoding="utf-8"?>
<LinearLayout xmlns:android="http://schemas.android.com/apk/res/android"
        android:id="@+id/background"
        android:orientation="vertical" android:layout_width="match_parent"
        android:layout_height="match_parent" android:background="#ff000000">
<LinearLayout android:layout_width="match_parent"
               android:layout_height = " wrap _ content " android: id = " @ + id/
               linearLayout1">
<Button android:id="@+id/button1"
                      android:layout_width="wrap_content"
                      android:layout_height="wrap_content"
                      android:text="GPS获取始点">
</Button>
<Button android:id="@+id/button2" android:layout_width="wrap_content"
                      android:layout_height="wrap_content"
                      android:text="GPS获取终点">
</Button>
<Button android:id="@+id/button3" android:layout_width="wrap_content"
                      android:layout_height="wrap_content"
                      android:text="计算距离">
</Button>
<Button android:id="@+id/button4"
                      android:layout_width="wrap_content"
                      android:layout_height="wrap_content" android:text="退出">
</Button>
</LinearLayout>
<TextView android:layout_width="match_parent"
               android:layout_height="wrap_content"
               android:text="始点纬度"
               android:id="@+id/textlatitude1"
```

```
            android:textAppearance="?android:attr/textAppearanceLarge"
            android:gravity="center_vertical|center_horizontal|center">
</TextView>
<EditText android:layout_width="match_parent"
            android:layout_height="wrap_content"
            android:id="@+id/editlatitude1"
            android:tag="Tag Me"
            android:inputType="textCapWords|textPhonetic|number">
<requestFocus></requestFocus>
</EditText>


<TextView android:layout_width="match_parent"
            android:layout_height="wrap_content"
            android:text="始点经度"
            android:id="@+id/textlongitude1"
            android:textAppearance="?android:attr/textAppearanceLarge"
            android:gravity="center_vertical|center_horizontal|center">
</TextView>
<EditText android:layout_width="match_parent"
            android:layout_height="wrap_content"
            android:id="@+id/editlongitude1"
            android:tag="Tag Me"
            android:inputType="textCapWords|textPhonetic|number">
<requestFocus></requestFocus>
</EditText>


<TextView android:layout_width="match_parent"
            android:layout_height="wrap_content"
            android:text="终点纬度"
            android:id="@+id/textlatitude2"
            android:textAppearance="?android:attr/textAppearanceLarge"
            android:gravity="center_vertical|center_horizontal|center">
</TextView>
<EditText android:layout_width="match_parent"
            android:layout_height="wrap_content"
            android:id="@+id/editlatitude2"
            android:tag="Tag Me"
            android:inputType="textCapWords|textPhonetic|number">
<requestFocus></requestFocus>
</EditText>

<TextView android:layout_width="match_parent"
```

```
                android:layout_height="wrap_content"
                android:text="终点经度"
                android:id="@+id/textlongitude2"
                android:textAppearance="?android:attr/textAppearanceLarge"
                android:gravity="center_vertical|center_horizontal|center">
</TextView>
<EditText android:layout_width="match_parent"
                android:layout_height="wrap_content"
                android:id="@+id/editlongitude2"
                android:tag="Tag Me"
                android:inputType="textCapWords|textPhonetic|number">
<requestFocus></requestFocus>
</EditText>

<TextView android:layout_width="match_parent"
                android:layout_height="wrap_content"
                android:text="距离=0 米"
                android:id="@+id/textDistance"
                android:textAppearance="?android:attr/textAppearanceLarge"
                android:gravity="center_vertical|center_horizontal|center">
</TextView>
</LinearLayout>
```

脚本文件 gpsDist. js：

```
load("/sdcard/com.googlecode.rhinoforandroid/extras/rhino/android.js");
var droid=new Android();
var layout=file_get_contents("/sdcard/sl4a/scripts/gpsDist.xml");
droid.fullShow(layout);
while (true)
{
    var event=droid.eventWait();
    var id=-1;
    if ( event.name=="click" )
      id=event.data.id;
      //退出程序
    if ( id=="button4" )
        break;

      //GPS 终点
    if ( id=="button2" )
    {
        droid.eventClearBuffer();
```

```
    droid.startLocating() ;
    droid.eventWaitFor("location",5000);
    var gpsdata2=droid.readLocation()  ;
    gpsdata2=gpsdata2;
    if ( gpsdata2.network !=null )
        gpsdata2=gpsdata2.network;
    else gpsdata2=gpsdata2.gps;
    droid.stopLocating() ;

    var latitude=gpsdata2.latitude;
    var longitude=gpsdata2.longitude;
    droid.fullSetProperty("editlatitude2","text","latitude");
    droid.fullSetProperty("editlongitude2","text","longitude");
}

  //GPS 始点
if ( id=="button1" )
{
    droid.eventClearBuffer();
    droid.startLocating() ;
    droid.eventWaitFor("location",5000);
    gpsdata1=droid.readLocation()  ;

    gpsdata1=gpsdata1;
    if ( gpsdata1.network !=null )
        gpsdata1=gpsdata1.network;
    else gpsdata1=gpsdata1.gps;
    droid.stopLocating() ;

    latitude=gpsdata1.latitude;
    longitude=gpsdata1.longitude;
    droid.fullSetProperty("editlatitude1","text","latitude");
    droid.fullSetProperty("editlongitude1","text","longitude");

}
if ( id=="button3" )
{//计算两点距离
    var lat1=droid.fullQueryDetail("editlatitude1");
    var lon1=droid.fullQueryDetail("editlongitude1");
    var lat2=droid.fullQueryDetail("editlatitude2");
    var lon2=droid.fullQueryDetail("editlongitude2");
```

```
        lat1=lat1.text;
        lon1=lon1.text;
        lat2=lat2.text;
        lon2=lon2.text;
        dist=distance(lon1, lat1, lon2, lat2);
        droid.fullSetProperty("textDistance","text","距离="+dist+" 米");
    }
}

   ///lon 为经度,lat 为纬度
   function distance(lon1, lat1, lon2, lat2){
        return (2*Math.atan2(Math.sqrt(Math.Sin((lat1-lat2)*Math.PI/180/2)
        *Math.Sin((lat1-lat2)*Math.PI/180/2)+
        Math.Cos(lat2*Math.PI/180)*Math.Cos(lat1*Math.PI/180)
        *Math.Sin((lon1-lon2)*Math.PI/180/2)
        *Math.Sin((lon1-lon2)*Math.PI/180/2)),
        Math.sqrt(1-Math.Sin((lat1-lat2)*Math.PI/180/2)
        *Math.Sin((lat1-lat2)*Math.PI/180/2)
        +Math.Cos(lat2*Math.PI/180)*Math.Cos(lat1*Math.PI/180)
        *Math.Sin((lon1-lon2)*Math.PI/180/2)
        *Math.Sin((lon1-lon2)*Math.PI/180/2))))*6378140;
   }

   function file_get_contents(fileName) {
        var file=new java.io.File(fileName);
        var reader=new java.io.BufferedReader(new java.io.FileReader(file));
        var tempString=null;
        var fileString="";
        // 一次读入一行,直到读入 null 为文件结束
        while ((tempString=reader.readLine()) !=null) {
            fileString=fileString+tempString ;
        }
        reader.close();
        return fileString;
   }
```

程序运行结果如图 10-2 所示,用户可以在文本框中手工输入或通过 GPS 自动采集始终点的经纬度。

下面是定位实例,程序运行后会先自动采集当前经纬度,然后根据经纬度定位地址,由于采集地理信息数据需耗费一定时间,因此需要等待,当出现事件 location 时则表示已经采集到地理信息数据。运行程序前需设置 GPS 为网络定位。图 10-3 是程序运行结

果，它显示了经纬度对应的省市街名。

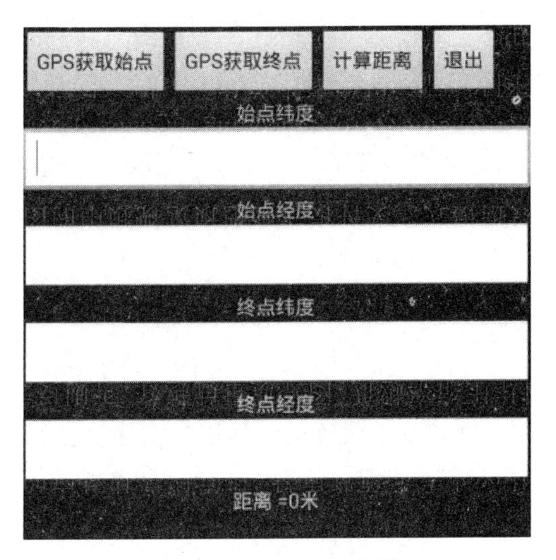

图 10-2　程序运行结果

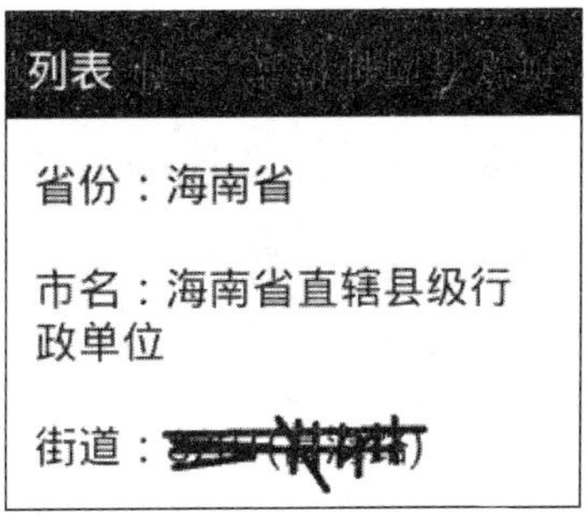

列表

省份：海南省

市名：海南省直辖县级行政单位

街道：

图 10-3　地址定位

【例 10-6】（代码位置：\10\geo.js）

```
load("/sdcard/com.googlecode.rhinoforandroid/extras/rhino/android.js");
var android=new Android();

android.startLocating() ;
android.eventWaitFor("location",5000);
var gpsdata=android.readLocation()  ;
gpsdata=gpsdata.network;
var longitude=gpsdata.longitude;
var latitude=gpsdata.latitude;
var address=android.geocode(latitude, longitude ,1);
android.stopLocating() ;
local=new Array();
local[0]="省份："+address[0].admin_area;
local[1]="市名："+address[0].locality;
local[2]="街道："+address[0].thoroughfare;
android.dialogCreateAlert("列表");
android.dialogSetItems(local);
android.dialogShow();
android.dialogGetResponse();
```

10.5.3　模拟器与 GPS

如果要在模拟器中调试 GPS 应用，有两种方法可以模拟 GPS 数据。一种是通过

Android SDK 自带的 DDMS 工具模拟 GPS 数据。具体步骤：在主菜面中单击 Emulator Control 标签，在该标签视图中的 Longtitude 和 Latitude 文本框中手动输入地理位置数据即可。

另一种方法是使用 geo 命令模拟 GPS 数据。先在控制台中启动命令 telnet 5554，5554 为模拟器名字，然后在命令行下输入 geo 命令，命令格式为"geo fix 参数 1 参数 2 参数 3"，例如，"geo fix 116.397428 39.90923"，这三个参数分别代表了经度、纬度和海拔(海拔可选)。

10.5.4 高德地图服务

汽车导航、就餐地点定位和旅游景点位置标识等是 GPS 和地图配合使用的常见应用。高德地图是国内一流的免费地图导航产品，也是基于位置的生活服务功能最全面、信息最丰富的手机地图，由国内最大的电子地图、导航和 LBS 服务解决方案提供商高德软件(纳斯达克 Amap)提供。应用 JavaScript 语言可以开发高德地图应用。通过官方网站"http://lbs.amap.com/api/javascript-api/jsapi-markdown/快速入门"可以快速掌握高德地图服务开发。要开发高德地图应用，首先需要到网站 http://lbs.amap.com/console/key 申请开发者 key，key 是一个 32 长度的十六进制数字。然后引入高德地图 JavaScript API 文件。接下来创建地图容器和指定容器尺寸。最后创建地图和进行地图其他操作。

下面是创建地图的实例，它将显示一张地图，它由文件 gd.js 和 gd.htm 组成。先到高德官网申请开发者 key，把申请到的 key 填到程序 gd.js 代码"你申请的 key"处，再把 gd.js 和 gd.htm 下载到手机的"/sdcard/sl4a/scripts/"目录下，再运行程序 gd.js，最后会显示出相应的地图，运行结果如图 10-4 显示，它是一张北京故宫博物院附近处的地图。

【例 10-7】 (代码位置：\10\gd)

脚本文件 gd.js：

```
load("/sdcard/com.googlecode.rhinoforandroid/extras/rhino/android.js");
var obj=droid.makeToast("MyHello, Android!");
droid.webViewShow("file:///sdcard/sl4a/scripts/gd.htm");
droid.eventWait(10000);            //延时 10s 再结束程序
```

界面文件 gd.htm：

```
<!doctype html>
<html>
<head>
<meta charset="utf-8">
<meta http-equiv="X-UA-Compatible" content="IE=edge">
<meta name="viewport" content="initial-scale=1.0, user-scalable=no, width=
```

```
device-width">
<title>地图显示</title>
<link rel="stylesheet" href="http://cache.amap.com/lbs/static/main.css" />
<script src="http://webapi.amap.com/maps?v=1.3&key=你申请的 key"></script>
                                                            //引入高德地图文件
</head>
<body>
<div id="mapContainer"></div>                               //创建地图容器
<script>
    //创建地图、设置地图中心和设置缩放级别
      var map=new AMap.Map('mapContainer', {
        // 设置中心点
        center: [116.397428, 39.90923],
        // 设置缩放级别
        zoom: 12
    });
</script>
</body>
</html>
```

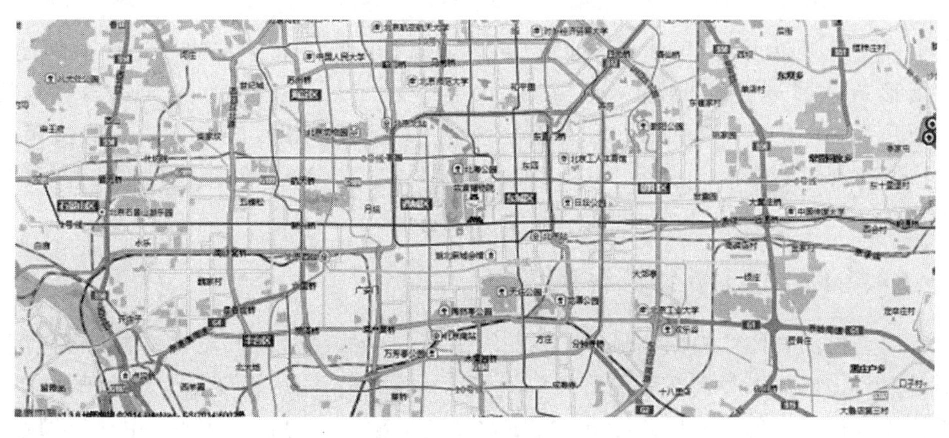

图 10-4　北京故宫博物院附近处的高德地图

10.5.5　方向传感器概念和 API

为便于描述手机的方向变化,图 10-5 对手机的方位进行了描述。图 10-5 用平行四边形 ABCD 表示手机,AD 右边有一横线表示手机 HOME 等按键,将其水平放置且屏幕朝天空方向,AD 表示手机底部,BC 表示手机头部,AB 表示手机左侧,DC 表示手机右侧。为便于描述,设 AD 方向为 X 轴,AB 方向为 Y 轴,屏幕朝上方向为 Z 轴。

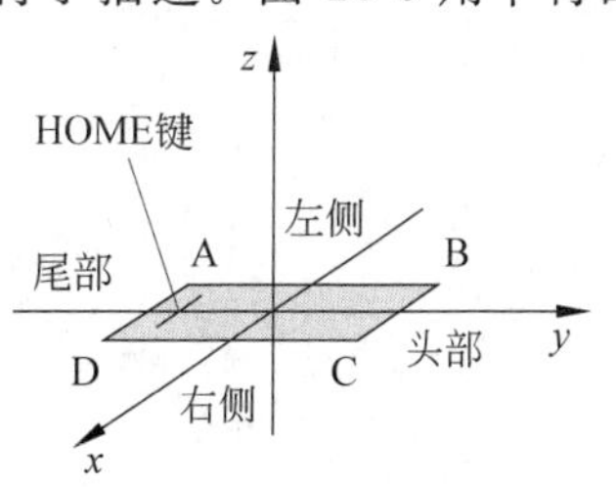

图 10-5　手机方位坐标系

角度 1(azimuth, degrees of rotation around the z axis)表示手机头部的指使方向,它定义为手机左侧(即向

量)与地球的正北方的夹角,当手机绕 Z 轴旋转时,其夹角会发生变化,夹角范围为−180°~180°,当手机左侧从正北方顺时针方向旋转,则其夹角为正值;当手机左侧从正北方逆时针方向旋转,其夹角为负值。

角度 2(pitch,degrees of rotation around the x axis)表示手机头部和尾部的翘起状态,它定义为手机左侧(右侧)和地球的水平面的角度,当手机绕着 X 轴旋转时,该角度值会发生变化,其角度范围是−180°~180°。当手机头部不动,尾部不断向上翘动直至落到 XOY 平面,这时角度为正值,值渐变增大,范围为 0°~180°;当手机尾部不动,头部不断向上翘动直至落到 XOY 平面,这时角度为负值,值渐变减小,范围为−180°~0。

角度 3(roll,degrees of rotation around the y axis)表示手机左侧和右侧翘起状态,它定义为手机头部(尾部)和地球的水平面的角度,当手机绕着 Y 轴旋转时,该角度值发生变化,范围是−180°~180°。当手机右侧不动,手机左侧不断向上翘起直至落到 XOY 平面,这时角度为正值,值渐变增大,范围为 0°~180°;当手机右侧不动,手机左侧不断向上翘起直至落到 XOY 平面,这时角度为负值,值渐变减小,范围为−180°~0°。

如果手机内置有方向传感器,就可以通过方法 sensorsReadOrientation 查询手机的方向。下面是方法介绍。

```
sensorsReadOrientation()
```

读取手机头部指向状态(角度 1)、头底部翘起状态(角度 2)和左右侧翘起状态(角度 3),以数组形式返回最近接收到的状态值。数组包括三个元素,第 0 个元素表示角度 1,第 1 个元素表示角度 2,第 2 个元素表示角度 3。角度用弧度表示,弧度值范围为−3.141 592 653 589~3.141 592 653 589。如果手机不支持此类传感器,则此数组的三个元素为空。

10.5.6 方向传感器物体倾斜开发

下面是检测物体倾斜的实例,它可以检测头尾部倾斜度,以及左右两侧的倾斜度。它先通过方向传感器采集左右和前后倾斜值,然后将倾斜值由弧值变换为角度值,再然后由倾斜值正负计算出前后或后前倾和左右或右左倾,最后以对话框 UI 向用户反馈手机倾斜状态,以及提示用户是否继续检测手机倾斜状态。

【例 10-8】 (代码位置:\10\incline.js)

```
load("/sdcard/com.googlecode.rhinoforandroid/extras/rhino/android.js");
var android=new Android();

android.startSensingTimed(1, 250);
while(true)
{
    var direct1="";
    java.lang.Thread.sleep(1000);
    var ret=android.sensorsReadOrientation();
```

```
    var degree1=ret[1];                     //获取前后倾斜角度
    var degree2=ret[2];                     //获取左右倾斜角度
    if ( degree1>0 )
        direct1="头部朝下";
    else direct1="头部朝上";

    degree1=Math.abs(degree1);
    degree1=180/Math.PI * degree1;
    degree1=degree1.toFixed(5);             //保留 5 位小数
    var msg=direct1+" 倾斜"+degree1+"度。\r\n";

    if ( degree2>0 )
        direct2="左侧朝上";
    else direct2="左侧朝下";

    degree2=Math.abs(degree2);
    degree2=180/Math.PI * degree2;
    degree2=degree2.toFixed(5);             //保留 5 位小数
    msg=msg+direct2+"倾斜"+degree2+" 度。";

    android.dialogCreateAlert(msg);
    android.dialogSetPositiveButtonText('继续检测');
    android.dialogSetNegativeButtonText('停止检测');
    android.dialogShow();
    result=android.dialogGetResponse();
    var is_continue=result.which=='positive';
    if ( is_continue==false )
        break;
}
android.stopSensing();
```

用户启动程序后，会跳出对话框显示手机倾斜状态，并提示用户是否继续检测手机倾斜状态，运行结果如图 10-6 所示，图中显示手机头部朝上底部朝下倾斜 33.85°，右侧朝上左侧朝下倾斜 10.25°。

图 10-6　倾斜检测

10.5.7　加速度传感器概念和 API

加速度是描述物体速度改变快慢的物理量，加速度定义为速度随时间的变化率，加速度是矢量，其大小单位用 m/s^2 表示，其方向与合成力的方向相同。

手机加速传感器是一种能够测量加速度的电子设备，这个加速度是外力和重力共同对物体施力的加速度。这个加速度可以分解为三个 XYZ 直角坐标系分量。XYZ 坐标系将手机左下角定义为原点（手机水平置放且屏幕朝天），将屏幕短边定义为 X 轴，X 轴沿屏幕向右（原点沿屏幕短边方向）为正方向；将屏幕长边定义为 Y 轴，Y 轴沿着屏幕向上（原点沿屏幕长边方向）为正方向；将垂直屏幕方向定义为 Z 轴，屏幕朝天为正方向。

当手机 Z 轴朝天平放在桌面上，并且从左到右（原点沿屏幕短边方向）推动手机，此时 X 轴上的加速度是正数。当手机 Z 轴朝天平放在桌面上，并且从下到上（原点沿屏幕长边方向）推动手机，此时 Y 轴上的加速度是正数。当手机 Z 轴朝上静止平放在桌面上，则加速度 Z 分量为设备加速度（$0m/s^2$）减去重力加速度（$-9.81m/s^2$），此时 Z 分量的加速度是 $+9.81m/s^2$。当手机从空中自由落体，此时加速度 Z 分量是 0，因为加速度 Z 分量为设备加速度（$-9.81m/s^2$）减去重力加速度（$-9.81m/s^2$）。当手机向上以 Am/s^2 的加速度向空中抛出，此时加速度 Z 分量为 $A+9.81m/s^2$。

如果手机内置了加速度传感器，就可以通过方法 sensorsReadAccelerometer 查询手机在 X、Y 和 Z 方向的加速度值。下面是方法介绍。

```
sensorsReadAccelerometer()
```

以数组形式返回手机加速度在 X、Y 和 Z 方向的分量。第 0 个元素为 X 分量，第 1 个元素为 Y 分量，第 2 个元素是 Z 分量。

10.5.8 加速度传感器手摇应用开发

下面是应用加速度开发手摇应用的实例，应用采集加速度值，如果加速度的分量大于指定阈值，则手机震动。用户先启动程序后，然后不断摇动手机两三秒，如果摇动速度够快，那么手机将震动，否则不会震动。

【例 10-9】（代码位置：\10\Shake.js）

```
load("/sdcard/com.googlecode.rhinoforandroid/extras/rhino/android.js");
var android=new Android();
android.startSensingTimed(1, 250);
java.lang.Thread.sleep(2000);
var a=android.sensorsReadAccelerometer();            //加速度
android.stopSensing();
var x=a[0];                                          //X 分量
var y=a[1];                                          //Y 分量
var z=a[2];                                          //Z 分量
var threshold=15;                                    //阈值
if ((Math.abs (x) > threshold) || (Math.abs (y) > threshold) || (Math.abs (z) >
threshold))
     android.vibrate(1000);
```

10.5.9 磁力传感器概念和 API

磁场是指存在磁力作用的空间。磁场存在于磁体周围空间、运动电荷周围空间以及电流周围空间。磁感应强度是用来描述磁场强弱和方向的物理量，是矢量。磁感应强度越大表示磁感应越强；磁感应强度越小，表示磁感应越弱。其方向就是磁针在磁场中某点静止时 N 极所指的方向。磁场国际通用单位为特斯拉(符号为 T)，1 特斯拉在数值上等于长度为 1m 并与磁场相垂直的导线，通过 1A 电流时，它所受的电磁力为 1 牛顿(N)时的磁场感应强度。磁场单位还常用高斯(G)、毫高斯(mG)和微特斯拉(μT)等来表示。它们之间的换算为：1μT=10mG；1G=1000mG；1T=10 000G。

磁场传感器主要用于感应其周边的磁感应强度。即使周围没有任何直接的磁场，手机设备也始终会处于地球磁场中。随着手机状态设备摆放状态的改变，周围磁场分解在手机的 X、Y 和 Z 方向上的磁场分量会发生改变。这里的 X、Y 和 Z 方向参见图 10-5。手机磁场传感器的磁场单位是微特斯拉(μT)。通过该传感器便可开发出指南针和罗盘等磁场应用。下面是磁场传感器 API。

如果手机内置了磁场传感器，就可以通过方法 sensorsReadMagnetometer 查询手机在 X、Y 和 Z 方向上的磁场分量。下面是方法介绍。

```
sensorsReadMagnetometer()
```

以数组形式返回磁场在手机 X、Y 和 Z 方向上的分量。第 0 个元素是 X 方向的磁场分量，第 1 个元素是 Y 方向的磁场分量，第 2 个元素是 Z 方向的磁场分量。

10.5.10 磁力传感器磁场检测开发

下面是检测磁场分量的实例，在手机 X、Y 和 Z 方向附近摆放磁体，每次摆放位置要不同，以控制台方式运行程序观察磁分量值，会发现值发生较大变化，因为磁体摆放处具有较大的磁场。

【例 10-10】 (代码位置：\10\Msensor.js.js)

```
load("/sdcard/com.googlecode.rhinoforandroid/extras/rhino/android.js");
var android=new Android();
android.startSensingTimed(1, 250);
java.lang.Thread.sleep(1000);
s5=android.sensorsReadMagnetometer();
android.stopSensing();
print("X 方向磁分量: "+s5[0]+"\n");
print("Y 方向磁分量: "+s5[1]+"\n");
print("Z 方向磁分量: "+s5[2]+"\n");
```

多媒体和语音处理

11.1 相机拍摄

11.1.1 视频拍摄 API

Android 手机通常都带有前置和后置摄像头，摄像头可以用来拍照和摄像，而拍照和摄像是 Android 手机 Camera 应用的主要功能。和 Android 手机相比，PC 端的 Camera 应用其功能通常会比较弱，因为 PC 端通常是不带有摄像头的，即使安装了摄像头也是不能移动拍照和摄像的。如果 Android 摄像头通过网络可以被 PC 端访问，PC 端应用无疑将具有更强大的功能，例如，可以将家中的每个角落实时分享给朋友。SL4A 支持在线摄像功能，在线摄像功能启动后，会建立起 Web 服务器，服务器把本地摄像头拍摄的图片源源不断地发送给客户端，图片支持 JPEG 格式。下面是 SL4A 提供的在线拍照和摄像方法。

```
cameraStartPreview (Integer resolutionLevel, Integer jpegQuality, String
filepath)
```

其作用是启动视频预览。参数 resolutionLevel 表示预览质量，其值越高其对应的预览质量会越高，默认值为 0。参数 jpegQuality 表示视频的 jpeg 图片压缩质量，其值范围为 0～100，默认值为 20，此值越高其对应的图片压缩率越低，图片质量就越好，否则反之。参数 filepath 表示 jpeg 图片的存储路径，此参数可选。如果方法调用成功将返回布尔值 true。

预览有两种模式，一种是数据模式，一种是文件模式。如果参数 filepath 指定的存储路径是可读写的，就选用文件模式，否则选用数据模式。文件模式会把预览视频中的图片保存为 jpeg 文件，文件存储在参数 filepath 指定的存储路径。数据模式会产生 preview 事件，事件携带 format、width、height、quality、filename、error、encoding 和 data 等数据，format 的值总是为 jpeg；width 和 height 表示图片宽高，以像素为单位；quality 表示 jpeg 图片质量，其值范围为 1～100；filename 表示 jpeg 文件名；error 表示错误，只有出现磁盘满或文件写保护等状态才包含此值；encoding 表示数据编码，如果是文件模式，则此值总是为 file，否则为 base64；data 表示经过 base64 编码的图片数据。

```
cameraStopPreview()
```

其作用是停止视频预览。

```
webcamAdjustQuality(Integer resolutionLevel, Integer jpegQuality)
```

其作用是在启动 Web 摄像服务的时候调整 Web 摄像头的视频拍摄质量。参数 resolutionLevel 表示拍摄质量，其值越高其对应的拍摄质量会越高，默认值为 0。参数 jpegQuality 表示视频的 jpeg 图片压缩质量，其值范围为 0～100，默认值为 20，此值越高其对应的图片压缩率越低，图片质量就越好，否则反之。

```
webcamStart(Integer resolutionLevel, Integer jpegQuality, Integer port)
```

其作用是启动 MJPEG 视频流服务。参数 resolutionLevel 表示拍摄质量，其值越高其对应的拍摄质量会越高，默认值为 0。参数 jpegQuality 表示图片压缩质量，其值范围为 0～100，默认值为 20，此值越高其对应的图片压缩率越低，图片质量就越好，否则反之。

```
webcamStop()
```

其作用是关闭 MJPEG 视频流服务。

11.1.2 在线拍摄开发

由于 SL4A 没有开放 MJPEG 视频流的协议，再加上部分 Android 视频设备不支持 preview 模式等原因，前述方法在不同设备上使用时很可能会失败，导致请求 MJPEG 服务失败。针对这个问题，可以采用“手机采集图像＋PC 浏览器预览图像”的方法来解决。“手机采集图像＋PC 浏览器预览图像”方法的工作原理：当客户端采用 HTTP 访问手机 Camera 服务时，手机端应用先捕获 Camera 图像并存储到指定目录，之后把图像文件通过 HTTP 返回给客户端，最后客户端在浏览器中预览手机摄像头中的景象或自行开发应用保存图像数据。下面是 JPEG 视频流实例，当浏览器客户端通过 HTTP 请求拍摄服务时，应用会先拍摄图像并存储图像文件，再通过 HTTP 把图像文件传递给浏览器客户端。实例由 CapturePicture. js 和 CapturePicture. htm 组成，前者负责采集和传递图像，后者负责显示图像。运行此实例前，需要把 CapturePicture. htm 中的代码“手机端 IP”修改为实际手机的 IP 地址。先在手机端运行 CapturePicture. js 程序，之后在 PC 端浏览器运行 CapturePicture. htm 可访问手机端摄像头。实例会每隔 2 秒请求显示采集到的图像。为了提供成功率，手机和 PC 最好要在同一个局域网中运行。

【例 11-1】 （代码位置：\11\CapturePicture）

文件 CapturePicture. htm：

```
<html>
<head>
<title>实时视频</title>
<meta http-equiv="refresh" content="2" />
</head>
```

```
<body>
<h1>实时视频</h1>
<img width="300" height="300" src="http://手机端 ip:8080 " />
</body>
</html>
```

文件 CapturePicture.js：

```
load("/sdcard/com.googlecode.rhinoforandroid/extras/rhino/android.js");
var android=new Android();
var myobj=  function() {
    var server=new java.net.ServerSocket(8080);
    while ( true )
    {
        var socket=server.accept();
        var bufferedReader = new java.io.BufferedReader (new java.io.
        InputStreamReader(socket.getInputStream(), "utf-8"));
        var osw=new java.io.DataOutputStream(socket.getOutputStream());
        //采集图像
        android.cameraCapturePicture("/sdcard/sl4a/scripts/r_lena.jpg", true);
        readImage("/sdcard/sl4a/scripts/r_lena.jpg");

        //HTTP 响应头
        var tmpHttpHeader=new java.lang.String("HTTP/1.1 200 OK\r\n");
        osw.write(tmpHttpHeader.getBytes("UTF8"),0,tmpHttpHeader.length() );

        tmpHttpHeader=new java.lang.String("Connection: close\r\n");
        osw.write(tmpHttpHeader.getBytes("UTF8"),0,tmpHttpHeader.length() );

        tmpHttpHeader=new java.lang.String("Server: Digital Video Technology
        PUSH1\r\n");
        osw.write(tmpHttpHeader.getBytes("UTF8"),0,tmpHttpHeader.length() );

        tmpHttpHeader=new java.lang.String ("Cache-Control: no-store, no-
        cache, must-revalidate, pre-check=0, post-check=0, max-age=0\r\n");
        osw.write(tmpHttpHeader.getBytes("UTF8"),0,tmpHttpHeader.length() );

        tmpHttpHeader=new java.lang.String("Pragma: no-cache\r\n");
        osw.write(tmpHttpHeader.getBytes("UTF8"),0,tmpHttpHeader.length() );

        tmpHttpHeader=new java.lang.String("Expires: 0\r\n");
        osw.write(tmpHttpHeader.getBytes("UTF8"),0,tmpHttpHeader.length() );

        tmpHttpHeader=new java.lang.String("Content-Length: "+imageFilelen
        +"\r\n");
```

```
        osw.write(tmpHttpHeader.getBytes("UTF8"),0,tmpHttpHeader.length() );

        tmpHttpHeader=new java.lang.String("Content-Type: image/jpeg\r\n\r\n");
        osw.write(tmpHttpHeader.getBytes("UTF8"),0,tmpHttpHeader.length() );
        osw.write(imagebuffer,0,imageFilelen);              //发送图片
        osw.flush();
        java.lang.Thread.sleep(1000);
        bufferedReader.close();
        osw.close();
      }
        socket.close();
}
//功能：读出图像文件
function readImage(fileName){
    var tempbuffer = java.lang.reflect.Array.newInstance(java.lang.Byte.
    TYPE, 1024*1024);
    var imagepos=0;
    var byteread=0;
    var fin=new java.io.FileInputStream(fileName);
      //读入多个字节到字节数组中,byteread为一次读入的字节数
    while ((byteread=fin.read(tempbuffer)) !=-1){
      java.lang.System.arraycopy( tempbuffer, 0, imagebuffer, imagepos,
      byteread);
      imagepos=imagepos+byteread;
    }
    fin.close();
    imageFilelen=imagepos;
}
var imageFilelen=0;                        //图像文件实际长度
//图像文件最大 10MB
var imagebuffer=java.lang.reflect.Array.newInstance(java.lang.Byte.TYPE,
10*1024*1024);
readImage("/sdcard/sl4a/scripts/r_lena.jpg");
t=java.lang.Thread(myobj);                 //开启线程
t.start();
```

11.2 多 媒 体

11.2.1 多媒体简述

多媒体可以使移动应用更加绚丽多彩，在应用程序中使用多媒体可以显著地增强应用程序的吸引力、实用性和功能性。现今的移动设备都会内置麦克风、摄像头和扬声器，

通过它们可以录制语音、采集视频或图像、播放不同音频编码文件。SL4A 支持 MP3、WMA、AAC 和 AMR 等音频编码。MP3 全称为 Moving Picture Experts Group Audio Layer Ⅲ，是一种音频压缩技术，它可以大幅度地降低音频数据量，它的音频压缩率可以达 1∶10 甚至 1∶12，压缩前后的音质没有明显下降，正是因为 MP3 具有体积小和音质高的特点，使得 MP3 几乎成为网上音乐的代名词。WMA 的全称是 Windows Media Audio，是微软公司力推的一种音频格式。WMA 格式是以减少数据流量但保持音质的方法来达到更高的压缩率目的，其压缩率一般可以达到 1∶18，生成的文件大小只有相应 MP3 文件的一半，但在音质方面，尤其是在高位元率下，WMA 无法和 MP3 相抗衡。AAC(Advanced Audio Coding)是一种专为声音数据设计的文件压缩格式，它是在 MP3 的基础上发展而来，相对于 MP3，AAC 具有音质更佳和文件更小的优点，但目前并没有普及。AMR(Adaptive Multi-Rate)是一种音频压缩编码，AMR 又可分为 amr-nb 和 amr-wb 两种编码，通常所说的 AMR 一般是指 amr-nb，其采样率为 8000Hz，支持 4.75、5.15、5.9、6.7、7.4、7.95、10.2 和 12.2kb/s 等 8 种比特率。AMR 的优势是文件容量很小，每秒钟的 AMR 音频大小可控制在 1KB 左右，即便是长达一分钟的音频文件，也能符合中国移动现行的彩信不超过 50KB 的技术规范，手机铃声通常采用 AMR 格式。由于 AVI、WMV、MP4、3GP、FLV 等视频所采的音频编码是 MP3、AAC、WMA 和 AMR，所以系统可以播放视频文件中的音乐。

在图像方面，SL4A 支持 PNG 和 JPEG 等格式。JPEG 是 Joint Photographic Experts Group(联合图像专家组)的缩写，文件后缀名为.jpg 或.jpeg，是最常用的图像文件格式，其采用的是有损压缩算法，能够将图像压缩在很小的储存空间。由于图像中重复或不重要的资料会被丢失，因此容易造成图像数据的损伤。PNG 全称为 Portable Network Graphics(便携式网络图形)，采用的是无损压缩算法，它在不丢失数据的情况下尽可能压缩图像数据。两者最明显的区别就是 PNG 格式可以保存为透明背景的图片，JPEG 就不可以。

11.2.2 多媒体录制 API

SL4A 提供了多媒体录制方法，通过这些方法可以录制带声音和不带声音的视频图像文件，以及纯音频文件。视频和音频文件只能存储在 SDCARD 中，其存储路径必须是"/sdcard/文件名"或"/sdcard/子目录/文件名"，例如，存储路径可以是"/sdcard/file.mp4"。如果存储路径为"/mnt/sdcard2/文件名"，即使此目录存在并可以正常读写，那么多媒体录制方法将失效，不能正常录制音视频文件。录制音视频文件时，系统将根据多媒体文件的扩展名使用默认的多媒体音视频编码。如果多媒体文件的扩展名为 3gp 或 mp4，系统将使用通用的 h264 编码录制音视频文件。下面是多媒体录制方法的形式定义。

```
recorderCaptureVideo(String targetPath, Integerduration(optional), Boolean
recordAudio(optional))
```

其作用是从摄像头录制音视频信息并保存到指定的存储路径。参数 targetPath 表示存储路径，其路径形式必须为“/sdcard/文件名”或“/sdcard/子目录/文件名”。参数 duration 表示录制时间，以 s 为单位。录制过程会堵塞程序的执行。参数 duration 是可选的。如果没有提供参数 duration，那么方法将立即返回（放弃堵塞）并关闭掉录制屏幕，但录制工作并没有结束，录制工作会一直在后台运行，直到程序结束或调用了停止录制方法 recorderStop。方法 recordAudio 表示是否录制音频，如果值为 true 表示录制音频，否则表示不录制音频，该参数是可选的，默认值为 true。

```
recorderStartMicrophone(String targetPath)
```

其作用是从 microphone 中录制音频文件，参数 targetPath 表示存储路径。

```
recorderStartVideo ( String targetPath, Integerduration ( optional ),
IntegervideoSize(optional))
```

其作用是从摄像头录制音视频信息并保存到指定的存储路径。参数 targetPath 表示存储路径，其路径形式必须为“/sdcard/文件名”或“/sdcard/子目录/文件名”。参数 duration 表示录制时间，以 s 为单位。录制过程会堵塞程序的执行。参数 duration 是可选的。如果参数 duration 值为 0，那么方法将立即返回（放弃堵塞）并关闭掉录制屏幕，但录制工作并没有结束，录制工作会一直在后台运行，直到程序结束或调用了停止录制方法 recorderStop。参数 videoSize 表示视频分辨率，如果值为 0 则表示 160×120；如果值为 1 则表示 320×240；如果值为 2 则表示 352×288；如果值为 3 则表示 640×480；如果值为 4 则表示 800×480。参数 videoSize 默认值为 1。录制的视频帧速率为 15 帧/秒。

```
recorderStop()
```

其作用是停止录制多媒体。

```
startInteractiveVideoRecording(String path)
```

其作用是启动第三方应用程序录制音视频文件并存储到指定的路径。参数 path 表示存储路径，该路径可以是任意可以读写的目录，其形式可以不是“/sdcard/文件名”和“/sdcard/子目录/文件名”。

```
cameraCapturePicture(String path, Boolean useautofocus)
```

其作用是从镜头拍摄图像并存储到指定位置，参数 path 表示存储位置，参数 useautofocus 表示是否自动对焦，值为 true 表示自动对焦，否则表示不自动对焦。

```
cameraInteractiveCapturePicture(String path)
```

其作用是启动第三方拍照应用拍摄图像并存储到指定位置，参数 path 表示存储位置。

11.2.3 多媒体录制应用

下面是录音应用范例,用户单击开关按钮可实现录音和停止录音功能,当开始录音时,应用以系统的当前日期时间为这段录音命名;当停止录音或退出应用时,应用会把录音存储到"/sdcard"目录中。

【例 11-2】(代码位置:\11\Microphone)

文件 Microphone. php:

```
load("/sdcard/com.googlecode.rhinoforandroid/extras/rhino/android.js");
var droid =new Android();
var filenames=dir("/sdcard/sl4a/scripts/media");
var layout=file_get_contents("/sdcard/sl4a/scripts/Microphone.xml");
droid.fullShow(layout);

var ret1=droid.eventWait(2000);

var flag=true;

while ( flag )
{
    if ( (ret1 !=null) && ( ret1.data!=null) )
    {
        print("coming\n");
        var rett=ret1.data;
        for(var key in rett)
            print(key+": "+rett[key]);
        print("\n");

        switch ( ret1.data.id )
        {
            case 'microphoneTButton':
                microphoneTButton=droid.fullQueryDetail("microphoneTButton");
                text=microphoneTButton.text;
                if ( text=="停止录音" )        //录音和停止录音
                {
                    //录音文件以"日期时间.wma"命名,例如"October 30,2016_1:35:20
                      PM GMT+08:00.wma"
                    var myDate=new Date();
                    file = myDate. toLocaleDateString ( ) +" _" + myDate.
                    toLocaleTimeString()+".wma";
                    droid.recorderStartMicrophone("/sdcard/sl4a/"+file);
                } else droid.recorderStop();
                break;
            case 'microphoneList':
```

```
                break;
            case 'exitButton':
                flag=false;
                break;
            default:
        }
    }
      ret1=droid.eventWait(2000);

}

function file_get_contents(fileName) {
    var file =new java.io.File(fileName);
    var reader =new java.io.BufferedReader(new java.io.FileReader(file));
    var tempString =null;
    var fileString ="";
    // 一次读入一行,直到读入 null 时文件结束
    while ((tempString =reader.readLine()) !=null) {
        fileString=fileString+tempString ;
    }
    reader.close();
    return fileString;
}

function dir(filepath) {
  //功能:读出目录所有文件
  var filenames=new Array();
  var file =new java.io.File(filepath);
  var filelist =file.list();
  for (var i =0; i <filelist.length; i++) {
     var readfile =new java.io.File(filepath +"//" +filelist[i]);
     filenames.push(readfile);
}
return filenames;
}
```

11.2.4 多媒体播放 API

如果要让应用支持多媒体播放等功能,需要借助 MediaPlayer API 来实现,MediaPlayer API 提供了播放、暂停、停止、定位和查看媒体信息等功能。下面是 SL4A 提供的多媒体方法。

```
mediaIsPlaying(String tag)
```

检查媒体文件是否在播放，如果正在播放则返回 true。参数 tag 表示媒体标识符，该参数可由用户来指定，参数可选，默认值是 default。

```
mediaPlay(String url, String tag, Boolean play)
```

打开一个媒体文件，如果媒体文件能打开而且可以播放则返回 true。参数 url 表示媒体资源的 URL。参数 tag 表示媒体标识符，可选，默认值是 default。参数 play 是布尔值，表示是否立即播放，可选，默认值是 true。

```
mediaPlayClose(String tag)
```

关闭指定的媒体文件，关闭成功则返回 true。参数 tag 表示媒体标识符，可选，默认值是 default。

```
mediaPlayInfo(String tag)
```

查询当前媒体的信息，查询成功则返回媒体信息，媒体信息由固定的属性组成，具体的属性和含义如表 11-1 所示。

表 11-1　媒体信息属性

属　性	含　义
tag	媒体播放器标识符
loaded	标识媒体是否已加载，值 true 表示已加载，否则表示没有元素被加载
duration	媒体的播放长度，单位为 ms
position	当前播放位置，单位为 ms，位置可由函数 mediaPlaySeek 控制
isplaying	表示媒体是否正在播放，值 true 表示正在播放，否则未播放，媒体是否播放可由函数 mediaPlayPause 和 mediaPlayStart 控制
url	打开媒体文件的 URL
looping	媒体是否循环播放，值 true 表示循环，可由函数 mediaPlaySetLooping 控制

```
mediaPlayList()
```

获取当前已加载媒体的列表，返回媒体列表，列表项包含媒体的 tag 标识符。

```
mediaPlayPause(String tag)
```

暂停媒体文件的播放，暂停成功则返回 true。参数 tag 表示媒体标识符，可选，默认值是 default。

```
mediaPlaySeek(Integer msec, String tag)
```

定位媒体播放位置，返回值是新的定位位置。参数 msec 是新位置，单位为 ms，该值应该在 0 到媒体最大位置之间。参数 tag 表示媒体标识符,可选,默认值是 default。

```
mediaPlaySetLooping(Boolean enabled, String tag)
```

设置是否循环播放媒体,如果成功设置则返回 true。参数 enabled 表示是否循环播放,值 true 表示循环,参数可选,默认值是 true。参数 tag 表示媒体标识符,可选,默认值是 default。

```
mediaPlayStart (String tag [optional, default default]: string identifying
resource)
```

立即开始播放媒体文件,成功则返回 true。参数 tag 表示媒体标识符,可选,默认值是 default。

11.2.5 多媒体播放器开发

例 11-3 是音乐播放器范例,播放器会自动加载/sdcard/sl4a/scripts/media/目录中的多媒体文件,用户单击相应的按钮可以进行开始播放、继续播放、暂停播放、停止播放媒体和播放下一首媒体等操作。

【例 11-3】 (代码位置:\11\mediaPlayer 目录)

文件 Player.xml:

```
<?xml version="1.0" encoding="utf-8"?>
<LinearLayout xmlns:android="http://schemas.android.com/apk/res/android"
  android:orientation="vertical"
  android:layout_width="fill_parent" android:layout_height="fill_parent"
  android:background="#ff000000">
<TextView
        android:text="音乐播放器"
        android:layout_width="wrap_content"
        android:layout_height="wrap_content"
        android:textSize="25px"
        android:id="@+id/TextView01"
      />
<TextView
        android:text="当前媒体: "
        android:layout_width="wrap_content"
        android:layout_height="wrap_content"
        android:id="@+id/TextView02"      />
<SeekBar
     android:layout_width="fill_parent"
     android:layout_height="wrap_content"
     android:layout_alignParentBottom="true"
```

```
        android:layout_marginBottom="10dp"
         android:max="100"
        android:progress="0"
         android:id="@+id/Progress01"    />
<LinearLayout xmlns:android="http://schemas.android.com/apk/res/android"
  android:orientation="horizontal"
  android:layout_width="fill_parent"
  android:background="#ff000000" android:gravity="center">
<ToggleButton
          android:id="@+id/playtoggle"
          android:layout_width="fill_parent"
          android:layout_height="wrap_content"
          android:layout_weight="1"
          android:textOn="暂停 "
          android:textOff="播放"
          android:checked="false">
</ToggleButton>

<Button
         android:text="下首"
         android:layout_width="fill_parent"
         android:layout_height="wrap_content"
          android:layout_weight="1"
         android:id="@+id/play"    />
<Button
       android:text="停止"
       android:layout_width="fill_parent"
       android:layout_height="wrap_content"
       android:layout_weight="1"
       android:id="@+id/stop"    />

<Button
       android:text="退出"
       android:layout_width="fill_parent"
       android:layout_height="wrap_content"
       android:layout_weight="1"
       android:id="@+id/exit"      />
</LinearLayout>
</LinearLayout>
```

文件 Player.js：

```
load("/sdcard/com.googlecode.rhinoforandroid/extras/rhino/android.js");
var droid=new Android();
var filenames=dir("/sdcard/sl4a/scripts/media");
```

```
var layout=file_get_contents("/sdcard/sl4a/scripts/Player.xml");
droid.fullShow(layout);
var flag=true;
while ( flag )
{
    var event=droid.eventWait(1000);
    if ( (event!=null)&&(event.name=='click') )
    {
        switch( event.data.id )
        {
            case "playtoggle":
                playtoggle(droid,filenames);      //开始播放或暂时播放或继续播放
                break;
            case "play" :
                stopMedia(droid);
                play(droid,filenames);           //播放下一首
                break;
            case "stop" :
                stopMedia(droid);
                break;
            case "exit" :
                stopMedia(droid);
                flag=false;
                break;
            default:
                break;
        }
    }
    updateProcess(droid);
}
function updateProcess(droid)
{                                                  //功能：更新进度条
    var info=droid.mediaPlayInfo("default");
    var progress=0;
    var position=info.position;
    var duration=info.duration;
    var progress=Math.floor(position/duration * 100);
    droid.fullSetProperty("Progress01","progress",""+progress);
}
function play(droid,filenames)
{                                                  //功能：播放下一首媒体
    var music=filenames.shift();
    filenames.push(music);
    music="file://"+music;
    droid.mediaPlay(music,"default");
      //初始化播放进度条和更新当前媒体文件
    droid.fullSetProperty("Progress01","progress","0");
    droid.fullSetProperty("TextView02","text","当前媒体："+music);
```

```
        //初始化播放按钮
    droid.fullSetProperty("playtoggle","checked","true");
}
function playtoggle(droid,filenames)
{       //功能：播放，暂停
    var playtoggle=droid.fullQueryDetail("playtoggle");
    if ( playtoggle.checked=="true" )
    {
        var info=droid.mediaPlayInfo("default");
        if ( info.loaded==false )
        {
            //如果未加载音频文件则播放新的音频文件
            var music=filenames.shift();
            filenames.push(music);
            music="file://"+music;
            droid.mediaPlay(music,"default");
            //初始化播放进度条和更新当前媒体文件
            droid.fullSetProperty("Progress01","progress","0");
            droid.fullSetProperty("TextView02","text","当前媒体: "+music);
        }
        else
        {
            var isPlaying=droid.mediaIsPlaying("default")   ;
            if ( isPlaying==false )
            {   //如果音乐在暂停中就继续播放
            droid.mediaPlayStart("default");
            }
        }
    }
    else
    {       //暂停音乐
        droid.mediaPlayPause();
    }
}
function stopMedia(droid)
{
    //功能：关闭当前已加载的媒体
    var info=droid.mediaPlayInfo("default");

    if ( info.loaded==true )
        droid.mediaPlayClose("default");
      //初始化播放按钮
    droid.fullSetProperty("playtoggle","checked","false");
```

```
}
function file_get_contents(fileName) {
    var file=new java.io.File(fileName);
    var reader=new java.io.BufferedReader(new java.io.FileReader(file));
    var tempString=null;
    var fileString="";
      // 一次读入一行,直到读入 null 为文件结束
    while ((tempString=reader.readLine()) !=null) {
        fileString=fileString+tempString ;
    }
    reader.close();
    return fileString;
}
function dir(filepath) {
    //功能: 读出目录所有文件
      var filenames=new Array();
      var file=new java.io.File(filepath);
      var filelist=file.list();
for (var i=0; i<filelist.length; i++) {
     var readfile=new java.io.File(filepath+"//"+filelist[i]);
     filenames.push(readfile);
     }
return filenames;
}
```

先把多媒体文件复制到模拟器或手机上的/sdcard/sl4a/scripts/media/目录下，确保多媒体文件是 MP3、AAC、WMA 和 AMR 格式的音频文件，或者是音频编码为 MP3、AAC、WMA、AMR 的 AVI、WMV、MP4、3GP、FLV 视频文件。如果格式或音频编码不正确将不能播放媒体文件。程序运行结果如图 11-1 所示，单击“暂停”按钮将暂停播放歌曲，再次单击“暂停”按钮会继续播放歌曲；单击“下首”按钮将停止播放当前歌曲将播放另外一首歌曲；单击“退出”按钮将停止播放当前歌曲。

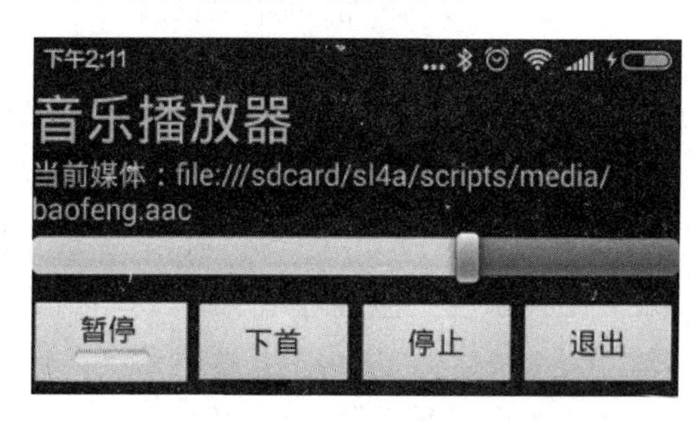

图 11-1　媒体播放器

11.3 语音合成和语音识别 API

11.3.1 什么是语音合成

语音合成又称文语转换(Text to Speech,TTS)技术,能将任意文字信息实时转化为标准流畅的语音朗读出来,相当于给机器装上了人工嘴巴。语音合成技术在自动控制、测控通信系统、办公自动化、信息管理系统和智能机器人等领域有着宽广的应用前景。目前各种语音报警器、语音报时器、商场广播、公车自动报站、股票信息查询、电话查询业务,以及打印出版过程中的文本校对等均已实现商品化。

语音合成与传统的声音回放设备(系统)有着本质的区别。传统的声音回放设备(系统),如磁带录音机,是通过预先录制声音然后回放来实现"让机器说话"的。这种方式无论是在内容、存储、传输或者方便性、及时性等方面都存在很大的限制。而通过语音合成则可以在任何时候将任意文本转换成具有高自然度的语音,从而真正实现让机器"像人一样开口说话"。

语音合成技术的研究已有两百多年的历史,但真正具有实用意义的近代语音合成技术是随着计算机技术和数字信号处理技术的发展而发展起来的,主要是让计算机能够产生高清晰度、高自然度的连续语音。在语音合成技术的发展过程中,早期的研究主要是采用参数合成方法,后来随着计算机技术的发展又出现了波形拼接的合成方法。

1930年,贝尔实验室开发了声音编码器。这是一个用键盘操作的电子语音分析器和合成器。第一个基于计算机的语音合成系统在20世纪50年代后期诞生,第一个完整的TTS语音合成系统在1968年完成。从那时起至今,语音合成技术经历了各种各样的技术改进。国内的汉语语音合成研究起步较晚,20世纪80年代初期,国内中文语音合成研究基本与国际上的研究同步发展。大致也经历了共振峰合成、LPC合成至应用PSOLA技术的过程。

11.3.2 语音合成引擎

Android从1.6版本开始支持TTS,目前市场上支持Android的TTS引擎产品很多,如Pico、科大讯飞、捷通华声、InfoTalk、微软和开源项目eyes-free的TTS产品。TTS产品可分为两大类:第一类是同系统接口适配;第二类是与系统接口不适配。第一类的做法是把TTS引擎跟语言包数据分开,Pico、科大讯飞和eyes-free等属于这一类。这类做法的好处是能通过系统提供的接口去使用TTS功能,易实现多国语言拓展,但不足的是,设置语音朗读角色和设置语速快慢就得通过系统的接口去设置。第二类把引擎和语言包打包成一个apk包,然后安装完之后,应用不是通过系统提供的接口而是通过自定义的接口实现语音合成功能,捷通华声等属于第二类做法。

Android内置有Pico语音合成引擎,其支持德文、意大利文、法文、英文、西班牙文等多国语言,但未支持中文。因此使用Android默认的TTS Engine是没法朗读中文的。

开源项目 eyes-free(http://code.google.com/p/eyes-free/)除了提供 Pico 外，还把支持其他更多语言语音合成的另一个 TTS 引擎 eSpeak 也移植到了 Android 平台，其中就支持中文的语音合成。因此在安装了 eyes-free 提供的 TTS Service Extende 的 apk 后，就可以在程序中使用 eyes-free 提供的 TTS library，并把 TTS Engine 设置为不是默认的 Pico，而是 eSpeak，就可以实现朗读中文了。不过经过测试，实际的效果还是很差的，只能说勉强可以朗读而已。

科大讯飞是中国最大的智能语音技术提供商，在智能语音技术领域有着长期的研究积累，并在中文语音合成、语音识别、口语评测等多项技术上拥有国际领先的成果。科大讯飞自 20 世纪 90 年代中期以来，在历次的国内国外评测中，各项关键指标均名列第一。科大讯飞语音合成技术代表着当今世界最高水平，占据语音合成市场 70%以上份额。讯飞语音 TTS 1.0 是国内语音技术强者讯飞科技新推出的一款 TTS 语音合成安卓软件。“讯飞语音+ 1.1.1045”是讯飞语音最新版的产品。其支持中文和英文两种语言，中文支持普通话、东北、河南、四川和粤语等口音，除此，还提供语速、音调和音效(原声、回声、机器人和阴阳怪气)等相关设置，具有较好的中文语音效果。小米等手机通常都会预安装“讯飞语音+”软件，用户可以直接享用语音服务。如果手机没有预安装讯飞语音却想享用讯飞出色的语音功能，则需要自己动手安装讯飞语音软件。如果安装了讯飞语音软件但不能顺利开启语音的话，则需要检查有没有下载讯飞语音中文语音包。讯飞语音中文语音包使应用在离线状态下便可以使用。以讯飞语音 TTS 1.0 为例，讯飞语音 TTS 主程序和语音包可从网站 http://ifly-tts.softonic.cn/android/下载，其安装如下：

(1) 安装讯飞 TTS 主程序 APK 和讯飞语音包 APK；

(2) 选择“系统设置”→“语音输入输出设置”→“文字转语音设置”→“讯飞语音合成”菜单命令，系统的默认引擎将使用讯飞语音合成，引擎使用的语言和语速也可在里面的选项进行设置。

11.3.3 语音合成 API 及其应用

SL4A 提供了两个语音合成方法，一个用来检测文本是否在语音合成，另一个用来读出文本。

```
ttsSpeak(String message)
```

其作用是读出参数 message 包含的文本内容，文本内容可以是中英文字符串。

```
ttsIsSpeaking()
```

其作用是检测语音合成是否正在进行，正在合成则返回 true。系统在使用 TTS 时，新的语音任务应该要等待。

例 11-4 是语音合成 API 范例，程序运行后将读出“大家好”。程序运行前需要确保已安装科大讯飞语音应用和语音库。如果使用的是 Pico 引擎则不能发音。

【例 11-4】 (代码位置：\11\testTTS.js)

```
load("/sdcard/com.googlecode.rhinoforandroid/extras/rhino/android.js");
var droid=new Android();
droid.ttsSpeak("大家好");
droid.eventWait(3000);
```

手机原先是为视力正常的人设计的，没有充分考虑到一些视力较弱或盲人的需要。如果应用在来电显示、阅读短消息和闹钟提示等功能中加入语音合成则用来帮助弱视人士解决大部分的手机应用困难，相信这样也会吸引广大普通用户的眼球。例 11-5 是短消息朗读范例，范例会以列表形式显示所有短消息，用户单击短消息后系统会把短消息内容朗读出来。

【例 11-5】 （代码位置：\11\shortmsg）

文件 mylayout. xml：

```
<?xml version="1.0" encoding="utf-8"?>
<LinearLayout
    android:id="@+id/LinearLayout01"
    android:layout_width="fill_parent"
    android:layout_height="fill_parent"
    xmlns:android="http://schemas.android.com/apk/res/android"
  android:background="#ff000000"  >
<ListView android:layout_width="wrap_content"
          android:layout_height="wrap_content"
          android:id="@+id/ListView01"
          android:drawSelectorOnTop="false"   />
</LinearLayout>
```

文件 shortmsg. js：

```
load("/sdcard/com.googlecode.rhinoforandroid/extras/rhino/android.js"); ;
var droid=new Android();
speakMessage(droid);

function speakMessage(droid)
{          //功能：朗读短消息
    var ret=droid.smsGetMessageIds(false);
    var sms=new Array();
    for( var keyy in ret )
    {
        var tmp=droid.smsGetMessageById(ret[keyy]);
        var body=tmp.body ;
        var address=tmp.address;
        //格式化短消息
        var contentsms="短消息内容："+body+" \n 发信号码："+$address;
```

```
        sms.push(contentsms);
    }
    var layout=file_get_contents("/sdcard/sl4a/scripts/mylayout.xml");
    droid.fullShow(layout);
    droid.fullSetList("ListView01",sms);
    //等待单击短信
    droid.eventClearBuffer();
    var event=droid.eventWait();
    //获取和朗读短信
    var item=event.data;
    var item=item.position;
    droid.ttsSpeak(sms[item]);
    droid.ttsIsSpeaking();
    //检测是否已朗读完短信
    var flag;
    do
    {
        droid.eventWait(1000);
        flag=droid.ttsIsSpeaking();
    } while ( flag==true);
}
function file_get_contents(fileName) {
    var file=new java.io.File(fileName);
    var reader=new java.io.BufferedReader(new java.io.FileReader(file));
    var tempString=null;
    var fileString="";
    // 一次读入一行,直到读入 null 为文件结束
    while ((tempString=reader.readLine()) !=null) {
        fileString=fileString+tempString ;
    }
    reader.close();
    return fileString;
}
```

程序运行结果如图 11-2 所示,用户单击短消息后系统将朗读该条短消息,直到朗读结束程序才结束退出。

11.3.4 什么是语音识别

语音识别技术也被称为自动语音识别(Automatic Speech Recognition,ASR),其目标是将人类语音中的词汇内容转换为计算机可读的输入,例如按键、二进制编码或者字符序列,或者说,其要解决的问题是让计算机能够“听懂”人类的语音,将语音中包含的文字

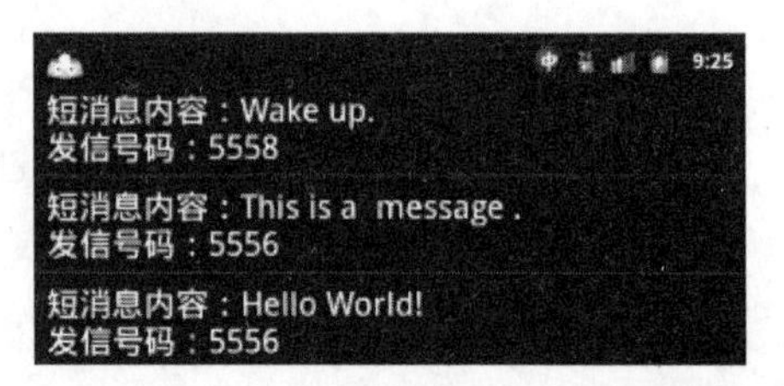

图 11-2 朗读短信

信息"提取"出来。

语音识别技术是非常重要的人机交互技术，有着非常广泛的应用领域和市场前景，常见的语音识别技术的应用包括语音拨号、语音导航、室内设备控制、语音文档检索和数据录入等。随着语音技术的发展，它将为网络会议、商业管理、医药卫生、教育培训等领域提供便利。

早在计算机发明之前，自动语音识别的设想就已经被提上了议事日程，早期的声码器可被视作语音识别及合成的雏形。而 20 世纪 20 年代生产的 Radio Rex 玩具狗可能是最早的语音识别器，当这只狗的名字被呼唤的时候，它能够从底座上弹出来。1952 年贝尔研究所 Davis 等人研究成功了世界上第一个能识别 10 个英文数字发音的实验系统。1960 年英国的 Denes 等人研究成功了第一个计算机语音识别系统。大规模的语音识别研究是在 20 世纪 70 年代以后，在小词汇量、孤立词的识别方面取得了实质性的进展。进入 20 世纪 80 年代以后，研究的重点逐渐转向大词汇量、非特定人连续语音识别。中国的语音识别研究起始于 1958 年，由中国科学院声学所利用电子管电路识别 10 个元音。直至 1973 年才由中国科学院声学所开始计算机语音识别。由于当时条件的限制，中国的语音识别研究工作一直处于缓慢发展的阶段。进入 20 世纪 80 年代以后，随着计算机应用技术在中国逐渐普及以及数字信号技术的进一步发展，国内许多单位具备了研究语音技术的基本条件。1986 年 3 月中国高科技发展计划(863 计划)启动，语音识别作为智能计算机系统研究的一个重要组成部分而被专门列为研究课题。在 863 计划的支持下，中国开始了有组织的语音识别技术的研究，并决定了每隔两年召开一次语音识别的专题会议。从此中国的语音识别技术进入了一个前所未有的发展阶段。

11.3.5 语音识别引擎

语音识别技术是在 Android1.5 中才加入的，借助语音识别引擎可以识别用户的语音输入。类似小米手机中的语音助手软件，有的 Android 应用会集成语音识别功能。由于语音识别引擎要求较高，因此一般的开发者是不可能选择自己开发语音识别引擎的。把一个成熟的语音识别引擎集成到 Android 应用中对大多数开发人员来说是比较明智的做法。通常可以将集成语音识别引擎划分为两种做法，一种做法是开发者不需要另外开发识别交互界面，而是在应用中直接调用语音识别引擎为开发者设计好的语音识别对话框，用户通过这个对话框输入语音，语音识别引擎识别出语音内容后把语音文本回传给应用；另一种做法是开发人员自己开发一个语音识别交互界面录下用户的语音，把语音提交给语音识别引擎处理获取语音文本内容。前一种方法相对后一种方法更简单，本文讲述前一种开发方法。

目前国内较为著名的两家提供语音识别技术的厂商分别是科大讯飞和百度，并且两家厂商都开放了相应的 API 接口，通过 API 接口开发人员可以轻松地在自己的应用中实现语音识别。百度语音识别引擎的特点是完全永久免费、全平台 REST API、自动识别离线在线模式、深度语义解析、场景识别定制、自行上传词库训练专属识别模型。科大讯飞语音识别产品支持 Android、iOS 和 Windows Phone 等主流系统，其语音云拥有国际领先的连续语音识别技术，听写结果快速反馈，动态实时修正，识别准确率超过 95%，实现快速精准的语音听写；语音输入速度达 180 字/分，识别结果响应时间低于 500ms，无论是识别实时率还是响应时间，系统运行效率都让信息沟通变得无比顺畅；支持中英粤藏维等 5 个语种、川豫和东北等方言。同时，还提供多个满足条件的识别结果，供用户进行二次选择，实现开发更加灵活、更加人性化的业务流程；基于用户通话的语音特征，建立个性化词条定制的语言模型，调整识别参数，持续优化识别效果，提高用户的个性化词条识别准确率。现超过 70%的语音开发者会选择科大讯飞语音识别产品。

11.3.6 语音识别 API 及其应用

```
recognizeSpeech(String prompt, String language, String languageModel)
```

其作用是识别用户的讲话内容并返回语音识别的文本字符串，如果不能识别则返回空字符串。参数 prompt 表示请求用户讲话时所显示的提醒文本，参数 language 表示识别语言，如果不指定此参数则选用系统默认配置好的语言识别用户的语音内容。如果选择美国英语，则值可设置为 en-US。参数 languageModel 表示语言模式。

下面是语音识别实例，该实例会先要求用户输入语音，然后通过语音引擎识别出语音中的文字，最后把文字显示出来和用语音合成读出来。为顺利运行此程序，需要先安装谷歌语音、百度语音和讯飞语音等语音软件；然后在手机设置中把语音识别和语音合成设置成实际安装的语音软件，最后还需要打开 WiFi，因为语音软件通常都需要借助语音云。

【例 11-6】 (代码位置：\11\recognizeSpeech.js)

```
load("/sdcard/com.googlecode.rhinoforandroid/extras/rhino/android.js");
var droid=new Android();
var ret=droid.recognizeSpeech();
if ( !droid.ttsIsSpeaking() !=true )
    droid.ttsSpeak(ret);
droid.makeToast(ret);
```

第12章 Android GUI

12.1 HTML和Android GUI

Android移动产品的实现方式主要有Native App、Web App和Hybrid App三种。Native App也称原生态应用，它通常是指采用Java或C/C++语言开发的Android应用。这种应用程序能直接使用Android系统提供的网络、传感器、音视频、电话和定位等原生态服务，除此，它还可以直接访问硬件。Web App又叫Web应用，这种Web应用完全用HTML5、JavaScript和CSS等Web技术开发，其运行在移动设备的浏览器中。这种应用可以跨越Windows、Android和iOS等系统，但无法使用Android系统提供的原生态服务，无法充分发挥手机的移动优势。Hybrid App又叫混合应用，它是指采用Native App和Web App开发技术开发的应用。在混合应用中，开发者既可以使用Web技术快速开发出应用程序UI界面，又可以把Android的电话、短信和摄像等原生态服务整合到应用中。它兼具"Native App良好用户交互体验的优势"和"Web App跨平台开发的优势"。总之，Native App方法在性能和设备访问能力方面表现出色，但存在应用开发和应用更新困难等问题；Web App方法在软件维护等方面存在优势，但设备访问能力偏低，很难提供出色的用户体验；Hybrid App提供了折中方案，具有两者的优势。表12-1列出了三种方法在跨平台性和设备能力等方面的优劣性。

表12-1 三种开发方法优劣势

开发方法	Native App	Web App	Hybrid App
开发语言	Java、C/C++	HTML5+CSS+JavaScript	HTML5+CSS+JavaScript等脚本
跨平台性	低	高	中
设备能力	高	低	中
开发难度	高	低	中
应用体验	好	差	好
往后兼容	差	较好	好

基于对话框和Android Widget的Android应用属于Native App开发模式，这种界面要么只可以实现简单的对话框界面，要么存在界面难以更新等问题。能不能复用已有的成熟技术实现符合手机风格的界面，从而解决界面更新难和开发难度高等问题呢？

Web App 和 Hybrid APP 方法就是符合这样要求的方法。这两种方法的共性是都使用 HTML 设计和实现手机应用界面。这两种方法使用一个以 WebKit 为核心的浏览器来显示页面，页面可以使用 HTML、JavaScript 和 CSS 等语言编写，页面可以是驻留在 Web 服务器上的页面，也可能是一组存储在手机本地的 HTML、JavaScript、CSS 和媒体文件。通过 HTML 和 CSS 可以很快设计出符合各类要求的手机界面，通过 JavaScript 可以让界面和 Web 服务器或手机操作系统进行通信，如果是 Web App 就只能和 Web 服务器进行交换数据，如果是 Hybrid App 则可以同 Web 服务器和手机操作系统交换数据。

12.2 HTML 基础

2014 年 10 月 29 日，万维网联盟宣布，HTML5 标准规范经过近八年的艰辛努力终于最终制定完成。HTML5 将会取代 1999 年制定的 HTML4.01、XHTML 1.0 标准，以期能在互联网应用迅速发展的时候，使网络标准达到符合当代的网络需求，为桌面和移动平台带来无缝衔接的丰富内容。和普遍使用的 HTML4 相比，HTML5 提供了很多新的特性，比如，视频播放、Web 本地存储、地理定位、应用缓存和 Canvas 等。这些新特性特别适用于移动应用开发，例如，可以通过 HTML5 的地理定位特性定位移动设备地理位置。最新版本的 Internet Explorer、Safari、Chrome、Firefox 以及 Opera 支持某些 HTML5 特性。基于 SL4A 的 Android 脚本需要借助基于 WebKit 的 WebView 浏览器组件才能使用 HTML5 特性。下面仅讲述 WebView 所支持的 HTML5 特性。

在 HTML5 页面中，播放视频(video)与音频(audio)不再是困难的事情。video 元素提供了播放、暂停和音量控件来控制视频。同时 video 元素也提供了 width 和 height 属性控制视频的尺寸。HTML5 规定了在网页上嵌入音频元素的标准，即使用 audio 元素。HTML5 提供了浏览器端的数据库支持，允许直接通 JavaScript 的 API 在浏览器端创建本地数据库，而且支持标准的 SQL，这让浏览器端的应用可以更加方便地操作结构化数据。

HTML5 允许使用 JavaScript 的 API 绘制图形。尽管本书的焦点是 Android 脚本而不是 HTML5，但探讨使用 HTML5 绘图还是很有必要的，因为 SL4A 没有为 Android 脚本提供一个统一的绘图框架，而 HTML5 却提供了这样一个统一的绘图框架。

HTML5 绘图的核心是 canvas 元素。canvas 元素是 HTML5 提供的新元素，其作用是为绘图者提供画布，尽管可以把图形绘制在画布上，但画布本身不提供绘图功能。所有的图形要绘制在画布中，还需要画布的上下文 context。上下文 context 是提供绘图功能的一个对象，每个 canvas 元素都拥有这样一个对象，其提供了所有的绘图方法和属性。JavaScript 脚本可以调用设置 context 对象中的绘图方法和设置 context 对象中的绘图属性实现绘图功能。canvas 画布不仅提供简单的二维矢量绘图方法，也提供三维绘图方法。context 采用笛卡儿值坐标系，canvas 画布的左上角为原点，从原点往右为 X 轴的正向，往下为 Y 轴的正向。

canvas 绘图步骤：先创建 HTML 页面，设置 canvas 画布；其次通过 JavaScript 获取

canvas 画布的上下文 context；最后通过 JavaScript 调用上下文 context 中的方法绘制图形。使用 context 上下文绘制图形前应该要指明绘图填充方式、绘图样式和绘图线宽。context 提供绘线（stroke）和填充（fill）两种填充方式。填充指的是填满图形内部；绘线是指不填满图形的内部，只绘制图形的外框。绘图样式是指绘图的颜色、透明度和渐变等，样式可用十六进制值表示，如“#ff0000”表示红色，rgba（0～255，0～255，0～255，0～1 透明度值）表示带有透明度的颜色。线宽是指直线的宽度，可通过属性 lineWidth 设置。

HTML5 支持绘制直线、弧线、曲线、方形和圆形等基本图形。在图形变形方面，支持图形平移、旋转和缩放。HTML5 支持图形组合操作，图形组合是指将一个源图形（新的图形）重叠绘制在另一个目标图形（已有的图形）。源（目标）图形可以覆盖目标（源）图形，或者重叠部分仅显示源（目标）图，或者仅显示源（目标）图非重叠部分而不显示源（目标）图重叠部分，这样的图形组合数量达 11 种。HTML5 支持绘制文字，包括字体、颜色和对齐等设置。HTML5 不仅支持图形处理，还支持图像处理，包括图像平铺、图像裁剪、像素处理等操作。

12.3 CSS 基础

CSS 也称层叠样式表（Cascading Style Sheet）。CSS 是一种标记语言，它不需要编译，可以直接由浏览器解释执行。在 HTML 页面中采用 CSS，可以有效地对页面的布局、字体、颜色、背景和其他效果实现更加精确的控制。和用 JavaScript 模拟这些效果相比，CSS 不仅降低了复杂度，变得易维护，在性能上也是突飞猛进。采用 CSS+DIV 进行网页重构相对传统的表格构建网页布局具有以下三个显著优势。

（1）表现和内容相分离。从 HTML 页面将设计部分剥离出来放在 CSS 文件，HTML 文件是内容，CSS 文件是表现。

（2）提高页面浏览速度。对于同一个页面视觉效果，采用 CSS+DIV 重构的页面容量要比传统表格编码的页面文件容量小得多，浏览器可省掉编译大量冗长的 HTML 标签所消耗的时间。

（3）易于维护和改版。只要简单地修改 CSS 文件就可以重新设计整个网站的页面。

1996 年 12 月 W3C 推出了 CSS 规范的第一个版本。1999 年 W3C 发布了 CSS 的第二个版本即 CSS2.0。2001 年 5 月 W3C 开始进行 CSS3 标准的制定。

CSS1.0 较为全面地规定了文档的显示样式，其大致可分为选择器、样式属性、伪类/对象几个大的部分。选择器可分为派生选择器、ID 选择器和类选择器，选择器声明了“样式”的作用对象，也就是样式在哪些 HTML 元素产生效果。样式属性主要包括 Font 字体、Text 文本、Background 背景、Position 定位、Dimensions 尺寸、Layout 布局、Margins 外边框、Border 边框、Padding 内边框、List 列表、Table 表格和 Scrollbar 滚动条等，样式属性可用来定义 HTML 元素的样式。伪类可以根据 HTML 元素的当前状态，动态指定 HTML 元素的样式。在 CSS1.0 中主要定义了针对锚对象 a 的 link、hover、active、visited 和针对节点的 first-letter、first-child、first-line 几个伪类属性。

CSS2 规范是基于 CSS1 设计的，其包含 CSS1 所有的功能，并扩充和改进了很多更加强大的属性。CSS2 提供了更多强大的选择器来定位 HTML 元素，例如，BBB[text="xyz"] {color:blue}表示包含 text 属性值为“xyz”的 BBB 标签。CSS2 扩充了新的样式属性，功能更强大。例如，CSS2 进一步增强了 Pisition 定位功能，增加了 relative 和 absolute 定位功能。在 CSS2 中不但增加了:focus、:first-child、:lang 等几个新的伪类，同时还扩充了伪类的使用范围。使得伪类不但可以和原来一样应用于 a 锚标签，还可以应用到一个类和标签上，例如，link:hover 和 myClass:hover。

CSS3 是 CSS 技术的升级版本，CSS3 是最新的版本，样式效果方面 CSS2 是比不了的，比如定义圆角、背景颜色渐变、背景图片大小控制和定义多个背景图片等，这些是 CSS2 没有的效果。CSS3 规范一个新的特点是规范被分为若干个相互独立的模块。一方面分成若干较小的模块较利于规范及时更新和发布，及时调整模块的内容。另外一方面，由于受支持设备和浏览器厂商的限制，设备或者厂商可以有选择地支持一部分模块，支持 CSS3 的一个子集。这样将有利于 CSS3 的推广。相信这对以前 CSS 支持混乱的局面将会有所改观。

12.4 HTML 和 JavaScript 通信

如果建立的 Android 应用程序只是向用户展示一些静态的信息，这些信息可能只包括文本，那么使用 HTML 文件实现界面是一种简单可行的方法。HTML 文件可以由程序运行过程自动创建，也可以使用一些 HTML 编辑工具在程序运行前设计和创建。如果要图文并茂地向用户展示界面，可以在 HTML 文件中加入 CSS 使界面具有更好的用户体验性。这和传统的 Web 应用界面设计方法是相同的，所不同的是，使用 HTML 设计 Android 手机应用应该要符合手机的风格而不是使用 Web 风格来设计手机应用，例如，界面中尽可能不要出现动画效果，因为手机屏幕偏小，动画效果会覆盖掉界面中所包含的主要内容。

如果要让使用 HTML 设计的 Android 应用具有互动性，则界面应该要能和 Android 系统交换数据或者说请求服务。通过 SL4A 基于事件循环使用 WebView 可以解决 HTML 和脚本通信交换数据问题。这种事件循环同原生态图形应用和 Web 应用的通信是不同的。例如，事件循环不需要管理帧速率和缓冲区大小，不需要像 Ajax 和 websocket 那样存在连接管理等问题。这种事件循环只需要向用户接口发送和接收事件即可。

为了不混淆提高可理解度，本节不使用 JavaScript 和 HTML 页面中的 JavaScript 讲述通信，而使用 PHP 和 HTML 页面中的 JavaScript 讲述通信。SL4A 为 Web 页面和 PHP 脚本通信提供了支持。通信可以是单向的，也可以是双向的。单向指的是 PHP (HTML 页面中的 JavaScript)向 HTML 页面中的 JavaScript(PHP)发送消息，双向指的是双方彼此发送消息。两者发送消息的过程是相同的，都是创建 Android 对象，通过这个对象调用 SL4A 事件发送方法发送事件交换数据。

但 PHP 和 HTML 页面中的 JavaScript 响应事件的模型是不同的。PHP 通过事件轮询模型响应事件,PHP 会每隔一个时间片就监听等待指定事件,如果指定事件发生就处理事件,如果指定事件超时就会处理其他事务,之后再继续监听指定事件。如果 HTML 页面中的 JavaScript 使用事件轮询模型处理指定事件,那么整个页面势必存在管理困难等问题,甚至不能或不及时响应事件。通过回调函数可以及时处理事件,有效降低管理难度。可以这样理解 JavaScript 中的回调函数:函数 A 作为参数传递到另一个函数 B 中,当特定条件发生了,函数 A 就会被执行。函数 A 叫做回调函数。如果函数 A 没有名称,就叫做匿名回调函数。回调函数不是由该函数的实现方直接调用,而是在特定的事件或条件发生时由另外的一方调用的,用于对该事件或条件进行响应。HTML 页面中的 JavaScript 要使用回调函数处理事件,需要注册回调函数。下面是回调函数注册方法定义。

```
registerCallback(String eventName,function(e) {函数语句})
```

参数 eventName 表示事件名称,参数 function(e){函数语句}是回调函数式,回调函数有且仅有一个参数 e,参数是事件所附加的数据。该方法的作用是当指定的事件 eventName 发生时,就执行回调函数。

下面是 HTML 页面中的 JavaScript 发送消息和 PHP 响应消息的通信实例。在例中,用户先可以先在文本框中输入文字内容,然后再单击“点读”按钮,最后手机会读出用户输入的文字内容。实例由文件 speech. php 和 speech. html 组成,文件 speech. php 的作用是启动 speech. html 显示 HTML 界面,以及监听事件 say 和读出事件所携带的文字内容。文件 speech. html 的作用是显示 HTML 界面,让用户输入文字,以及把文字内容封装到事件 say 中传递给文件 speech. php 处理。如果手机未配置讯飞音语等支持中文的语音引擎,那么用户只能输入英文内容。

【例 12-1】 (代码位置:\12\htmlBattery. php)

文件 speech. php:

```
<?php
    require_once("Android.php");
    $droid=new Android();
    $droid->webViewShow('file:///sdcard/sl4a/scripts/speech.html');
    $ret=$droid->eventWait();
    $ret=$ret['result'];
    while ( ($ret!=null ) && ($ret->name!="say") )
    {
        $ret=$droid->eventWait();
        $ret=$ret['result'];
    }
    $ret=$droid->ttsSpeak($ret->data);
?>
```

文件 speech. html：

```
<html>
<head>
    <meta http-equiv="content-type" content="text/html; charset=utf-8" />
<title>JavaScript 和 PHP 通信测试</title>
<script type="text/javascript">
        var droid=new Android();
        var speak=function() {
        var content=document.getElementById("say").value;
        droid.eventPost("say",content,true);
    }
</script>
</head>
<body>
<form onsubmit="speak(); return false;">
<label>你想说些什么呢?</label>
<input type="text" id="say" />
<input type="submit" value="点读" />
</form>
</body>
</html>
```

下面是双向通信范例。例中由 voice. htm 和 voice. php 组成。voice. htm 是用户界面，用户界面由文本框、说话按钮和退出按钮组成，用户可以在文本框中输入文字，当按回车键时会用红色显示文字，文字大小是随机变化的；用户单击说话按钮会启动语音识别，识别出的文字会用红色显示出来，文字大小是随机变化的；单击退出按钮会结束应用程序。voice. htm 通过事件 line 把用户输入的文字发送给 voice. php 处理，通过事件 recognizeSpeech 向 voice. php 请求启动语音识别。voice. htm 设置了回调函数，当事件 stdout 产生时会自动执行回调函数，此回调函数的作用是显示 voice. php 处理后的文字内容。voice. php 的作用是接收文件 voice. htm 发送过来的文字或接受 voice. htm 发送过来的命令启动语音识别接收文字，并设置字体为红色和随机设置字体大小。voice. php 通过事件 stdout 把处理后的文字传递给 voice. htm 页面显示出来。图 12-1 是范例的运行结果。

【例 12-2】 (代码位置：\12\webview\voice)

文件 voice. htm：

```
<!DOCTYPE HTML>
<html>
    <head>
    <meta name="viewport" id="viewport"
            content="width=device-width, target-densitydpi=device-dpi,
            initial-scale=1.0, maximum-scale=1.0, minimum-scale=1.0"
        />
```

```
<style>
        body { background-color: #EEE }
        #banner { text-align: center }
        #userin {
            font-size: 64px;
            position: absolute;
            right: 10px;
            left: 10px;
        }
        #voicein {
            font-size: 64px;
            position: absolute;
            right: 10px;
            left: 10px;
            top: 250px;
        }
        #output {
            font-size: 32px;
            font-family: monospace;
            padding: 20px;
            position: absolute;
            top: 350px;
            }
        #killer {
            font-size: 32px;
            padding: 16px;
            position: absolute; bottom: 10px;
            right: 10px;
            left: 10px;
        }
</style>
<script>
        var droid=new Android();
        function postInput(input) {
            if (event.keyCode==13)
                droid.eventPost('line', input)

            droid.registerCallback('stdout', function(e) {
                document.getElementById('output').innerHTML=e.data;
            });
        }

        function speak()
```

```
            {
                droid.eventPost('recognizeSpeech', null);
                droid.registerCallback('stdout', function(e) {
                    document.getElementById('output').innerHTML=e.data;
                });
            }
    </script>
    </head>

<body>
    <div id="banner">
    <h1>SL4A Webview 双向通信实例(PHP 和 JavaScript)</h1>
    <h2>在文本框回车显示文本,单击说话按钮显示文本</h2>
    </div>
    <input id="userin" type="text" spellcheck="false"
            autofocus="autofocus" onkeyup="postInput(this.value)"
        />
<button id="voicein" type="button" value="speak"
onclick="speak()">单击说话</button>
    <div id="output"></div>
    <button id="killer" type="button"
            onclick="droid.eventPost('kill', '')"
    >退出应用</button>
</body>
</html>
```

文件 voice. php：

```
  <?php
    require_once("Android.php");
    $droid=new Android();
    $droid->webViewShow("/sdcard/sl4a/scripts/voice.htm");
    while ( true )
    {
      $event=$droid->eventWait();
      $event=$event["result"];

    if ( $event->name=='kill' )
       break;
  if( $event->name=='line' )
  {
```

```
    $line=$event->data;
  $size=rand(5,15);
  $output="<font size='$size' color='red'>".$line.'</font>';
    $droid->eventPost('stdout', $output);
  }
  if ( $event->name=='recognizeSpeech' )
  {
    $ret=$droid->recognizeSpeech();
    $line=$ret["result"];
  $size=rand(5,15);
  $output="<font size='$size' color='red'>".$line.'</font>';
    $droid->eventPost('stdout', $output);
  }
  }
  ?>
```

图 12-1　双向通信范例

12.5　HTML 实现 Android GUI 范例

下面是电池状态测试实例。本例展示了如何使用 HTML 文件实现 Android 应用界面。实例由 PHP 脚本编写，它先监测手机电池状态，然后把电池状态写到 HTML 文件中，最后启动 HTML 文件显示电池状态。图 12-2 是实例运行结果。

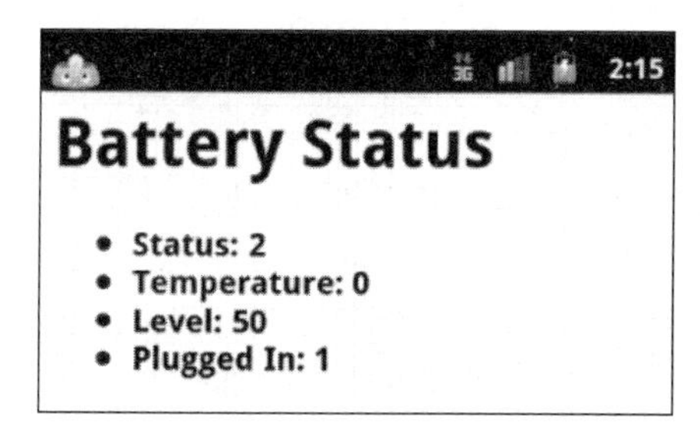

图 12-2　电池状态

【例 12-3】（代码位置：\12\htmlBattery.php）

```
<?php
require_once("Android.php");
$droid=new Android();

$template="<html><body>
<h1>Battery Status</h1>
<ul>
<li><strong>Status: %s</li>
<li><strong>Temperature: %s</li>
<li><strong>Level: %s</li>
<li><strong>Plugged In: %s</li>
</ul>
</body></html>";

//监测电池状态
$droid->batteryStartMonitoring();
$result=null;
while ( $result==null )
{
  $result=$droid->readBatteryData();
$result=$result['result'];
  $droid->eventWait(1000);
}
$droid->batteryStopMonitoring();
//生成 HTML 文件
$file=fopen("file:///sdcard/sl4a/scripts/battstats.html","w");
$htmlContent= sprintf ($template, $result - > status, $result - > temperature,
$result->level, $result->plugged);
fwrite($file,$htmlContent);
fclose($file);
//显示 HTML 文件 10 秒
$droid->webViewShow('file:///sdcard/sl4a/scripts/battstats.html');
```

```
$droid->eventWait(10000);
?>
```

下面是联系人列表实例，例中用户可以查看联系人和打电话。它由文件 htmlContacts.php、Contacts.html 和 exit.png 组成。文件 exit.png 是应用程序的退出图标文件。文件 htmlContacs.php 由 PHP 脚本编写，其作用是启动 HTML 文件 Contacs.html 并监听事件 exit，当监听到此事件就结束整个应用程序。文件 Contacs.html 由 HTML、JavaScript 和 CSS 实现，它的主要作用是显示手机联系列表，其界面由退出图标和联系人列表构成。当用户单击某个联系人时就启动电话程序拨打电话。当用户单击退出图标就发送事件 exit 给文件 htmlContacts.php 请求结束程序。本例不仅展示了如何使用 HTML+JavaScript+CSS 方式实现手机应用界面，而且还展示了在界面中如何使用 JavaScript 发送事件同 Android 系统互动。

【例 12-4】 (代码位置：\12\Contacts)

文件 htmlContacts.php：

```
<?php
    require_once("Android.php");
    $droid=new Android();
    $droid->webViewShow('file:///sdcard/sl4a/scripts/contacts.html');
      //$droid->eventClearBuffer();
    $ret=$droid->eventWait();
    $ret=$ret['result'];
    while ( ($ret!=null ) && ($ret->name!="exit") )
    {
        $ret=$droid->eventWait();
        $ret=$ret['result'];
    }
?>
```

文件 contacts.html：

```
<html>
<head>
    <meta http-equiv="content-type" content="text/html; charset=utf-8" />
</head>
<style type="text/css">
#exitBtn{
    background-image: url(exit.png);
}
</style>
<body>
<img src="exit.png" onclick="exit();" />
<h1>联系人列表</h1>
<ul id="contacts"></ul>
```

```
<script type="text/javascript">
var droid=new Android();
var contacts=droid.contactsGet(['name','primary_phone']);
var container=document.getElementById('contacts');

//for (var i=0;i<=contacts.length;i++){
for (var i=0;i<=10;i++){

    var data=contacts.result[i];
    contact='<li>';
    contact=contact+data['name']+'<a href="#" onclick="call('+data
    ['primary_phone']+'); return false;">'+data['primary_phone']+"</a>";
    contact=contact+'</li>';
    container.innerHTML=container.innerHTML+contact;
}
function call(number){
droid.phoneDialNumber(number+"");
}
function exit(){
    droid.eventPost("exit",null,true);
}
</script>
</body>
</html>
```

脚本的运行方式及常见错误问题

13.1 APK模板发布脚本

13.1.1 APK模板是什么

Android应用通常是以标准的APK安装包形式发布给普通用户的。脚本文件如何以标准的Android APK包方式发布Android脚本应用呢？谷歌公司提供的脚本模板系统提供了统一的方法把不同类型的脚本封装到了Android应用，其支持的脚本语言类型多达十多种。脚本模板系统是一个使用Java语言编写和由功能强大的Eclipse平台支持的Android应用工程，开发人员可以在模板工程中加入自己想加入的脚本文件和脚本文件所需的资源，通过Eclipse工具可以把模板工程生成自己的Android脚本应用APK安装包。

图13-1是模板系统执行脚本程序的工作过程，它由模板系统、脚本解析器、SL4A组件和外部存储器组成，它们构成了三层分层架构。当用户首次启动模板系统时，模板系统先把模板系统中的附加脚本等资源解压到外部存储器，然后发送意图请求Android系统启动脚本解析器执行外部存储器中的脚本，最后脚本以RPC和JSON通信方式请求SL4A为其提供原生态Android服务。

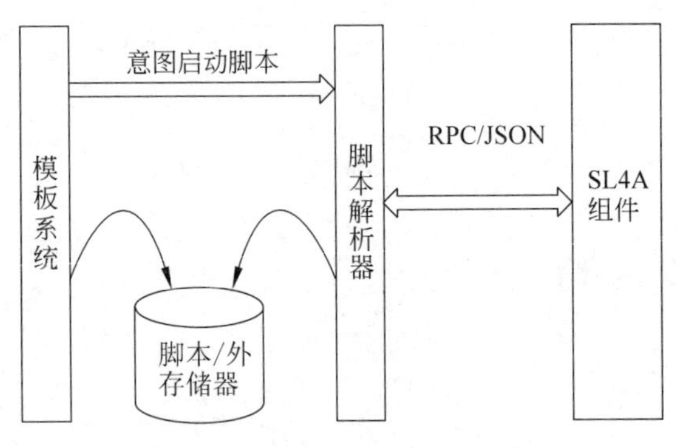

图13-1　模板系统执行脚本过程

13.1.2 代理模式下的模板工作时序

1994年，设计模式奠基人Erich Gamma等在其专著*Design Patterns：Elements of Reusable Object-Oriented Software*中提出了代理设计模式。代理模式是指为其他对象

提供一种代理以控制对这个对象的访问，它是一种结构型设计模式。代理模式一般会涉及三类角色：抽象角色，代理角色，真实角色。真实角色是业务逻辑的具体执行者。代理角色提供与真实对象相同的接口，它代表了真实角色，任何时刻对真实角色的访问都需要由代理角色来完成，代理对象可以在执行真实对象操作时附加其他控制等操作。抽象角色声明真实对象和代理对象的共同接口。常见的代理类型可分为远程代理、保护代理、虚拟代理、防火墙代理、智能引用代理、缓存代理、同步代理和外观代理等。远程代理为一个对象在不同的地址空间提供局部代理，这样可以隐藏一个对象存在于不同地址空间的事实。代理设计模式有三条重要的设计要点：①在面向对象系统中，很难直接使用不同地址空间的远程对象，"增加一层间接层"作为代理对象是解决这一问题的常用手段；②代理的粒度较灵活，可以对单个对象做细粒度的控制，可以对组件模块提供抽象代理层，可以在架构层次对对象做代理；③代理并不一定要求保持接口(抽象角色)的一致性，只要能够实现间接控制，损及一些透明性是可以接受的。

模板系统采用远程代理设计结构。脚本解析器(或称脚本引擎)和模板系统彼此互相独立，两者程序运行空间不同，模板系统是本地空间，脚本解析器处于远程空间，模板系统中的本地脚本无法直接被脚本解析器执行。通过设置远程代理对象，模板系统可以透明地访问脚本解析器，脚本可以被脚本解析器执行。模板系统的代理设计结构如图13-2所示。代理模式由三部分组成，分别是请求执行脚本文件的后台服务类ScriptService、提供代理服务的组件script.jar和被代理的脚本解析器。组件script.jar是谷歌提供的第三方类库，它是脚本解析器的代理者，后台服务类ScriptService提交的本地脚本通过它可以透明地访问远程端的脚本解析器。

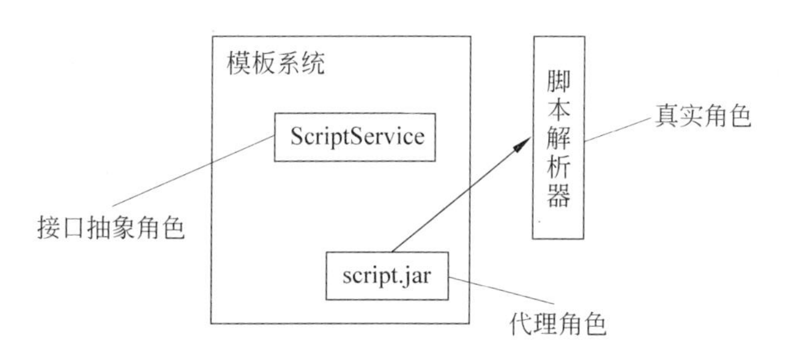

图13-2　模板的代理模式

为了支持脚本后台播放音乐等应用，模板系统统一以后台的方式运行脚本。另外，模板系统不允许多个脚本并行运行，因为那样将出现类似多线程不可预测性等问题。图13-3揭示了代理设计模式下模板系统启动脚本的工作时序，系统由用户、界面类对象ScriptActivity和DialogActivity、控制类对象ScriptService、实体类对象ScriptApplication和Script、类库script.jar和脚本解析器等组成。ScriptActivity的作用是触发脚本运行，它是启动脚本的第一个任务，DialogActivity的作用是提供脚本启动错误对话框，ScriptApplication的作用是控制脚本互斥避免多个脚本并行，Script的作用是获取脚本主文件(第一个被执行的脚本文件)，ScriptService的作用是让全部脚本文件运行在后台。其具体过程如下所述。

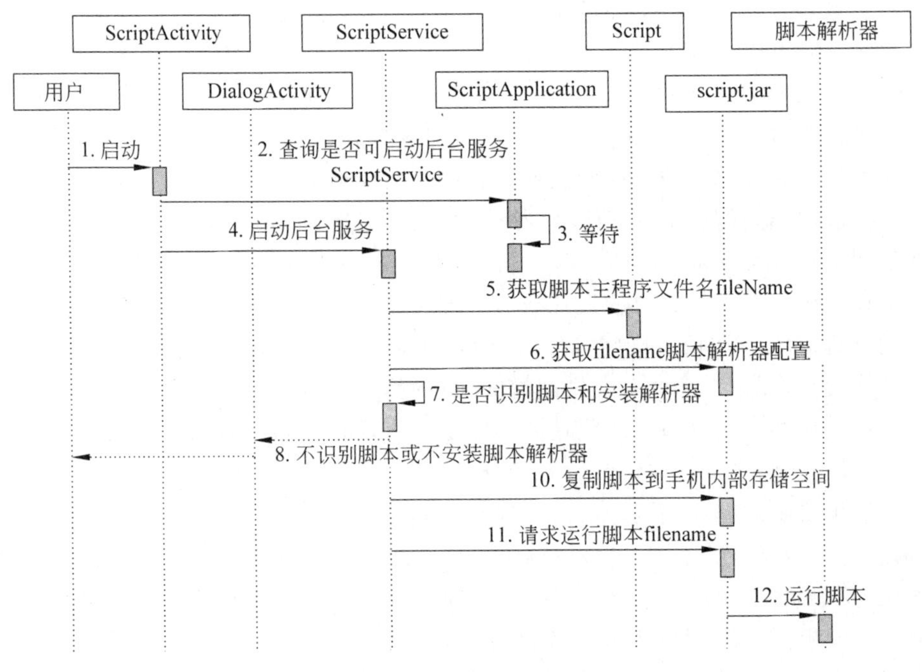

图 13-3　模板的时序

(1) 当用户运行模板系统程序时，系统首先创建和执行活动 ScriptActivity，该活动主要工作有：①通过对象 ScriptApplication 查询后台服务 ScriptService 状态，如果是不可运行状态则一直等待到可运行状态，或者说，没有脚本程序运行才允许启动后台服务 ScriptService；②启动后台服务 ScriptService。

(2) 后台服务 ScriptService 先向对象 Script 发送请求查询脚本主程序文件名 filename，然后从类库 script.jar 获取与 filename 相对应的脚本解析器配置，通过配置可识别系统是否支持该类型脚本语言。如果不支持则转向(3)，否则转向(4)。

(3) 启动脚本启动错误对话框 DialogActivity 显示系统不能为脚本找到脚本解析器错误提示并结束程序。

(4) 继续通过步骤(2)中的配置识别系统是否已安装脚本解析器，如果未安装则转向(5)，否则转(7)。

(5) 启动活动 DialogActivity 引导用户决定是否继续下载和安装脚本解析器，如果用户选择“是”则下载和安装脚本解析器，同时结束程序，否则直接结束程序。

(6) 通过类库 script.jar 把目录 res/raw 中包括脚本主程序等资源文件(不包括子目录文件)解压到手机内部存储空间中。

(7) 最后把脚本主程序文件提交给脚本解析器代理类库 script.jar 运行，script.jar 会为脚本选择匹配的脚本解析器并由真实的脚本解析器运行。

当类 ScriptApplication 检测到后台仍有脚本程序在运行时，则后台服务 ScriptService 处于不可运行状态，否则处于可运行状态。当 ScriptService 处于可运行状态时，如有新脚本申请运行则后台服务 ScriptService 转换为不可运行状态；当

ScriptService 处于不可运行状态时，新申请运行的脚本会主动结束运行，只有当正在运行的脚本结束，后台服务 ScriptService 才可转换为可运行状态。后台服务 ScriptService 的主要作用是让脚本程序运行在后台。

13.1.3　APK 模板类及对外接口设计

模板系统的类和组件如表 13-1 所示。

表 13-1　模板系统类

类　名	类 说 明
Dialog Activity	该类的作用是处理运行系统未支持脚本时发生的错误。当系统不能识别脚本格式时则提示"Cannot find interpreter for script"；当能识别脚本格式但脚本解析器未安装时则提示脚本解析器未安装，并询问用户是否要安装，如果用户选择安装则将自动从网上下载脚本解析器进行安装，否则取消运行程序
Script	该类的作用是提供静态方法获取脚本资源文件的文件名和扩展名，该脚本资源文件是指第一个运行的脚本文件，它由类变量 ID 决定，文件应存储于位置 res/raw/
ScriptActivity	该类是程序的入口活动，其主要作用是创建和启动后台服务 ScriptService
ScriptApplication	该类的作用是根据脚本扩展名指定相应脚本解析器配置，并以线程同步的方式解决脚本程序并行运行问题，即不允许脚本同时运行
ScriptService	该类的主要作用是允许脚本主程序和 RPC 服务器在后台运行，同时，该类还具有检测脚本合法性（文件类型和文件大小等）和把 res/raw/资源文件复制到手机内部空间等功能
script. jar	第三方类库，提供复制脚本、获取脚本配置和代理脚本运行等功能

要运行脚本程序，代理对象 script. jar 需把脚本传递给真实对象脚本解析器，由于脚本内容容量大、稳定以及可作为外部资源被其他脚本程序引用，因此，系统采用共享外部存储作为代理对象和真实对象接口传递脚本。其具体设计内容有：①脚本以资源文件的形式封装在模板系统中；②脚本文件统一存储于指定的资源目录 res/raw；③模板系统把资源目录 res/raw 中的脚本资源解压到外部存储器中的指定目录/data/data/模板程序包名/files；④支持的脚本数量可达多个，但有且仅有一个脚本入口文件；⑤由类 Script 静态指定脚本入口文件，该文件名为 script。

13.1.4　APK 模板应用

通过 APK 模板可以把脚本语言作为 APK 程序发布给最终用户使用，这比其他运行方式更符合用户的使用习惯。把脚本生成 APK 应用的主要步骤是：搭建 Eclipse Android 脚本开发环境；下载脚本 APK 模板；把模板工程导入 Eclipse 开发工具；解决模板工程在新的开发环境中出现的错误；把脚本加入模板工程；编译和运行脚本 APK 应用程序。下面是具体实现过程。

安装 Java SDK、Eclipse 和 Android SDK 开发工具。Java SDK 和 Android SDK 的安装见第 1 章。Eclipse 可到官网 http://www. eclipse. org/platform 下载，本书采用的 Eclipse SDK 版本是 4.3.0。安装三者之后，还需要设置好 Eclipse 里的 Android SDK 环

境参数。运行 Eclipse 工具后在菜单栏上选择 Window→Preferences→Android，在 SDK Location 处输入实际的 Android SDK 路径即可。

脚本模板工程 script_for_android_template 可到网站 http://pan. baidu. com/s/1bnNEtC7 下载。http://android-scripting. googlecode. com/hg/android/script_for_android_template. zip 是官网下载地址，但受谷歌网站影响，官网下载存在下载困难现象。

在 Eclipse 中导入 script_for_android_template 模板工程。打开 Eclipse，在菜单栏上选择 File→Import→General→Existing Projects into Workspace→Select archive file 输入模板工程文件，单击 Finish 按钮完成模板工程导入。图 13-4 是导入模板工程的界面。

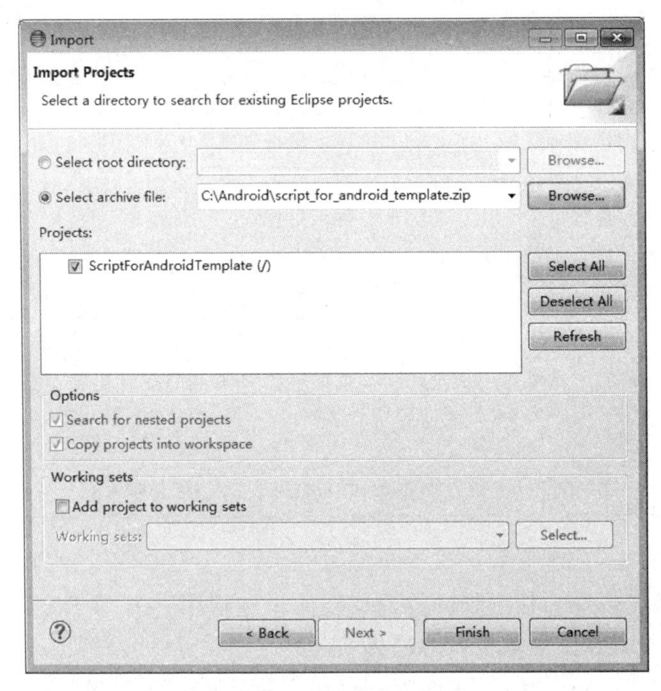

图 13-4　导入模板工程

导入模板工程后，如果在 Eclipse 控制台上出现 Unable to resolve target 'android-4' 此类错误则说明 API 需要重新修改。打开工程目录下的 project. properties 文件把 target=android-4 修改为 target=android-14。因为这里的 Android SDK 所使用的 API 版本为 14 而不是 4，所以需要把工程中的 4 修改为 14。读者可根据自己的情况来修改版本。保存工程后按 F5 键重新刷新工程或重新打开工程即可消除错误。图 13-5 是 API 不匹配错误提示，右下角是错误提示文字。

如果出现 R. java: No such file or directory 此类错误，那就删除这个 R. java 文件。删除这个 R. java 文件后，Eclipse 会自动生成一个更新的 R. java 文件。如果没有错误出现，表明此时的模板工程已成功导入。

之后可以把模板工程名和包名改成自己的工程名和包名。右击模板工程弹出菜单，如果选择 Refactor→Rename 菜单项则可以修改工程名；如果选择 Android Tools→Rename Application Package 菜单项则可以修改包名。

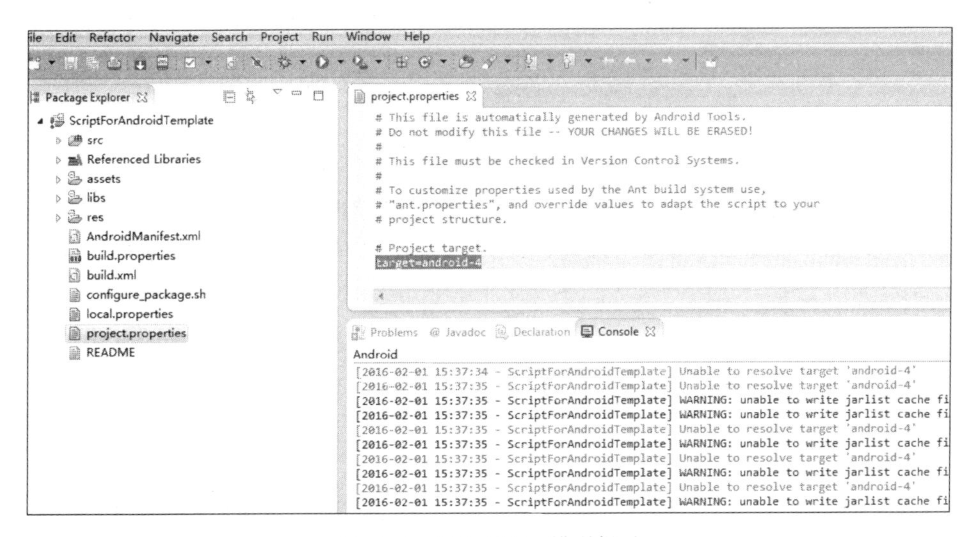

图 13-5 API不匹配错误提示

接下来把脚本加入模板工程。打开模板工程的 res/raw 目录，会发现里面存储了脚本文件 script. py。这是模板工程自带的 Python 脚本文件，可以使用 Python 语言在这个文件中直接编写 Python 脚本代码。如果使用的脚本不是 Python 语言，则需把自己的脚本文件存储到 res/raw 目录中，同时，把工程模板文件 src/com/dummy/fooforandroid/Script. java 中的代码行 public final static int ID=R. raw. script 修改为 public final static int ID=R. raw. xxx，这里的“xxx”是指新加入脚本的文件名，文件名不包括扩展名。当这个脚本应用运行时，这个脚本文件将自动运行，而且是所有脚本的入口。

接下来和 Android Java 程序一样，需要设置模板工程中的 AndroidManifest. xml 文件声明程序将使用到的权限，例如 WiFi、蓝牙和打电话权限。AndroidManifest. xml 内容如图 13-6 所示，其默认已设置 android. permission. INTERNET 权限，如需其他权限只需把权限的注释删掉即可。

```
<uses-permission
  android:name="android.permission.INTERNET" />
<!-- <uses-permission
  android:name="android.permission.VIBRATE" /> -->
<!-- <uses-permission
 android:name="android.permission.ACCESS_CHECKIN_PROPERTIES"/> -->
<!-- <uses-permission
 android:name="android.permission.ACCESS_COARSE_LOCATION"/> -->
<!-- <uses-permission
 android:name="android.permission.ACCESS_FINE_LOCATION"/> -->
<!-- <uses-permission
 android:name="android.permission.ACCESS_LOCATION_EXTRA_COMMANDS"/> -->
<!-- <uses-permission
 android:name="android.permission.ACCESS_MOCK_LOCATION"/> -->
<!-- <uses-permission
 android:name="android.permission.ACCESS_NETWORK_STATE"/> -->
```

图 13-6 文件 AndroidManifest. xml

要编译、打包和运行脚本 APK 程序，还需右击模板工程名选择菜单项 Run As→Android Application。要在 PC 上运行程序还需要添加 Android 模拟器。也可以把模板工程 bin 目录中的 APK 文件安装到手机中运行。

13.2 二维码发布脚本

虽然开发人员可以在手机端编写脚本程序，但手机端的开发工具通常没有智能感知和关键字自动补全等功能，而且键盘输入区域狭小容易出现按键失误，这使在手机端编写脚本成为一项很辛苦的工作。好的做法是先在 PC 端编好代码再下载到手机端运行。如何快速地将 PC 上编写的代码发送到手机上呢？常用的方法是用 USB 数据线或 WiFi 把代码下载到手机端，前者需要带线操作，后者需要 PC 和手机同属同一网络，在把代码发布给其他用户或开发人员时，其显得操作很烦琐和带有安全等问题。借助二维码发布脚本可以解决这些问题。

二维码发布脚本程序主要过程：首先开发人员在 PC 端编写好脚本程序，然后利用二码维生成工具为脚本代码生成二维码图片把程序发布出去，再然后用户通过 SL4A 扫描二维码图片自动从图片中识别出代码并下载到手机端，最后用户通过 SL4A 运行下载的脚本程序。把脚本代码生成二维码，具体过程如下所示。

(1) 打开二维码在线生成页面，如 http://qrcode.cnaidc.com/，设置二维码数据为文本类型；

(2) 在二维码文本框的第一行输入脚本的名称，比如 HelloWorld.js；

(3) 在二维码文本框的第二行及其下面行输入脚本代码；

(4) 生成二维图图片，将生成的二维码图分享给相关开发人员。

把嵌在二维码中的脚本代码导入手机端的具体过程如下所示。

(1) 启动手机端的应用程序 SL4A 进入脚本列表主界面；

(2) 点按(或长按)菜单键(MENU)，选择 Add→Scan Barcode 菜单项启动二码维应用；

(3) 扫描二维码，SL4A 会自动存储脚本代码文件，脚本文件以前述的第一行文本命名，并显示在 SL4A 脚本列表中；

(4) 单击 SL4A 脚本列表中的脚本文件即可运行程序。

由于二维码最多容纳的字符为 4296 个，所以这种方法只能用来存储代码较短的脚本。另外，需要在手机端预安装好 SL4A 和 ZXing 二维码扫描程序。

13.3 SL4A 管理脚本

SL4A 不仅可以为脚本提供 Android 原生态服务，而且还提供脚本编辑、运行、调试等功能，以及提供脚本引擎、Shell 控制台、脚本运行终端等管理功能。

从 Android 桌面运行 SL4A 应用后，其首先显示的是脚本列表主界面。在主界面中单击脚本项目会弹出一个菜单，每个菜单项用一个图标表示，菜单项从左到右依次分别是 run foreground、run background、edit、rename、delete 和 external editor。run foreground 表示以终端方式运行脚本，这种方式比较适合脚本调试，当脚本出错时可以通过终端查看错误信息。run background 以后台方式运行脚本，通常用户都使用这种方式运行脚本。

edit 的作用是让开发人员使用 SL4A 文本编辑器编写脚本代码，由于这种编辑器没有像 PC 端代码编辑器那样提供自动错误提示和智能补全等功能，再加上没有物理键盘和屏幕尺寸小等原因，因此 SL4A 文本编辑器并不好使用。rename 可以为脚本文件重命名。delete 用于删除脚本文件。external editor 可以让开发人员使用外部编辑器编辑代码。

在主界面中点击或长按 Menu 按钮会在屏幕底部出现一个菜单，菜单中含有 Add、View、Search、Preferences、Refresh 和 Help 菜单项。Add 的作用是新建脚本，包括新建 HTML 脚本、JavaScript 脚本、PHP 脚本、Python 脚本和 Shell 脚本，以及扫描二维码创建脚本。View 的作用是跳转到 Interpreters、Triggers 和 Logcat 页面，在 Interpreters 页面中可以添加脚本引擎和启动 Shell 等应用；在 Trigers 页面中设置脚本运行触发条件，条件可以是信号强弱、打电话和电源量小等。Search 的作用是搜索脚本。Preferences 用来设置首选项。Refresh 用来重载脚本列表。Help 的作用是显示 SL4A API 等相关帮助。

Preferences 是最常用的菜单项，Preferences 可以对 General（常规项）、Script Manager（脚本管理器）、Script Editor（脚本编辑器）和 Terminal（终端）等首选项进行设置。单击 Preferences 菜单项后会跳出一个对话框，这个对话框中列出了这些首选项的具体设置。General 常规项包括 Usage Tracking 和 Server Port 选项，前者允许收集匿名的 Google 分析统计，后者设置 SL4A 服务器端口，如果值为零则随机选用端口，但不建设使用常用端口，例如 80 端口。Script Manager 包含 Show All Files 首选项设置，它允许显示全部文件，包括未知类型的文件。Script Editor 包含 Font Size、Force API Browser、Enable Auto Close、No Wrap、Auto Indent 等首选项。Font Size 用于设置编辑器字体，开发人员可以依据屏幕大小设置此值。Force API Browser 可以设置使用 Android 浏览器查看 SL4A API 帮助。Enable Auto Close 允许编辑器自动补全括号和双引号，开发人员如果感觉不方便可以关闭该功能。No Wrap 用来设置是否自动换行，如果选中则表示即使一行代码很长也不会自动换行。Auto Indent 用来设置新行是否自动缩进，打开此项将使新行根据前面行自动缩进。Terminal 比较常用的首选项有 Scrollback Size、Font Size、Encode、Full Screen 等。Scrollback Size 表示终端缓存大小，如果终端内容较多而缓存值较小，则开发人员可能会看不到部分输出内容，开发人员可以根据开发需要设置此值。Font Size 用于设置终端字体大小，可以根据屏幕大小设置此值。Encode 用来设置终端字体的编码。Full Screen 可以隐藏状态栏使终端占用整个屏幕。

13.4 Android 脚本中文编码问题

JavaScript 默认支持 ASCII 编码而没有支持中文编码，如果在代码中出现了中文，那么运行结果将显示乱码。为了能让 JavaScript 支持中文编码，需要修改手机端文件 json2.js 和 android.js。这两个文件存储在目录/mnt/sdcard/com.googlecode.rhinoforandroid/extras/rhino。把文件 json2.js 第 370 行处代码做修改使其能支持汉字编码。json2.js 修改前代码如下所示。

```
// escapable=/[\"\u0000-\u001f\u007f-\u009f\u00ad\u0600-\u0604\u070f\u17b4\
u17b5\u200c-\u200f\u2028-\u202f\u2060-\u206f\ufeff\ufff0-\uffff]/g;
```

json2.js 修改后代码如下所示。

```
escapable=/[\"\u0000-\u001f\u007f-\u009f\u00ad\u0600-\u0604\u070f\u17b4\
u17b5\u200c-\u200f\u2028-\u202f\u2060-\u206f\ufeff\ufff0-\uffff\u0391-\
uffe5]/g;
```

其在代码行尾处加入值"u0391-\uffe5",其为汉字的 Unicode 最小值和最大值,加入这个值后,系统会把这个范围的值转为 Unicode 编码。同时还需要把文件 json2.js 和 android.js 的文件编码设为 ASCII,具体做法是在 phpDesigner 工具中打开这两个文件,在菜单中选择"文件"→"文件编码"→ANSI 设置文件编码,保存好文件后把这两个文件复制覆盖手机中的对应文件即可。除此,JavaScript 脚本文件的文件编码要设置为 UTF-8,具体做法是在 phpDesinger 工具菜单中选择"文件"→"文件编码"→UTF-8。

默认的 PHP 是支持中文编码的,但 PHP 脚本文件的文件编码需要设置为 UTF-8,文件格式要设置为 UNIX。具体做法是在 phpDesigner 工具菜单中选择"文件"→"文件编码"→UT-8 和"文件"→"文件格式"→UNIX。

13.5 Android 环境搭建不能访问谷歌网站问题

13.5.1 环境搭建失败问题

Android 脚本引擎是搭建 Android 脚本运行环境关键所在,因为 Android 脚本引擎在安装过程中需要从谷歌网站下载相关文件,但由于谷歌网站在国内存在访问速度慢等问题,因此 Android 脚本引擎安装容易出现下载不了文件或下载时间过久导致下载失败。针对这个问题,本节探讨利用 Web 域名重定位技术搭建 Android 脚本运行环境,可避免因谷歌网站造成环境搭建失败问题。

13.5.2 Web 搭建 Android 环境原理

Android 脚本运行环境搭建原理如图 13-7 所示,图由 Android 手机和 Web 服务器两部分组成,其中,Android 手机由 SL4A、Android 脚本引擎和系统文件 hosts 组成,手机通过文件 hosts 把谷歌网站重定位向自搭建的 Web 服务器,Android 脚本引擎通过 HTTP 可从 Web 服务器下载文件自动完成安装工作;Web 服务器为 Android 脚本引擎提供文件下载服务。环境搭建主要步骤:①下载环境搭建相关软件,包括 SL4A、PHPNow、Android 脚本引擎和脚本引擎文件列表等;②在 PC 端安装 PHPNow Web 服务器;③把脚本引擎文件列表部署到 Web 服务器;④修改手机的 hosts 文件使谷歌域名重定向到自搭建的 Web 服务器;⑤在手机端安装 SL4A 和 Android 脚本引擎;⑥运行 Android 脚本引擎应用从 Web 服务器下载文件和完成安装。

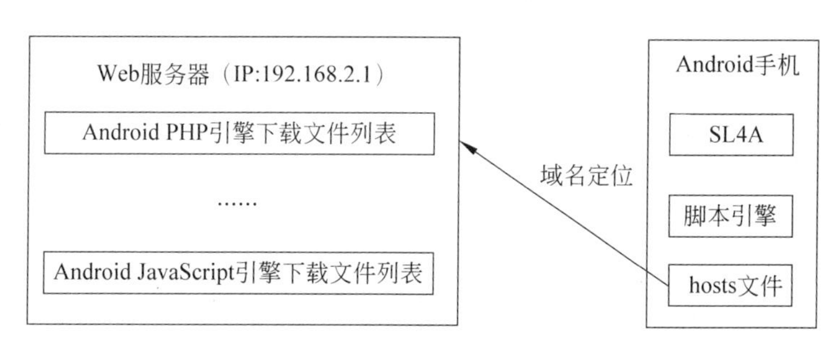

图 13-7 运行环境搭建原理

SL4A、Android 脚本引擎和脚本引擎文件列表可到谷歌官方网站下载，但谷歌网站经常出现访问失败问题，建议到非官方网站 http://pan.baidu.com/s/1mgknrja 下载。Android 脚本引擎要下载的文件需要复制到"Web 服务器主目录\files 子目录"中。关于 Android PHP 和 JavaScript 脚本引擎要下载的文件列表请参看第 1 章内容。PHPNow 套件可从官方网站 http://servkit.org/download/下载。

Android 中用于域名定位的 hosts 文件存储在手机/system/etc 目录中，通过修改该文件可让 Android 系统访问指定域名时重定向访问 PC 端 Web 服务器。文件 hosts 存储了网站域名和 IP 地址的映射关系，每个映射关系用一行记录表示，每行记录的具体格式是"IP 地址网站域名"，比如 192.168.1.1 www.google.com，当访问域名 www.google.com 时，将访问 IP 为 192.168.1.1 的服务器。

13.5.3 环境搭建过程

搭建 Web 服务器。先把 PHPNow 套件解压到 PC 端某个目录中，比如解压目录为 C:\PHPNow；然后执行解压目录中的 Setup.cmd 命令文件，该命令文件执行过程会以命令方式提示用户选择 Apache 服务器和 MySQL 数据库选项，以及设置 MySQL 用户密码；用户按提示选择和设置好密码后，系统会自动搭建好一个 Apache+PHP+MySQL 环境。要测试 Web 服务器是否已安装成功，可在浏览器中输入 http://127.0.0.1/，如果能显示 PHPNow 主界面表明环境搭建成功，否则表示失败。图 13-8 是 PHPNow 主界面。

部署 Android 脚本引擎下载文件列表。先在 PHPNow 主界面中查看"网站主目录"项，此处为 C:/PHPnow-1.5.6/htdocs。再在网站主目录中建立子目录 files。最后再把 Android 脚本引擎下载文件列表复制到目录 C:\PHPnow-1.5.6\htdocs\files 中。

修改手机端 hosts 文件快速定位域名。可下载 Hosts Editor 和"Hosts 管理 Hosts"等应用(拥有 root 权限最好)修改 hosts 文件。把下面两行添加到 hosts 文件尾端，其表示把 Android PHP 引擎要访问的 android-scripting.googlecode.com 和 android-scripting.googlecode.com 域名重定向到 IP 为 192.168.1.1 的 Web 服务器。如果要把其他脚本引擎要访问的域名重定向到自设定的 Web 服务器，则需把 php-for-android.googlecode.com 修改成相应的域名即可。例如，rhino-for-android.googlecode.com 表示 JavaScript 引擎要访问的域名。

Server Information	
SERVER_NAME	127.0.0.1
SERVER_ADDR:PORT	127.0.0.1:80
SERVER_SOFTWARE	Apache/2.2.16 (Win32) PHP/5.2.14
PHP_SAPI	apache2handler
php.ini	C:\PHPnow-1.5.6\php-5.2.14-Win32\php-apache2handler.ini
网站主目录	C:/PHPnow-1.5.6/htdocs
Server Date / Time	2015-05-26 15:54:49 (+08:00)
Other Links	phpinfo() | phpMyAdmin

PHP 组件支持	
Zend Optimizer	No
MySQL 支持	Yes / client lib version 5.0.90
GD library	Yes / bundled (2.0.34 compatible)
eAccelerator	No

MySQL 连接测试			
MySQL 服务器	localhost	MySQL 数据库名	test
MySQL 用户名	root	MySQL 用户密码	
			连接

图 13-8　PHPNow 主界面

```
192.168.1.1  android-scripting.googlecode.com
192.168.1.1  php-for-android.googlecode.com
```

在手机端安装 SL4A 和 Android 脚本引擎 APK 应用。之后在手机中单击 Android 脚本引擎图标进入安装界面并单击 Install 按钮将自动从 Web 服务器下载文件列表和完成后面的安装工作。图 13-9 对 Android PHP 引擎下载文件列表的正常和异常状态进行了比较，其中，图 13-9(a)是正常安装解压过程，图 13-9(b)是等待下载过程，网络超时后将导致安装失败。

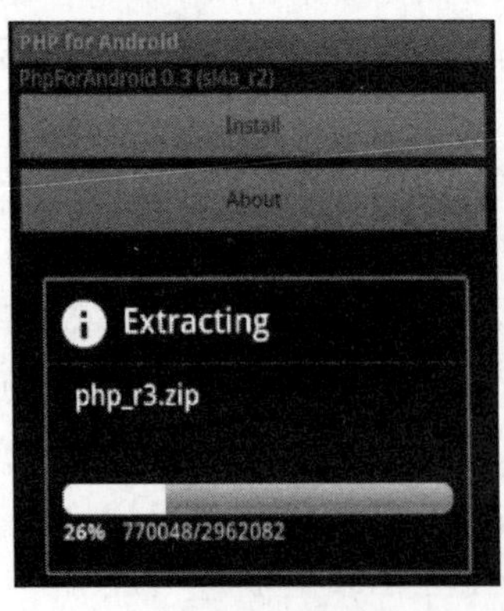

(a) 正常下载解压

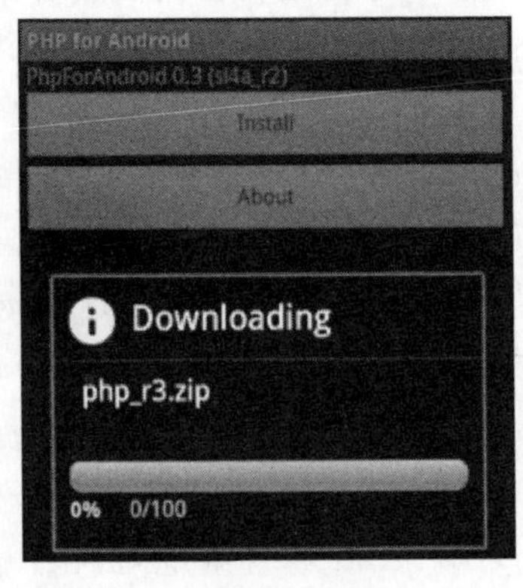

(b) 等待下载

图 13-9　Android PHP 引擎安装过程比较

13.6 Android 网络缓存带来的问题

当 PHP 脚本调用 SL4A 方法查询 Android 系统的包列表和包的类列表时，其返回的包和类列表会很长，而且包名和类名也比较长。如果存储包和类的缓存长度不够，那么脚本应用可能会丢失数据甚至出现错误。通过修改文件 Android. php 的缓存长度可以解决这个问题。这个文件存储在手机目录/mnt/sdcard/com. irontec. phpforandroid/extras/php 中。打开文件 Android. php 找到下面的代码行。

```
$response=socket_read($this->_socket, 1024, PHP_NORMAL_READ) or die("Could
not read input\n");
```

原来的缓存长度是 1024B，可根据自己的需要把这个长度修改为合适的值，此处修改为 1024×5B。修改后代码行如下所示。

```
$response= socket_read ($this->_socket, 1024 * 5, PHP_NORMAL_READ) or die
("Could not read input\n");
```

对于 JavaScript 脚本可修改文件 Android. js 的缓存长度解决数据丢失问题，此文件存储在手机目录/mnt/sdcard/com. googlecode. rhinoforandroid /extras/rhino 中。打开文件 Android. js 找到下面代码行。

```
this.input=new java.io.BufferedReader(
    new java.io.InputStreamReader(this.connection.getInputStream(), "8859_1"),
                                1<<13)


this.output=new java.io.PrintWriter(new java.io.OutputStreamWriter(
    new java.io.BufferedOutputStream(this.connection.getOutputStream(),
                                1<<13)
```

原来的缓存长度是 8192KB(1<<13)，可根据自己的需要把这个长度修改为合适的值。

参考文献

[1] jswisher, pushpa-mariappan, Sheppy, ethertank, Nickolay, coolnichel, pnewhook. Scripting Java [EB/OL]. [2016-06-16]. https://developer. mozilla. org/en-US/docs/Mozilla/Projects/Rhino/Scripting_Java.

[2] 百度移动服务事业群组,百度商业分析部. 移动互联网发展趋势报告 2015 版[EB/OL].[2016-06-16]. http://www. chinaz. com/news/2015/0212/384441. shtml#g384441=1.

[3] 百度百科. Android 历史版本[EB/OL]. [2016-06-16]. http://baike. baidu. com/link? url = U516HZhvDaRLEyjRSV32aviLblMe08sJyeTskLlx2rY_F4iMiA8HIAowcDO4bno-KxYr4f-PTYmDRhkw9N8p76lK.

[4] Keung. ADB 是什么 ADB 常用命令介绍[EB/OL]. [2016-06-16]. http://www. pc6. com/edu/73274. html.

[5] mozilla. Scripting Java [EB/OL]. [2016-06-16]. https://developer. mozilla. org/en-US/docs/Mozilla/Projects/Rhino/Scripting_Java.

[6] DoubleLife . 深入浅出 Rhino: Java 与 JS 互操作(1)[EB/OL]. [2016-06-16]. http://developer. 51cto. com/art/201111/301472. htm.

[7] 李开林,杜冰冰,金千里. Rhino 使 JavaScript 应用程序更灵动[EB/OL]. [2016-06-16]. http://www. ibm. com/developerworks/cn/java/j-lo-rhino/.

[8] SQLite. SQLite[EB/OL]. [2016-06-16]. http://www. sqlite. org/.

[9] fehly. Java I/O 编程[EB/OL]. [2016-06-16]. http://fehly. iteye. com/blog/658998.

[10] wmhx 的日志. Java 文件读取和编码方式设置[EB/OL]. [2016-06-16]. http://www. open-open. com/home/space-183-do-blog-id-103. html.

[11] Ruthless. Java 网络编程[EB/OL]. [2016-06-16]. http://www. cnblogs. com/linjiqin/archive/2011/06/10/2077237. html.

[12] lingdududu. Android 开发学习笔记: Intent 的简介以及属性的详解[EB/OL]. [2016-06-16]. http://liangruijun. blog. 51cto. com/3061169/634411.

[13] 天缘. Android Intent Action 大汇总[EB/OL]. http://www. metsky. com/archives/68. [2016-06-16]. html.

[14] wear. techbrood. com. Intent[EB/OL]. [2016-06-16]. http://wear. techbrood. com/reference/android/content/Intent. html.

[15] 赵旭,王庆扬,洪春金. CDMA 网络引入 MEID 的问题分析及建议[J]. 广东通信技术,2016(6): 15.

[16] lbs. amap. com. 高德 LBS 开放平台[EB/OL]. [2016-06-16]. http://lbs. amap. com/api/javascript-api/example/a/0101-2/.

[17] dotYX. Android 中采用 Python 实现 Webcam[EB/OL]. [2016-06-16]. http://blog. csdn. net/dotyx/article/details/7707248.

[18] 宇音天下. SPEECH SPECIAL[EB/OL]. [2016-06-16]. http://www. tts168. com. cn/yyzt. aspx, 2015-5-8.

[19] 科大讯飞. 最快捷的语音听写[EB/OL] . [2016-05-14]. http://www. xfyun. cn/services/voicedictation.

[20] W3C. HTML5 Reference[EB/OL]. [2016-05-21]. https://dev. w3. org/html5/html-author/.

[21] Carl Smith. Python for Android: Using Webviews (SL4A)[EB/OL]. [2016-06-16]. http://pythoncentral. io/python-for-android-using-webviews-sl4a/.

[22] TimeLangoliers. 玩转 HTML5＜canvas＞画图[EB/OL]. [2016-06-16]. http://www. cnblogs. com/tim-li/archive/2012/08/06/2580252. html.

[23] Ken Bluttman. 使用 HTML5 canvas 绘制精美的图形[EB/OL]. [2016-06-16]. http://www. ibm. com/developerworks/cn/web/wa-html5canvas/.

[24] 秦剑,陈序明. 基于 CSS3 的下一代 Web 应用开发,第 1 部分:发展历史及新特性[EB/OL]. [2016-06-16]. http://www. ibm. com/developerworks/cn/web/1101_qinjian_css3.

[25] 邢益良,裴云,陈敏. PHP Web 和 Android 开发入门与实践[M]. 北京:清华大学出版社,2014.

[26] 欧阳零. Android 核心技术与实例详解第 2 版[M]. 北京:电子工业出版社,2013.

[27] 传智博客高教产品研发部. Android 移动应用基础教程[M]. 北京:中国铁道出版社,2015.

[28] P. Ferrill,Pro Android Python with SL4A[M]. Berkeley:APress,2011.

[29] Alexey Reznichenko, Robbie Matthews, MeanEYE. rcf, Felix Arends, Damon Kohler, Felix Arends, Robbie Matthews, John Karwatzki, Frank Spychalski, Joerg Zieren. SL4A API Help [EB/OL]. [2016-06-19]. http://www. mithril. com. au/android/doc/index. html.